부활을 꿈꾼 프랭크 로이드 라이트(F. L. Wright)
— 애리조나(Arizona) 건축 —

글 · 사진 **황용운**

부활을 꿈꾼 프랭크 로이드 라이트(F. L. Wright) 애리조나(Arizona) 건축

2021년 4월 12일_ 1판 1쇄 발행
저자 _ 황 용 운
ywhwang1@nate.com

발행인 _ 김기현
발행처 _ 시공문화사
북 디자인 & 책임편집 _ 이순학
jade-comm@hanmail.net

등록_1993년 3월 12일
주소 _ 서울시 서대문구 독립문공원길 13 극동프라자 5층

Tel. 02) 3147-1212, 2323 Fax. 02) 3147-2626

ISBN 978-89-5592-447-3

http://www.spacetime.co.kr
spacetime@korea.com

정가 15,000원

책머리에

비록 코로나 시대 상황이지만, 요즘처럼 여행이 흔한 시대도 없을 것이다. 그만큼 여행업이 성장해야 하지만 어떤 이는 10년 안에 없어질 직업 중 하나가 '여행사' 라고 한다. 그 이유는 여러분도 잘 알고 있을 것이다. 요즘 젊은 세대는 다양한 'IoT' (Internet of Things)를 이용하여 세계 어디서나 자신이 원하는 정보를 찾고 도움을 받을 수 있기 때문이다. 그래서 굳이 여행사를 통해 여행 갈 필요가 없다. 이외에도 'Airbnb(Airbed and Breakfast)' 뿐 아니라 다양한 숙박 사이트를 이용하여 숙소를 정할 수 있다. 그리고 '구글 지도(Google Earth)' 를 통하여 현지의 맛집과 길을 찾아다니고 있다. 최근에는 국내 · 외 여행 일정에 따라 여행 코스까지 제공하는 '여행 일정 앱(application)' 이 제공되면서 골치 아프게 여행 일정을 계획할 필요가 없어졌다. 현지에서는 핸드폰으로 '인스타그램' 과 '페이스북' 을 연동하여 자신의 여행 사진과 현재 위치를 실시간으로 올린다. 이런 다양한 방식을 통하여 자신이 직접 방문한 지역의 역사와 문화에 관한 체험 후기를 실시간으로 여러 사람들에게 알리고 있다.

그러나 어렵게 준비한 여행이 끝나고 나면 핸드폰 저장 공간을 차지하고 있는 사진과 컴퓨터 한구석 폴더로 정리된 사진만이 남아 있을 뿐이다. 솔직히 자신이 체험한 다양한 여행 경험을 글로 기록하는 이는 그리 많지 않다. 그리고 이것을 실행에 옮긴다는 것은 정말 어려운 일인 것 같다. 그러나 몇몇 부지런한 사람들은 카페, 인스타그램 등 다양한 SNS(Social Network Service)를 통하여 자신의 경험을 사진과 글로 기록하는 경우도 있다. 이런 정보는 여행을 준비하는 자유 여행객에게 많은 도움을 준다. 저자 역시 본 책에서 이야기하고 있는 애리조나와 캘리포니아에 분포되어 있는 프랭크 로이드 라이트(F. L. Wright) 건축 답사에 관한 내용을 정리하기까지 많은 시간이 걸렸다. 특히 애리조나 지역은 탈리에신 웨스트(Taliesin West)를 중심으로 라이트가 제2의 건축인생 부활을 꿈꾼 지역이다. 뿐 아니라 그의 말년에 변화하는 건축형태를 충분히 느낄 수 있는 건축물들이 산재되어 있다는 점에서 특별한 의미를 지니는 지역이다. 이런 점에서 건축을 배우는 학생 뿐 아니라 모든 건축인에게 다른 지역의 라이트 건축물보다 우선적으로 애리조나 지역이 F. L. 라이트에게 어떤 의미를 지닌 지역이며 또한 그의 말년에 어떤 형태로 건축물이 변화했는지를 알리고 싶었다.

본 책의 내용은 2015년 12월 20일부터 30일까지 약 10일간 애리조나와 캘리포니아의 일부 지역의 F. L. Wright 건축을 답사한 내용이다. 그리고 2013년 12월 24일부터 다음해 1월 2일까지 9일간 텍사스를 중심으로 북쪽의 오클라호마(Oklahoma), 캔자스(Kansas), 세인트 루이스(Saint Louis), 미주리(Missouri)까지 프랭크 로이드 라이트의 건축 답사를 갔다 온 적이 있지만, 이와 관련된 사진 등 자료가 정리되지 않은 상태로 컴퓨터 한 구석에 폴더로 저장되어 있다. 하루, 이틀 미루다 보니 일 년이 이 년이 되고 더 많은 시간으로 변해버리는 세월이 한없이 원망스럽기도 하다.

이번 방학에는 정리해야지, 아니 다음 방학에는 정리해야지 하고 미루었던 것이 이제까지 온 것에 대해 나 스스로 질책을 하고 여러분에게 미안하게 생각한다. 그렇지만 무심하게 지나간 세월을 어떻게 되돌릴 수는 없지 않는가! 그러나 건축을 공부하고 관심을 가지고 있는 여러분에게 조금이나마 도움을 줄 수 있지 않을까 하는 희망을 가지고 F. L 라이트가 제2의 건축인생 부활을 꿈꾼 애리조나와 캘리포니아 일부지역의 건축 답사 내용을 정리하게 된 것을 저자 스스로 위로하면서 자부심을 가진다. 그리고 2013년에 출판된 '프랭크 로이드 라이트(시공문화사)' 주택답사 내용에서 언급한 내용은 가능한 한 겹치지 않도록 노력하였다. 또한 직접 방문한 경험으로 여러분에게 최대한 상세한 내용과 느낌을 전달할 수 있도록 최선을 다하였다. 그리고 좀 더 객관적인 평가를 위하여 부족하다고 생각되는 부분은 여러 참고 문헌과 연구 논문 등을 통하여 얻은 자료를 기본으로 보완하여 정리하였다. 그러나 본 책의 내용은 F. L. 라이트의 여러 건축작품을 새롭게 기술하였고 저자의 부족한 지식과 주관적인 판단과 느낌을 정리한 만큼 여러분에게는 부족한 부분도 많이 있을 것으로 생각한다. 특히 공대 교수로서 글 솜씨가 부족함을 여러분에게 솔직히 고백하고 대신 글로 표현하기 힘든 부분과 여러분의 이해를 돕기 위해 직접 촬영한 사진을 많이 첨부하였다. 또한 여기에 설명한 작품들은 시간의 흐름에 따라 건축의 형태적 변화를 느낄 수 있도록 준공 연도순으로 정리하였다. 아무쪼록 이번 책을 계기로 F. L. 라이트의 건축 내용과 건축세계를 좀 더 이해할 수 있는 계기가 되었으면 하는 것이 저자의 바램이다.

마지막으로 출판사의 어려운 상황과 전공 관련서적 판매의 어려움에도 불구하고 2013년 'F. L. 라이트 주택답사' 를 기꺼이 출판해주시고, 이어 '부활을 꿈꾼 프랭크 로이드 라이트(F. L. Wright)' 까지 출판에 도움을 주신 시공문화사 대표께 다시 한 번 감사의 인사를 드린다.

2021년 2월

황 용 운

차례

1. 다시 떠나는 프랭크 로이드 라이트 건축답사

2013년 10월 '프랭크 로이드 라이트 주택 답사' (스페이스 타임 출판사)라는 제목으로 책을 출판한 후 큰 보람과 결실을 느낄 것이라 생각했다. 하지만 마음 한 구석에는 어딘가 모르게 부족한 느낌을 지울 수 없었다. 이런 느낌은 여러분도 느껴 본적이 있을 것이라 생각한다. 그 이유는 출판된 '프랭크 로이드 라이트 주택 답사' 는 미(美) 중 · 북부에 한정하여 라이트 주택을 소개했을 뿐 다른 지역의 작품들을 소개하지 못한 아쉬움 때문일 것이다. 여러분도 잘 알고 있겠지만 프랭크 로이드 라이트(1867. 6.~1959. 4.)는 근대 3명의 거장 건축가[(미스 반 데어 로에(1886~1969), 르 꼬르뷔지에(1887~1965)] 중 한 사람으로 가장 많은 작품을 남긴 건축가이다. 그의 건축 활동 기간은 약 70여 년이며, 이 기간 동안 1,100여 개가 넘는 작품을 디자인 했다. 그리고 이 중 530여 작품이 건축물로 실현되었고 이 중에 1/3이 미국의 역사적 문화유산으로 등록될 만큼 역사적, 예술적 측면에서 크게 인정받고 있다. 놀라운 사실은 이 많은 작품 중 약 1/3에 해당되는 작품이 그가 죽기 전 10여 년 동안에 디자인한 것이라는 사실을 알고 있는 분은 그다지 많지 않을 것이다. 한 마디로 유기적 건축(시간, 장소, 사람 세 가지의 조화로 정의함)을 처음으로 정립한 미국 근대 건축의 거장 프랭크 로이드 라이트는 자신만의 독특한 색깔로 유럽 건축에 영향을 미친 미국의 자존심이라 할 수 있을 것이다.

본 책에서 소개하는 F. L. 라이트 건축물도 그가 죽기 10여 년 전에 이루어진 작품들이다. 그는 당시 마천루가 유행하고 있었던 시카고에서 건축을 시작했음에도 불구하고 다른 근대 건축가들처럼 대형 건축물을 설계하기보다 주택 작품이 대부분을 이루고 있다. 이러한 주택 작품들은 미국의 모든 주(State)에 빠짐없이 분포되어 있다. 그리고 이 작품들 중에는 미국에서 역사적 보존가치가 있는 건축물로 인정하여 현재 보존되고 있는 것도 많이 있다. 이번 책에서도 특정 지역에 한정하여 라이트 작품의 일부분을 소개하게 되어 아쉬움이 많이 남아 있다. 그러나 '애리조나' 라는 지역은 F. L. 라이트가 제2의 건축인생 부활을 꿈꾼 지역이며, 탈리에신 웨스트가 위치하고 있는 만큼 F. L. 라이트에게는 어느 지역보다도 의미가 있는 지역이다. 또한 그의 말년에 변화된 건축형태를 충분히 느낄 수 있는 작품이 위치하고 있는 지역인 만큼 F. L. 라이트에게는 어느 지역보다 중요한 지역일 것이다.

솔직히 2013년 '프랭크 로이드 라이트 주택 답사' 를 출판 후 나도 모르는 아쉬움 때문인지 계속 라이트에 관한 참고 서적들을 뒤적였다. 그리고 뒤늦게 알게 된 또 다른 이야기들을 담지 못했다는 사실과 내용의 부족함을 조금씩 알게 되면서 창피한 감정을 감출 수가 없었다. 마음 한구석에는 F. L. 라이트의 새로운 주택과 또 다른 건축물을 답사해야겠다는 책임감에 빠져들기 시작했다. 예전처럼 미국에서 생활하면서 언제든지 갈 수 있는 상황도 아니었기 때문에 많은 고민이 시작되었다.

2017년 6월은 프랭크 로이드 라이트 탄생(1867. 6.) 150주년이므로 이때 방문할까 하는 생각도 했지만 급한 마음에 2015년 8월부터 주택 답사를 위한 일정을 세우기 시작했다. 이번 답사일정은 미(美) 서부 지역인 캘리포니아, 애리조나 2개 지역을 중심으로 주택 답사 계획을 세웠다. 두 지역은 2011년부터 2012년까지 1년간 미국에 머물면서 가족들과 관광을 위해 찾아 간 곳이기도 했지만, 라이트 주택을 답사하지 못해 아쉬운 곳이기도 했다. 그리고 본 책을 읽어보면 알 수 있겠지만, 시카고가 F. L. 라이트의 건축 인생이 시작된 곳이라고 한다면 애리조나는 F. L. 라이트 건축 인생에 있어 제2의 F. L. 라이트 시대를 열 수 있게 만들어 준 의미 있는 지역이기도 하다. 다시 말해 F. L. 라이트는 애리조나에 탈리에신 웨스트(Taliesin West)를 건립하면서 이곳을 근거지로 인근 지역에 많은 작품을 남겼다. 특히 F. L. 라이트의「텍스타일 블록」과 같은 새로운 건축 재료와 그를 대표하는 「체로키 레드」색과 자신만의 새로운 시공 방식을 시도한 지역이기 때문에 라이트에게는 건축을 시작한 시카고만큼이나 중요한 지역이기도 하다.

여러분도 잘 알고 있듯이 미국이라는 곳은 워낙 넓은 나라(약 9,826,675㎢ 면적으로 한반도 면적(220,000㎢)의 약 44.7배)이기 때문에 정해진 기간 동안 여러 지역에 흩어져 있는 모든 주택을 방문한다는 것은 거의 불가능했다. 그래서 방문하기 전에 구글 어스(Google earth)를 통하여 가장 먼저 캘리포니아 주와 애리조나 주를 중심으로 방문 계획을 세우기 시작했다. 방문 계획은「THE FRANK LLOYD WRIGHT COMPANION(Revised Edition, 2006)」에 수록된 주소를 기준으로 구글 어스에서 탐색하고 주택들 간 거리를 측정하여 방문 일정을 계획하였다. 방문 기준은 하루에 자동차로 달릴 수 있는 거리를 최대 250~300mile(약 400~480㎞) 전 · 후 거리를 기준으로 방문할 곳을 순서대로 정했다. 한마디로 주택 하나를 보기 위해 하루 종일 차만 운전한 경우도 있었다. 같이 간 가족들을 생각하면 미안한 마음뿐이다.

2011년부터 1년간 미국에 머물면서 처음 라이트 주택을 방문했을 때는 처음부터 책으로 출판하겠다는 생각이 없었다. 그저 주말에 하는 일 없이 집에 있기보다 아이들과 같이 놀이 삼아 방문하기 시작했다. 그로 인해 사전에 미리 연락하지 못하고 방문하는 경우가 많았다. 사전 예약을 중요시하는 나라인 만큼 솔직히 사진 한 장 못 찍고 쫓겨나는 경우도 허다했다. 그 후 요령이 생겨 주택 촬영을 허가받기 전에 외관을 먼저 촬영한 후 실내 공간 촬영 여부를 허가 받기도 했다. 그러나 이번 방문은 2011년 미국에서 생활하고 있을 때와 달리 같은 주택을 재방문 한다는 것은 불가능하기 때문에 사전에 방문할 주택의 주인에게 연락하고 방문 일정을 조정하는 등 나름대로 사전 준비를 했다. 전화번호나 E-mail은 고사하고 주소만 알고 있는 상황에서 내가 할 수 있는 최선의 방문 계획을 세웠다. 방문 일정 계획이 정해지고 2주일 전에 주택 방문 목적과 일정을 영문 편지(답장을 받기 위해 저자의 전자메일 주소, 국제전화번호를 포함시켜)로 보내는 등 국내에서 할 수 있는 것은 최대한 하려고 노력했다. 그러나 저자가 한국에서 미국에 있는 주택 주인에게 편지를 보내는 것은 경제적으로 무리가 있었다. 그래서 집주인에게 방문 내용을 쉽게 보낼 수 있는 방법을 고민하던 중 2011년 미국에서 생활하면서 사귄 미국인 친구가 생각났다. 지금까지도 연락을 주고받고 있기 때문에 그 친구의 도움을 받기로 했다. 우선 방문하고자 하는 주택의 주소와 주택 주인에게 보낼 내용을 E-mail로 미국 친구에게 먼저 보내면 미국 친구가 현지에서 직접 프린트하여 편지로 보내는 방식을 택하였다. 미국 친구가 흔쾌히 나에게 도움을 주어 순조롭게 사전 계획을 실행할 수 있었던 것은 나에게 매우 행운이었다고 생각한다.

편지를 받은 주택 소유자들은 한국에서 출발하기 전에 대부분 E-mail 주소로 저자에게 답장을 보내주었지만 그렇지 못한 경우도 있었다. 답장을 받고 방문하고자 하는 주택에 정확한 날짜와 시간을 정해 놓았기 때문에 현지 주택 답사 때에는 시간에 맞춰 방문하려고 무척이나 힘든 일정을 소화하였다.(사실 동행한 가족들에게 얼마나 미안한지…, 관광지도 아니고, 주택 방문도 한 두 곳도 아니고 비슷한 주택만 찾아 쉼 없이 차만 몰고 다니는 저자의 모습이 가족에게는 어떤 모습으로 보였을까? 하는 생각을 해보면 그저 웃음만 나올 뿐 이다.) 주택에는 관심도 없고 차 안에서 핸드폰만 보는 아이들, 그러나 집사람은 저자와 같이 주택 구경도 하고 질문도 하는 등 적극적인 모습에 고맙게 생각하고 있다. 그러나 피치 못할 사정으로 방문 일정을 맞출 수 없는 경우도 있어 건축주에게 전화(메일 답장에 전화번호를 기록하여 답장을 준 경우)와 메일로 미리 연락을 주고받기도 했다. 여러분도 잘 알고 있겠지만 미국은 워낙 넓은 곳이기 때문에 건물 밖 또는 도로 등 외부에서는 인터넷이 원활하지 못하다. 2011년 저자가 생활한 아파트(미시건주 주도(州都)인 이스트 랜싱) 역시 주도(州都)임에도 불구하고 인터넷이 원활하게 연결되지 못했다. 영화 한편을 다운 받으려면 몇 시간씩 걸렸다. 다운 받는 중간에 에러(error)라도 나면 정말 화가 머리끝까지 난다. 그래서 F. L. 라이트 주택 작품을 찾기 위하여 이동 중에는 주변의 스타벅스, 맥도날드 가게를 찾아 인터넷으로 답장을 보내는 등 고생 아닌 고생을 한 것이 아직도 기억에 남아 있다. 특히 아직까지 기억에 남아있는 일은 방문 예정인 주택 중 사진 촬영 조건으로 $1,000(약 110만원-당시 환율)을 지불해야 한다는 답장을 받은 경우이다. 애리조나의 Carlson House인데 이 주택은 저자의 경제적인 한계(?)로 하는 수 없이 답사 코스에서 제외시켰다. 아래는 메일의 원문이다.

The Raymond Carlson House :"gsje" 〈gsje@cox.net〉 the Carlson House (Phoenix, Arizona)
Professor Hwang,
Thanks for your interest in photographing the Carlson House for your upcoming book on F L Wright architecture. We charge a $1,000 honorarium for allowing photos of our house to be in published books. We use these funds for upkeep and maintenance of this architectural treasure. We have some travel planned for the dates you have outlined in your correspondence, but we will try to accommodate your visit as best as we can. If you would like to move forward, please advise.

Best Regards. / Jeff Eldot / George Shepard III

이와 관련하여 여러분에게 미리 양해 말씀을 드린다. 이번 F. L. 라이트 주택 방문 지역은 캘리포니아 주와 애리조나 주 2개 지역에 분포된 작품들을 방문하는 것을 기준으로 계획을 세웠다. 하지만, 본 책에서는 캘리포니아 지역의 F. L. 라이트 건축 작품에 관한 이야기는 많이 하지 못하고 애리조나에 분포된 건축 작품에 관한 내용을 중심으로 다루었다. 그러나 위의 경우와 같이 주택 사진 촬영 등 답사의 비용으로 많은 금액을 요구 받은 경우나 방문 일정이 어긋나 피치 못할 사정으로 방문하지 못한 경우도 있었다.

애리조나 주에 F. L. 라이트가 디자인한 주택과 일반 건축물은 총 12개의 작품이다. 이중 피닉스(Phoenix)에 위치하고 있는 Pauson House, Ocatillo Desert Camp는 거의 철거된 상태이기 때문에 방문할 수 없었다. Carlson House는 앞에서 언급했듯이 주택 방문과 사진 촬영에 큰 비용을 요구했기 때문에 포기했다. Benjamin Adelman 주택은 경황이 없어서 방문하지 못했다. 총 8개의 주택을 직접 방문하였음을 알려 드린다. 방문하지 못한 2개의 작품은 (해외)참고 문헌, 논문 그리고 관련 사이트를 기준으로 저자가 생각하고 있는 내용과 비교하여 정리하였다. 그 외 직접 방문한 8개의 작품과 캘리포니아의 일부 건축물은 방문했을 때의 느낌과 참고 문헌의 내용을 객관적으로 정리하려고 노력했다. 그리고 일부 다른 주에 소재하고 있는 주택들도 애리조나 주택과 연관되어 있는 경우에는 사진과 같이 소개하였다. 또한 전체적인 내용 중 각 건축물의 평면도는 〈THE FRANK LLOYD WRIGHT COMPANION, The University of Chicago Press, William Allin Storrer, 2006〉을 참고했다. 그리고 방문 했을 당시 일부 변경된 부분은 직접 방문 내용을 기준으로 수정하였다. 작품들의 일부 내용은〈FRANK LLOYD WRIGHT IN ARIZONA, RIO NUEVO PUBLISHERS TUCSON, ARIZONA, Lawrence W. Cheek, 2006〉을 참고했다. 그리고 각 작품의 접근 도로와 주택 위치도에 관한 내용은〈FRANK LLOYD WRIGHT FIELD GUIDE, Northwestern University Press, Thomas A. Heinz, 2005〉를 참고하였다. 그 외 내용은 참고문헌에 소개된 책, 연구논문, 관련 사이트 등의 내용과 저자가 직접 방문하고 느낀 점 등을 주관적인 판단에 의해 작성하였음을 알려드린다.

2. 애리조나 주(Arizona State)와 프랭크 로이드 라이트의 관계

애리조나 주는 어디에 있나?

애리조나 주는 동으로 뉴멕시코 주, 북으로 유타 주, 서쪽으로는 네바다 주, 캘리포니아 주와 경계를 접하며, 북동쪽 모서리는 콜로라도 주와 연결되어 있는 곳이다. 미국 전체 지도에서는 남 · 서쪽에 위치한 주(州)이며 1912년 미국 본토에서는 마지막인 48번째로 미국 연방에 애리조나 주로 가입하였다. 여기서 잠깐, 여러분! 혹시 2월 14일이 무슨 날인지 알고 있습니까? 네 맞습니다. 발렌타인 데이(Valentine's Day)입니다. 그러나 1912년 2월 14일은 애리조나 주가 48번째로 미국 연방에 가입한 날이기도 하다. 외우기 너무 쉽죠! 그러니까 2021년 이면 나이로 약 109살의 생일을 맞이하는 주(州)이다.

애리조나에는 그랜드 캐니언 외에도 국립공원, 기념물, 인디언 보호구역(팝송 : Indian Reservation —미국 서부 개척시대 백인들이 인디언 부족들에게 어떻게 했는지에 관한 내용이 가사로 담겨져 있는 팝송이다. 가사의 시작도 "They took the whole Cheroke nation"(그들(백인)은 체로키 땅 전부를 가져갔네)로 시작한다. 여러분도 인터넷에서 검색하여 한번 들어보기 바란다. 가사를 몰라도 의외로 리듬이 강하고 가슴을 쿵쿵 때리는 것처럼 들릴 것이다.) 개인적으로 그랜드 캐니언 국립공원(Grand Canyon National Park)을 제외하고 한국 사람들에게 관광지로 많이 알려지지 않은 주이기도 하다. 저자도 애리조나를 여행한 경험은 있지만 그랜드 캐니언 외에는 크게 기억에 남아 있는 곳은 없다. 인근 관광지로는 여러 이름의 캐니언과 후버 댐도 있었지만 그랜드 캐니언처럼 오래 기억에 남아 있지는 않다.

Indian Reservation : 미국 인디언 보호구역들과 미 연방정부의 관계는 1831년 미국 대법원 판결에서부터 시작된다. 당시 대법원은 체로키(Cherokee) 인디언 부족에 대해 조지아 주가 관할권을 갖지 못한다는 판결을 내린다. 이 판결 이후 지금까지 인디언 보호구역은 연방 정부의 책임 아래 놓여 있다. 인디언 부족은 연방이 인정하는 보호구역 내에서 자치권을 가진 민족(nation)이기는 하지만, 이들이 가진 주권은 연방 정부에 의해 제한되고 있다. 이는 1830년 잭슨 대통령 집권 당시에 제정된「인디언 강제 이주법」에서 인디언을 일정 지역에 강제로 이주시키는 내용을 담고 있었기 때문이었다. 그리고 인디언들은 1924년이 되어서야 공식적으로 시민권을 얻을 수 있었다.

드디어 2015년 12월 겨울에 애리조나를 다시 방문하게 되었다. 12월 추운 겨울에 캘리포니아와 애리조나를 라이트 건축 답사지로 정한 이유는 아주 단순하다. 일단 저자와 아이들 모두 겨울 방학이기 때문에 시간적 여유가 많았기 때문이다. 그리고 더 중요한 요인은 날씨 때문이다. 한국의 경우 12월은 추운 겨울이기 때문에 야외에서 활동한다는 것이 불편할 수 있고 설상가상으로 눈마저 오게 되면 여행을 망칠 수 있기 때문이다. 그래서 이번 여행은 따뜻한 날씨를 가진 미국의 남쪽 지역으로 정하여 답사하기로 결정하였다. 한국의 추운 겨울 날씨를 피할 수 있어 좋았다. 특히 겨울에 캘리포니아, 애리조나의 따뜻한 날씨는 여행하기에 가장 쾌적한 날씨를 제공해 줄 것이라 기대를 했었고 그 기대는 틀리지 않았다.

한국 사람들은 미국 서부의 대표적인 관광지인 캘리포니아 지역, 특히 LA지역의 유명 관광지를 방문하는 여행 일정에 콜로라도 강(Colorado River)의 침식으로 이루어진 애리조나 주의 그랜드 캐니언과 주변의 여러 이름의 캐니언을 포함시키는 경우가 대부분이다. 반면에 애리조나의 주도인 피닉스(Phoenix)의 세도나(sedona)국립공원을 애리조나 최고 관광지로 꼽는 사람들도 있다. 세도나 역시 캐니언과 비슷한 곳이다. 그래서 일반인들은 애리조나 주에서는 그랜드 캐니언을 제외하고는 유명한 관광지가 거의 없는 것으로 인식하고 그저 주마간산(走馬看山)격으로 여러 캐니언의 대자연을 잠깐 스쳐가고 여행 일정을 마무리한다. 그래서 애리조나 주를 'Grand Canyon State' 라고 부르는 이도 있다. 참고로 자동차 번호판 사진에도 쓰여 있다.(번호판 사진 참고)

그러나 저자는 새로운 여행지를 찾아간다는 기대감도 있었지만 F. L. 라이트의 건축 작품을 찾아 도시를 이곳저곳 돌아다니면서 애리조나의 새로운 매력을 느낄 수 있었다. 겨울 날씨가 너무 따뜻하고 쾌적했기에 아직도 행복한 여행으로 기억하고 있지만 가족들은 아니었을 것이다. 겨울 날씨는 정말 따뜻하고 좋았다. 그러나 여름 날씨는 거의 걸어 다닐 수 없을 정도의 폭염이라고 한다. 여름에는 섭씨 40도 이상 올라간다고 하니 생각만 해도 끔찍하다. 또한 애리조나 내의 도로 주변 가로수로 선인장이 줄지어 있을 정도로 이국적인 풍경의 연속일 뿐 아니라 주택지 주변 곳곳에서 사람 키보다 큰 선인장을 흔히 볼 수 있어 미국 속 또 다른 미국을 느낄 수 있는 곳이기도 했다. 이런 느낌은 저자뿐만 아니라 애리조나 시민들도 그렇게 느끼고 있는 것인지 애리조나 주의 자동차 번호판(Tip, 번호판 좌측 상단에 JAN(1월)은 운전자 생일이 있는 월로 표시되는 경우가 많다.)의 이미지마저도 선인장과 먼 산 너머 노을이 지는 붉은 색으로 디자인되어 있다. 여기에서 눈치 빠른 사람은 알았겠지만 애리조나의 주화(州花)는 선인장(사와로 캑터스, Saguaro Cactus)이다. 영어로는 Saguaro로 발음은 'sah-wah-ro' ('사구아로'가 아니라 '사와로'로 발음한다.)이다. 그리고 이 선인장이 사진처럼 가지를 가지고 있고 높이가 약 15피트(4~5m)까지 자라기 위해서는 거의 75년에서 많게는 100년까지 걸린다고 한다. 이런 이미지는 애리조나 주를 대표하는 주의 깃발에도 나타나고 있다. 주(州)를 상징하는 깃발은 1539년 스페인의 식민지였던(당시 미국 남쪽으로는 대부분 스페인의 식민지령이었다.)

선인장, 붉은 노을, 사막 등으로 디자인된 애리조나 주(洲)의 자동차 번호판 디자인

1539년 스페인 식민지였기에 주기의 색깔이 스페인 국기의 영향을 받은 듯하다. 모양은 왼쪽 사진에서처럼 태양의 빛이 빛나는 것을 형상화한 것이라 보인다. 또한, 별이 구리색(애리조나 주에는 구리가 많이 났다)이라 당시의 시대적 상황을 잘 대변해주는 주의 깃발이다.

만큼 빨강과 노란색이 스페인 국기의 색을 연상시키고 있다. 그리고 별을 중심으로 빛나는 것은 애리조나 사막의 사진에서와 같이 태양이 사막에서 빛나는 것으로 형상화 한 듯 보인다. 특히 별의 색이 구리 색으로 표현된 만큼 당시의 애리조나에 구리가 얼마만큼 중요한 역할을 했는지 시대적 상황을 짐작할 수 있다.

특히 다른 주(州)의 도시 풍광과는 달리 사막의 뜨거운 햇볕, 겨울에 방문했음에도 불구하고 온화한 겨울 날씨 그리고 붉은 저녁노을은 이문세의 '붉은 노을' 노래가 절로 생각나게 한다. 또한 넓은 사막에서 이루어지는 색다른 풍광을 볼 수 있었던 경험은 아직까지 잊혀지지 않는다. 아마 도시의 풍광은 F. L. 라이트의 건축에도 많은 부분 영향을 주었을 것으로 보인다. 그리고 저녁 늦게 캘리포니아에서 애리조나로 운전하면서 하늘에 보이는 별이 얼마나 많은지 달려가는 자동차 속으로 별이 무리지어 떨어지는 느낌은 아직도 기억이 생생하다. 그러나 이 지역도 지역에 따라 기후 변화가 심해서 북쪽 고원에 위치한 플래그스태프 (Flagstaff-그랜드 캐니언을 가기위해 거쳐가는 도시)시(市)는 겨울의 최저 온도가 섭씨 영하 8도까지도 내려간다고 한다.

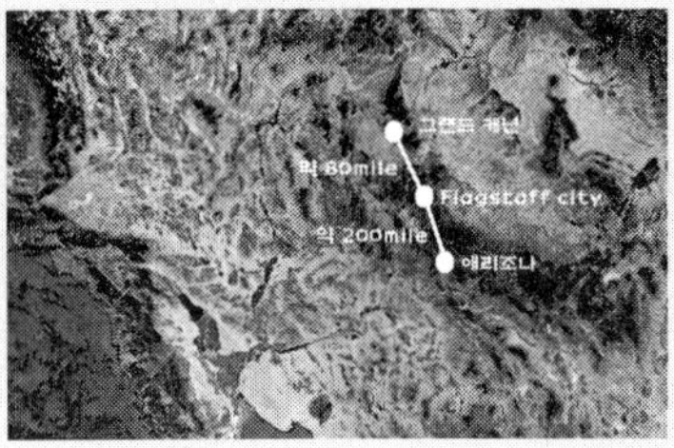

Flagstaff city : 샌프란시스코 산맥의 세 봉우리가 시(市) 바로 북쪽에 있으며, 코커니노 국립 산림지가 시를 둘러싸고 있다. 미국 독립기념일인 1876년 7월 4일을 기념하여 목재 벌채 인부들이 이곳에 있는 황색 소나무 꼭대기에 미국 국기를 걸고 당시 이름 없던 이 정착지를 플래그스태프라고 명명했다. 그랜드 캐니언에서 약 1시간 30분 거리(80mile ≒130㎞)에 위치하고 있다.

애리조나 주의 초기 경제는 5C에 의존했다고 한다. 여기에서 5C는 구리(Copper), 목화(Cotton), 축우(畜牛, Cattle), 감귤류(Citrus), 그리고 날씨(Climate)에 의한 관광업이었다. 한때 애리조나는 미국 제1의 목화 생산지였다. 여기서 잠깐! 여러분! 목화라고 하면 노예가 생각나지 않습니까? 나이에 따라 조금씩 다를 수 있지만 저자의 경우에는「노예 12년」이라는 영화(포스터 사진 참고)를 본 경험 때문인지 노예가 먼저 생각났습니다. 구리는 여전히 대규모의 노천 광산과 지하 광산 등에서 활발히 채굴되고 있으며 현재 미국 구리 생산의 2/3을 차지하고 있다. 그리고 5C 중에 하나인 감귤나무도 도시 곳곳에서 뜻하지 않게 많이 볼 수 있다. 그런데 5C를 당시 시대적 상황과 비교하여 곰곰이 생각해보면 사람의 직접 노동력 없이는 생산이 불가능한 것들이다.

그래서 사람에 의한 노동력이 직접적으로 필요한 도시였기 때문에 흑인(노예)들을 이용한 노동력으로 충당하게 된다. 즉 인간들에 의한 노동력이 절실한 산업 밖에 없었기 때문에 노예 해방에 적극적으로 반대했을지도 모르겠다. 특히 남부 지역으로 조지아 주는 흑인 노예 해방 운동을 마지막까지 반대한 지역이다. 이 때문에 미합중국을 탈퇴했다가 다시 가입한 지역이기도 하다. 이런 내용은 2014년에 개봉된 영화 「노예 12년」과 여러분이 어렸을 때 한 번쯤 읽어본 기억이 있는 해리엇 비처 스토우(Harriet Beecher Stowe, 1811~1896)1)[1] 가 1852년에 출판한 「Uncle Tom' s Cabin(톰 아저씨의 오두막)」에 잘 표현되고 있다. 그리고 노예 해방을 위한 남 · 북 전쟁에서 남부는 영국의 전통에 긍지를 가지고 있었다. 다른 문화가 뒤섞인 북부 사람들을 '양키(Yankee)' 라 부르며 멸시했다는 사실을 알았는지 모르겠다. 그러니 '양키' 란 영국의 전통에 자부심을 가진 남군이 여러 나라 문화가 섞인 북군을 비하하는 것에서 생겨난 단어라고 할 수 있을 것이다. 그래서 '양키' 란 보통 미국 시민 가운데 미국 북 · 동부에 사는 사람을 가리키는 말이기도 하다. 하지만 남아메리카와 동아시아에서의 '양키' 라는 단어는 반미 감정을 담은 욕으로 쓰인다고 한다. 20세기 이후에는 뉴욕 '양키스' 와 '양키스의 팬' 을 부르는 말로 쓰이고 있다. 어떻게 생각하면 지금의 '양키' 라는 단어는 예전과 달리 단어의 의미가 변화한 것 같다.

「노예 12년」 영화 포스터

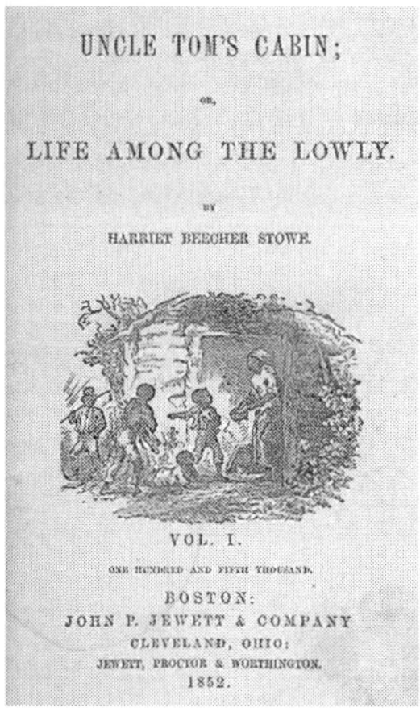

Uncle Tom' s Cabin 표지

1) 해리엇 비처 스토우(Harriet Beecher Stowe, 1811. 6. ~ 1896. 7.)는 미국의 노예 해방론자이자 사실주의 작가이다. 이 소설은 노예의 삶을 생생하게 그린 것으로 당시 베스트셀러가 되었으며, 이 책을 읽은 많은 북부의 주민들은 노예제도에 대해 진지하게 반성하거나 적극적인 반대자가 되었다.

Uncle Tom's Cabin : 노예 제도의 잔인함을 목격하고 인도주의적인 입장에서 발표한 이 작품은 선과 악을 극명하게 대조하면서 노예 제도에 대해 격렬히 비판하고 있다. 그 무렵 미국 내에서 커다란 반응을 일으킨 동시에 남북전쟁을 발발하게 한 소설로 유명하다.

노예12년 영화 내용: 1863년 링컨이 노예해방을 선언하기 이전의 미국은 목화생산이 급속히 늘어나면서 목화재배와 수확에 필요한 노예에 대한 수요 또한 급증했고, 노예들은 물건처럼 사고 팔렸다. 1790년에 여섯 개에 불과하던 노예주는 남북전쟁이 일어나기 1년 전인 1860년에 이르자 열다섯 개가 되었고, 1790년부터 1808년까지 18년 동안 무려 8만 명의 노예가 수입되었다. 결국 1808년에 노예 수입이 금지되자, 이후 미국 전역에서는 미국 내에 자유주의 흑인을 납치해 노예주에게 팔아넘기는 흑인 납치 사건이 만연하게 된다.

애리조나 주(州)에 있는 라이트의 건축 작품은?

애리조나 주에 아직까지 남아 있거나 흔적이 있는 F. L. 라이트의 작품은 12개가 분포되어 있다고 앞에서 이야기 했다. 이 중에 피닉스 카운티에 위치했던 Rose Pauson House(1939, 사진 참조)는 1942년 화재로 소실되고 없다. Ocatillo Desert Camp는 피닉스 남쪽의 챈들러 부근에 그 흔적만이 남아 있는 상태이고 현재 탐방이 가능한 작품은 애리조나 주의 라이트 주택 작품 위치도에서 볼 수 있는 10개 정도이다. 대부분 그의 작품은 애리조나 주의 주도인 피닉스(Phoenix)부근에 모여 있다. 그 외 작품은 파라다이스 벨리(Paradise Valley), 스코트데일(Scottsdale), 템페(Tempe)에 분산되어 위치하고 있다.

Rose Pauson House의 초기 모습으로 화재로 소실되기 전의 모습

화재로 주차장과 주택이 소실된 후의 모습, 사막의 돌과 시멘트로 만든 부분만 남아 있는 모습, 현재에 남아 있는 돌기둥(굴뚝)이 보인다.

현재 소실되고 없는 Rose Pauson House는 'Shiprock' 이라고도 한다. 여기에서 'Shiprock' 이라는 단어의 뜻을 검색하면 '420m 높이로 솟아 있으며 나바호 인디언 전설의 배경이 되는 암석' 을 의미하는 단어로 사용되고 있다. 이런 의미를 인용한 것인지는 분명하지 않으나 전체적으로 Pauson 주택이 자리하고 있는 대지

F. L. Wright; 탈리에신 웨스트(Taliesin West) ; Ocotillo Desert Camp(1929)

알타 비스타 파크(Alta Vista Park)관문으로 사용되고 있는 굴뚝의 일부분

의 배경과 현재 남아 있는 흔적 그리고 F. L. 라이트가 애리조나에 정착하면서 초기에 인디언으로부터 많은 어려움을 겪었다는 것을 생각한다면 'Shiprock' 이라는 단어의 의미와 잘 어울리는 것 같다. 이 주택은 1942년 화재로 소실되었다.(앞 페이지의 사진은 소실되기 전과 후의 사진이다.) 그리고 1980년에 32번째 도로를 확장하기 위하여 대지의 흔적미저 파괴된 상태이나. 현재에는 석재로 만들어진 주택의 굴뚝만이 남아 있다.

이 굴뚝의 무게는 약 70톤(밑 부분이 9×11피트(=2.7m×3.4m))에 이르고 높이는 약 26피트(약 8m)로 건축가 Edward M. Jones[2)]가 기존 위치에서 약 남쪽으로 200야드(약 182m) 떨어진 부머(Boomer) 주택과 벤지민 아델만(Benjamin Adelman)주택이 위치하고 있는 곳으로 이동하여 알타 비스타 파크(Alta Vista Park)로 가는 관문의 일부분으로 사용하고 있다. 사진에서와 같이 초기 주택의 모습은 탈리에신 웨스트와 같이 주재료로 사막의 거친돌과 시멘트의 거친 혼합으로 벽을 시공하였고 여기에 붉은 목재(red wood)를 사용하여 벽을 감싸듯 주택의 외관을 형성하고 있음을 알 수 있다. 초기 주택의 모습과 화재로 인하여 목재 부분이 모두 타버리고 돌과 시멘트 혼합으로 만든 부분만 남아 있는 사진을 비교하면 이해하기 쉬울 것이다. 사진을 자세히 비교하면 자동차 차고의 목재 캔티레버와 기단 위쪽의 주택이 타버려 사라지고 없다. 우측 아래의 석조 계단과 주택이 있었던 자리에는 벽으로 사용한 석조 벽만이 남아 있는 모습을 볼 수 있다.

---

2) 1979년 6월에 애리조나 주 피닉스에 본사를 둔 중견 건축, 인테리어, 그래픽 디자인, 공공 미술 및 기획 회사인 존스 스튜디오(Jones Studio)를 설립했다. 존스는 오랫동안 지속가능성과 환경 설계를 수행해 왔고 이런 과정이 공간을 창조하는 요인이라고 생각하는 건축가이다.

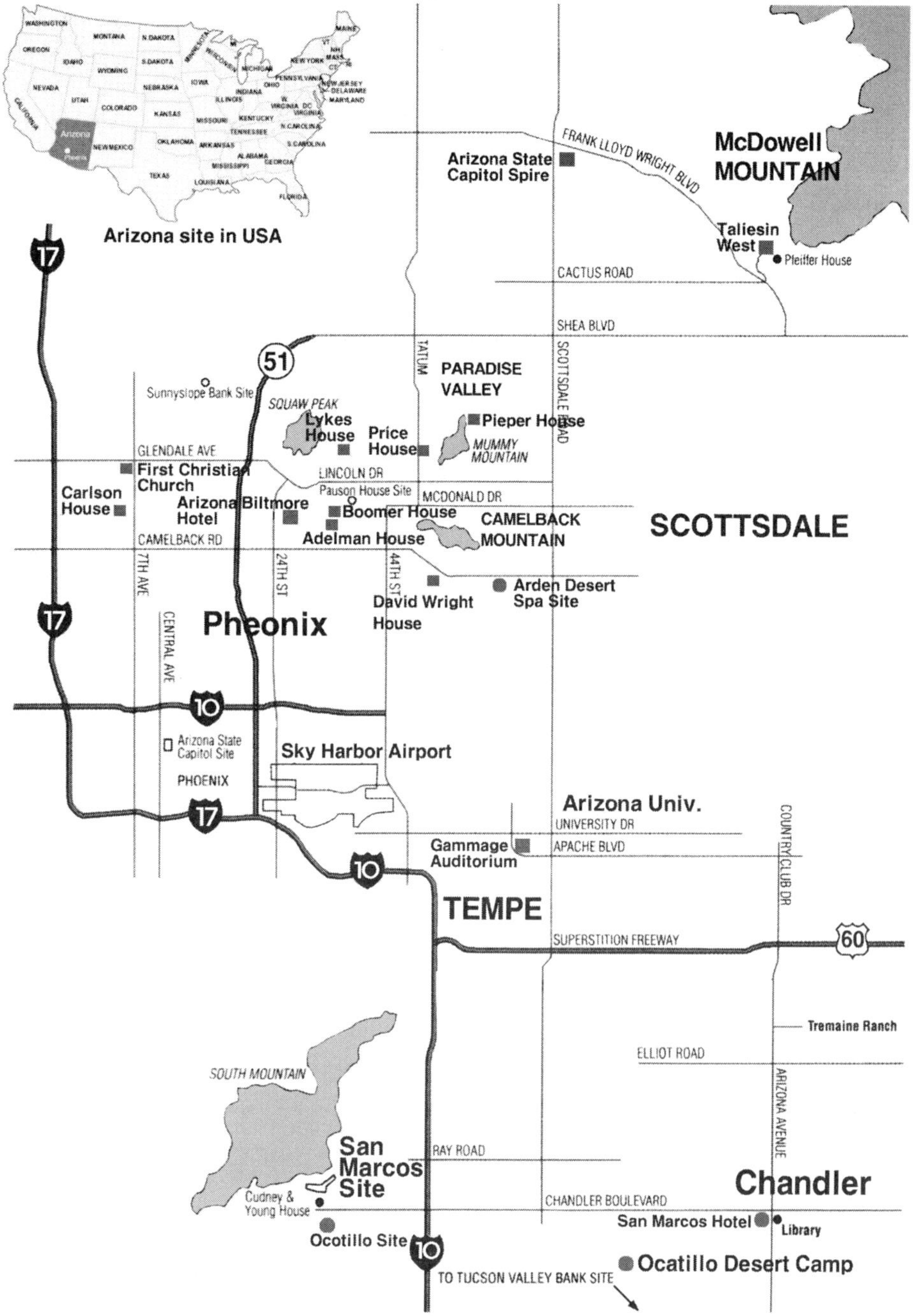

애리조나에 위치하고 있는 라이트의 건축 작품 위치도 – ■로 표시된 곳은 방문한 F. L. 라이트의 건축 작품들이다.

비록 지역별 위치한 작품을 나열한 표에는 표현하지 않았지만 F. L. 라이트가 애리조나에서 수행한 대형 프로젝트 중에 실행되지 않은 작품들이 몇 개 있다. 대표적인 프로젝트로는 Elizabeth Arden을 위한 DESERT SPA(Phoenix, AZ. 1945), Burton Tremaine을 위한 RESORT INN AND TOURIST FACILITY(Meteor Crater, AZ. 1948), ARIZONA STATE CAPITOL(Phoenix, AZ. 1957), Arizona State Capitol Spire(2004), First Christian Church(1973) 등이 있다. 이 중에 First Christian Church는 1973년에 준공되었고 Arizona State Capitol Spire에서 Spire만이 2004년에 재현되어 있다.(본 책의 제일 뒷부분에 별도로 기술하였습니다.)

▼ 애리조나 주에 위치하고 있는 라이트의 주택 작품

애리조나	Phoenix	1123 W. Palo Verde Dr.	Raymond Carlson House	1950
		2701 E. Arizona Biltmore Circle	Arizona Biltmore Hotel and Cottages	1951
		5802 N. 30th St.	Benjamin Adelman Residence, Sitting Room and Carport	1951
		5808 N. 30th St.	Boomer House	1953
		5710 N. 32nd St.	Pauson House (demolished)	1939
		6636 N. 36th St.	Lykes House	1959/ 1966
		5212 E. Exeter Blvd	David Wright	1950
		Between Mountain Vista Dr. & E. Frye, and 30th & 32d	Ocatillo Desert Camp	1928
	Paradise Valley	7211 N. Tatum	Harold Price, Sr. House	1954
		6442 E. Cheney Rd.	Arther Pieper House	1952
	Scottsdale	12621 N. Frank Lloyd Wright Blvd.	Taliesin West	1937/ 1956
	Tempe	Apache Blvd. at Mill Ave.	Gammage Memorial Auditorium	1959

프랭크 로이드 라이트와 애리조나 주(州)의 인연

1927년 라이트가 시카고의 오크 파크 작업실을 운영하고 있을 때 라이트의 제자였던 알버터 체스 맥아더(Albert Chase McAthur, 1907년~1909년에 라이트 작업실에서 일함)로부터 애리조나 주의 피닉스(Phoenix)에 건설하게 될 빌트모어 호텔(Biltmore Hotel, 1928)프로젝트를 도와 달라는 요청을 받는다. 이 요청으로 F. L. 라이트는 미국 남부 애리조나의 사막과 인연을 맺게 된다. 당시 F. L. 라이트는 개인적으로 가정적인 문제 때문에 애리조나에 머물 수밖에 없었던 상황(본 책의 빌트모어 호텔에서 설명)이었지만, 그 누구도 이곳에서 F. L. 라이트의 새로운 건축 인생이 시작될 것이라고 상상하지 못했을 것이다.

Albert Chase McArthur (1881. 2~1951. 3) Iowa에서 태어남, 1907-1909년 라이트 작업실에서 일하였다.

1928~1929년 겨울, 처음 애리조나 피닉스를 방문했을 당시 피닉스는 인구 50,000명 보다 작은 소규모 도시였다. 그리고 흑인의 노동력이 필요한 감귤과 목화 농장이 대부분인 농촌 피닉스는 도시에서 막 깨어나기 시작한 미숙한 도시라고 할 정도로 조그마한 소도시였다. 저자가 방문한 이유처럼 날씨가 좋은 탓인지 당시 이곳은 여러 질병으로 고생하는 사람들이 휴식을 취하고 치료를 위하여 찾는 도시였을 정도였다. 그러나 이 도시의 발전적 희망을 내다보고 야망을 가진 재력가들은 이 도시가 미래에 여름 휴양지로서 엄청난 잠재력을 가지고 있음을 알고 있었다. 이런 믿음을 가지고 사업을 시작한 후원자 중에 워렌과 찰스(Warren, Charles)형제와 맥아더(Albert Chase McArthur)형제가 있었다. Charles는 Dodge(미국 크라이슬러(Chrysler)사의 닷지Dodge-미국의 존 프랜시스 닷지와 호레이스 엘진 닷지 형제가 1913년에 설립한 자동차 회사, 1928년 월터 크라이슬러가 인수하여 현재 크라이슬러 산하의 브랜드가 된 미국의 유명 트럭 메이크) 판매 대리점을 소유하고 있었고 잠재적 호텔 개발계획에 투자하고 있었다. 이 중에 알버트 찰스 맥아더(Albert Chase McArthur)는 건축가로서 일리노이(Illinois) 주 시카고의 오크 파크에 있는 F. L. 라이트 작업실에서 1907년부터 1909년까지 2년 동안 견습생으로 일한 경험이 있었다. 이런 인연으로 애리조나 빌트모어 호텔 건축에 그의 건축 스승인 F. L. 라이트에게 도움을 요청하게 된다. A. C. 맥아더가 F. L. 라이트에게 도움을 요청하게 된 가장 큰 이유는 F. L. 라이트가 캘리포니아 주에 텍스타일 블록(Textile Block)으로 설계한 주택(앨리스 밀라드 주택, 'La Miniature' (1923) 등)시리즈에서 사용한 콘크리트 텍스타일 블록 시스템(Textile Block System)에 호감을 가지고 있었기 때문이었다. 그래서 이 텍스타일 블록을 자신이 계획 중인 빌트모어 호텔에 실현하고자 자문을 구한 것이다. F. L. 라이트가 사용한 텍스타일 패턴

은 '울 짜기' 와 같은 형태로 상 · 하 · 좌 · 우 마주하는 텍스타일 블록에 숨겨진 철사와 같은 것으로 서로 연결시켜 단단하게 보강하는 방식이다.(아서 피퍼(Arthur Pieper) 주택을 소개하는 내용의 사진을 참조하기 바람) 이 시공 방식은 텍스타일이 건물의 골조를 이루는 동시에 외장의 모습을 우아하게 만들어주는 장점을 가지고 있었다. A. C. 맥아더에게 텍스타일 블록은 매우 매력적인 건축 재료로 보인 것이 틀림없었다. 그리고 그는 텍스타일 블록 시스템을 사용하기 위한 컨설턴트 비용으로 F. L. 라이트에게 당시 돈으로 월 1,000불을 지불하기로 했다. 그러나 솔직히 말해 당시 F. L. 라이트는 텍스타일 블록 시스템에 관한 어떠한 특허권도 가지고 있지 않았다. 캘리포니아의 블록 주택은 F. L. 라이트의 아들인 데이비드 로이드 라이트(David Lloyd Wright, 이하 데이비드 라이트)가 시공과 감리를 했기 때문에 F. L. 라이트는 직접 텍스타일을 다루어본 경험이 많지 않았다. 이와 같이 데이비드 라이트는 블록을 사용한 여러 공사를 직접 시공 · 감독했기 때문에 블록에 관한 많은 경험을 가진 것으로 보인다. 그의 주택인 데이비드 라이트 주택(애리조나, 피닉스, 1950—본 책에 기술되어 있음)의 블록 공사도 직접 했을 정도이다. 그러나 1924년 당시 F. L. 라이트는 위스콘신 탈리에신으로 돌아가지 못하고 이혼 소송 중이라 어떠한 수입원도 없었기 때문에 무슨 일이든 해야 했기 때문에 A. C. 맥아더의 제안을 주저하지 않고 받아들인 것이다.

텍스타일 블록 시스템을 사용하여 건축물의 외벽을 구성하고자 하는 A. C. 맥아더의 의지에서 다시금 건축에서 이야기하는 '벽' 이라는 의미를 한 번쯤 확인해 볼 필요가 있다. 건축에서 「벽」은 건물의 미적 아름다움과 공간의 성격을 결정짓는 중요한 구성 요소이다. 이는 지붕이 주로 쉘터(shelter)로써 작용하는데 비해, 벽은 단순히 공간을 구분 짓는 물리적 객체이기보다 더 많은 의미를 지니고 있기 때문이다. 다시 말해 하중을 지반으로 전달하는 구조 방식과 밀접한 관련성을 지니며, 프라이버시와 영역성을 확보해 주며, 단순한 물리적 실체에서 벗어나 상징적 의미까지 부여하기도 한다. 이런 의미에서 많은 건축가들은 인공적인 벽의 구성을 통해 기억이나 회상의 장소로써의 성격을 만들어내고자 했다. 20세기에 이르러 벽면은 도시 환경과 같은 외부 환경 개선과 생활의 변화, 기술의 발달에 의해 구조적 지지체로써의 벽면에서 새로운 공간을 만드는 창조적 조형 요소로써 가능성을 보여주기 시작했다. 또한 단순한 벽면이라고 해도 공간의 이미지를 변화시킬 수 있는 조형 요소로써 뿐 아니라 지역의 문화와 역사, 인간의 감성 등 다양한 요소로 표현되고 있다. 다원화된 현대 사회에서 '벽'

은 다양한 공간 이미지를 창출하기 위한 디자인 요소로 자리 잡게 되었다.

이렇게 벽에 대한 설명을 장황하게 한 이유는 F. L. 라이트 건축 작품에서도 외벽에 대한 내용이 많이 나오기 때문이다. 그리고 애리조나라는 특유의 기후를 가진 지역에서 F. L. 라이트가 사용한 벽면의 재료가 어떻게 자신의 건축에 적용되었는지에 대해 생각한다면 F. L. 라이트의 건축을 이해하는데 많은 도움이 되지 않을까 하는 생각을 한다.

F. L. 라이트는 분명 훌륭한 근대 거장 건축가임이 틀림없다. 그러나 여기서 저자의 주관적이고 개인적인 느낌을 조금이나마 언급한다면 F. L. 라이트는 순수 건축가로서 뿐 아니라 어려운 시기마다 비상하게 헤쳐 나가는 수완이 좋은 사업가적인 기질도 가지고 있었던 것으로 느껴졌다. 한때는 부동산 개발 업자와도 손을 잡고 주택을 개발하기도 하고(리차드 듀플렉스 아파트(Arthur L. Richards Duplex Apt. 1916, Wisconsin), 탈리에신 펠로쉽과 같은 개인 건축교육과정 프로그램을 개발하여 수업료를 받고 학생들을 가르치고 한편으로는 탈리에신 작업공간을 직접 수리 · 보수 하도록 하는 등(요즈음 같은 시대에서는 노동력 착취로 분명히 고발당했을 것이다.) F. L. 라이트 자신의 가장 어려운 시기를 아주 비상하게(?)극복하기도 했다. 뿐만 아니라 건축 의뢰인의 부인과 비도덕적 행위, 복잡한 여자관계 등으로 여러번의 경제적인 어려움(이혼 소송 비용 등)이 생길 때마다 주변의 친구들이 뜻을 모아 도와주었다. 그리고 신문이나, TV 인터뷰 등 다양한 매체를 통하여 자신의 작품에 대한 우수성과 예술성을 강력하게 피력하는 등 다양한 방면에서 건축가 외의 재능도 가지고 있었다고 생각된다.

빌트모어 호텔 프로젝트 수행을 위해 6개월 동안 애리조나에 머무르는 동안에 F. L. 라이트는 A. C. 맥아더의 빌트모어 호텔보다 규모가 큰 사업을 구상하고 있는 알렉산더 챈들러 박사(Dr. Alexander Chandler)를 만나게 된다. 이 두 사람의 만남으로 인하여 F. L. 라이트는 애리조나에 새로운 터전인 탈리에신 웨스트의 전초 기지를 세우고 애리조나에 계속 머물게 되는 계기가 된다. 그리고 챈들러 박사(Dr. Alexander Chadler)로부터 산-마르코스 호텔(San Marcos Water Gardens, 1928)설계를 의뢰받게 되면서 현지에 내려와 작업해 달라는 요청을 받는다.

그러나 당시 챈들러가 의뢰한 대규모 리조트 설계를 위한 현지의 적당한 작업 공

San-Marcos in the Desert Resort Hotel 스케치 : 사막과 주변 산들의 자연적 경관을 헤치지 않고 산과 건물이 어우러져 있는 모습의 계획안

간이 없었다. 또한 아주 먼 위스콘신 탈리에신 이스트(East)에서 프로젝트를 수행한다는 것은 거리와 경제적인 면에서 뿐 아니라 작업의 효율적인 면에서도 적절하지 못하다고 판단되었다. 그래서 1929년에는 챈들러(Chandler-자신의 땅이므로 자신의 이름을 붙였다.)지역 부근의 사막에 임시 캠프를 설치하고 F. L. 라이트와 위스콘신 탈리에신 펠로쉽에서 수업을 받고 있는 견습공들과 같이 애리조나로 이동하여 임시 캠프에서 작업을 하게 된다. 당시로써는 애리조나로 옮길 수밖에 없었던 상황이기도 했다. 당시의 임시 캠프는 15개의 독립된 기능과 용도에 따라 목재 상자(Box-board Cabin)로 이루어졌고 지붕을 불투명한 캔버스(Canvas) 천으로 덮었다. 이 작업 역시 탈리에신 펠로쉽에 의해 이루어졌다고 해도 과언이 아니다.

"이 캠프를 설계할 때 사용한 1:2의 삼각형은 주변의 산(山) 모양을 따라 만든 것이다. … 〈중략〉 … 캔버스로 된 특이한 박공의 삼각형에는 빨간색을 칠했다. 이런 빨간 삼각형 모양이 오코틸로(Ocotillo-애리조나 사막에 서식하는 관목의 선인장 일종으로 가시 돋친 가지가 있으며 우기(雨期)가 지나면 잎사귀와 주홍색 꽃을 피운다.)꽃망울과 비슷하다고 하여 캠프 이름을 "오카틸러(Ocatilla 1929, 지금은 철거되었음)"라고 명명했다.[3]

오카틸로(Ocatilla) 캠프의 초기 모습

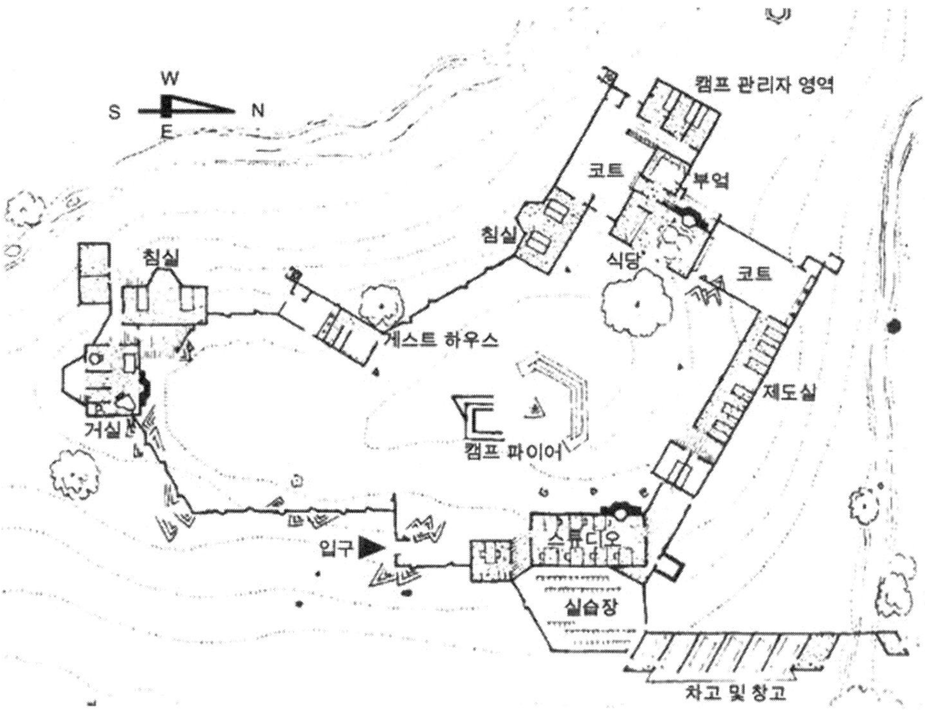

오카틸로(Ocatilla) 캠프의 배치도 (The Frank Lloyd Wright Companion P.230)

이 오카틸러는 역삼각형 또는 깔때기 모양으로 생긴 일종의 관목으로 지면에서 올라가는 가지에는 다른 가지가 없고 가시로 이루어진 수형을 가지고 있다. 가지 끝부분에 하얀 또는 붉은 꽃이 피는데 이를 오쿠티요(o-kuh-TEE-yo)로 발음하고 있다. F. L. 라이트는 이를 candle-flame을 의미한다는 뜻으로 "Ocatilla"라 했다. 그리고 이 꽃이 30°, 60°에 의해 이루어지는 삼각형 모양으로 자라고 있어 이를 작업장 박공 모양을 삼각 프레임으로 만들어 오카틸로의 색과 같은 붉은색을 칠했다. 이후 이 색은 F. L. 라이트의 상정적인 체로키 레드 색이 된다. 이 색은 단순한 붉은 색이 아니라 F. L. 라이트 건축에서 자연과 대지를 상징하는 자연친화적인 색이며 유기적 건축에 생명력을 주는 주요 요소로 사용된다. 여기에서의 유기적 건축이란 자연, 인간과 건축이 유기적 통합을 이루어 완전한 생명체로서 살아있는 건축을 추구하는 것을 의미한다.

3) 프랭크 로이드 라이트 자서전, 미메시스, 이종인, 2006 pp.508~509

드로잉 작업실 지붕 모서리의 인디언 이미지–오코틸요의 형상으로 꽃 색깔(붉은색–가시)을 칠한 모습

인디언의 Teepee 텐트 이미지

선인장의 일종인 오코틸요(Ocotilo)

하얀 캔버스로 덮여진 15개의 삼각형 지붕들은 광활한 사막의 바다에 떠있는 돛단배 이미지를 갖고 있었다. 그 곳에 정주해 있던 인디언들의 이동식 천막(Teepee)인 텐트를 현대적으로 해석한 것이라 할 수 있다. 그리고 텐트 맨 위와 아래의 판자에는 오코틸로 꽃과 같은 붉은색 페인트를 칠했다. 이런 형식의 건축은 과거 그 누구도 시도하지 않았던 새로운 실험정신이 강한 유기적 건축의 실현이었다. 공사는 F. L. 라이트와 그의 제자들에 의해 5주간 직접 진행되었다. 그러나 같은 해 동절기에 이 지역의 토착 주민인 나바호 인디언(Navajo Indians)들이 해체해 가버렸다. 다행히 완공 2개월 후에 독일 건축 잡지에 게재되어 기록으로 남길 수 있었다. 애리조나의 뜨거운 햇볕과 인디언의 난폭한 행동을 견디어 가면서 챈들러 프로젝트를 수행하고자 하는 의지를 보였지만 1929년 10월 때마침 불어온 미국 주식시장의 붕괴로 대공황이 시작되면서 1919년 세계1차 대전 종식과 1920년대의 건설 붐의 감소로 인하여 갑작스럽게 파멸적인 종말을 맞이한다. 그리고 거대한 산마코스 호텔(San Marcos Water Gardens, 1928) 프로젝트는 결실을 맺지 못하고 모든 것이 취소되어 버린다. 설상가상으로 그 전까지 진행된 작업 비용도 받지 못하게 되면서 별다른 수입원이 없었던 F. L. 라이트는 이후 글을 쓰거나 강연을 다니면서 많은 시간을 보내게 된다.

이 시기를 레이너 밴험(Reyner Banham, 1922 ~ 1988, 건축비평가)은 “라이트의 황량한 시기”라고 표현하고 있다. 비록 1924년부터 LA의 홀리호크(Hollyhock) 주택(미국 캘리포니아 주(洲)의 로스앤젤레스 소재, 석유재벌의 상속녀이자 연극 제작자인 어라인 반스달(Aline Barnsdall)을 위하여 디자인한 대규모 주택) 등 몇 작품을 하기는 했지만 사실 1909년부터 1920년 말까지 F. L. 라이트의 개인적인 사생활과 여러 악재 등으로 인하여 작품 활동을 거의 하지 못한 시기—F. L. 라이트의 암흑시대—라고 할 수 있다. 그러나 1923년 반스달 주택 공사가 완공(1923)되자 F. L. 라이트는 미국의 서부 해안이 자신의 건축을 실현할 수 있는 마지막 건축 개척지라 생각하고 그 해 로스앤젤레스에 사무소를 열었다. 그리고 자신의 아들인 로이드 라이트의 도움으로 캘리포니아에 일련의 텍스타일 블록 주택을 디자인하게 된다.

여기에서 F. L. 라이트가 텍스타일로 주택을 설계하게 된 계기를 간단히 이야기하면, F. L. 라이트가 홀리호크 주택을 짓기까지는 자신의 스타일에 대한 자부심이 굉장한 건축가였다. 그래서 기계주의 건축에 대해서 어느 정도 반대적인 입장을 보이면서 기계주의 건축에 대한 비판적인 생각을 가지고 있었다. 그러나 어느 순간 기계주의에 대한 호감을 가지면서 표준화된 건축이라는 진보적이며 이상적 건축에 관해 관심을 가지게 되었다. 이에 대한 즉각적인 반응으로 조립식 「텍스타일 블록 주택」이라는 혁신적인 방식을 택하게 된다. 홀리호크 저택과 같이 벽토로 문양을 만드는 로만차 양식('Romanza'는 음악에서 '자유 형식 혹은 자기만의 것을 만들 자유'를 의미하는 것처럼 자신의 스타일로 만들어지는 건축을 의미한다.)의 주택을 포기하게 된다. 그리고 그는 좀 더 영구적인 방식으로 누구나 쉽게 지을 수 있고 복제도 가능한 주택에 —이것은 기계주의적 사고방식이 아닐까?—관심을 가지면서 1930년대 이후부터 유소니언(Usonian) 주택의 시대를 열어가게 된다. 유소니언 주택은 비록 빌트모어 호텔의 블록처럼 블록에 문양이 디자인 된 것은 아니지만 대량 생산되는 재료 중에서 가장 대중적인 콘크리트로 만들어졌다. 문양이 없는 사각형의 블록은 제작과 생산이 빠르고 쉬우며 비용이 저렴하고 멋진 시공을 위하여 표준화할 수 있을 것이라고 믿었기 때문이다. 그리고 일반적인 시멘트 블록으로 현장에서 직접 제조하여 사용할 수 있을 정도로 시공적인 측면에서도 손쉽게 따라할 수 있는 방법을 택하게 된다.

어라인 반스달(Aline Barnsdall)의 홀리호크(Hollyhock) 주택은 올리브-힐 언덕 위에 위치하고 있어 남부 캘리포니아 언덕들과 마주하여 도시와 바다가 보이는 명소이다. 이 주택은 어라인 반스달이 오래 살지도 않고 주택과 주변 부지를 로스앤젤레스 시 당국에 기증한다는 의사를 밝혔다. 시 당국은 1927년까지 이 저택을 받아들이기를 주저하다가 마침내 캘리포니아 예술가 단체의 주선으로 기증을 받아들였다. 현재는 로스앤젤레스 시 소유로 되어 있다. 이 주택은 어라인 반스달의 주택보다 홀리호크 주택으로 더 알려져 있다. 이렇게 부르는 이유는 주택 지을 부지에 야생으로 자라고 있는 접시꽃(hollyhock)이 자라고 있었고 반스달이 이 꽃을 좋아했기 때문이다. 이 꽃 이름을 따서 홀리호크 주택이라 했다고 한다.

여러 평론가들은 아즈텍, 마야, 이집트, 콜럼버스 이전의 멕시코 등 여러 가지 건축양식을 열거하며 주택 형태에 대한 디자인 원천을 다양하게 설명했다. 그래서 '어떤 고대 문명의 작은 궁전' 이라고 불리기도 했다. 그러나 F. L. 라이트는 "단순히 캘리포니아 풍" 이라고 말했다고 한다. 저자도 건축 평론가가 이야기하는 내용과 건축가가 생각했던 건축적 개념에는 차이가 있다는 것을 종종 경험한 적이 있다. 그렇지만 저자도 F. L. 라이트의 행적 중에 고대 문명에 관심을 가지고 있었던 것을 알고 있기 때문에 많은 사람들이 홀리호크 주택에 관하여 여러 건축양식을 열거하면서 평가한 것에는 어느 정도 타당성이 있다고 판단한다. 이와 같은 생각은 이제까지 F. L. 라이트 마음 한 구석에 남아 있었던 고대 마야의 건축양식이 은연중에 표현된 것은 아닐

어라인 반스달(Aline Barnsdall)주택 모습

지붕선에 맞추어 접시꽃을 추상적으로 디자인한 모습

어라인 반스달(Aline Barnsdall House, 1923) 후면에서 본 중정의 모습 그리고 반스돌 주택이 언덕 위에 위치하고 있기에 사방으로 오픈된 주변의 경관을 볼 수 있는 좋은 위치에 자리하고 있다.

까 하는 추측 때문이다. 이와 같은 경향은 빌트모어 호텔의 아즈텍 홀에서도 반복되어 나타난다.(빌트모어 호텔 작품 설명 참조) 홀리호크 주택 정면에서의 모습은 콘크리트에 의한 무게감이 느껴지는 무거운 지붕을 이고 있는 형태이다. 그러나 실재로 이 주택의 지붕 벽체는 뒤쪽으로 목재 프레임으로 된 골조를 만든 후에 외부를 스타코로 마감한 것이다. 다르게 이야기하면 지붕이 전체 콘크리트 덩어리로 만들어진 것이 아니라 그냥 높이만 있는 지붕 난간에 해당된다고 할 수 있다. 그리고 지붕면에 대지와 유사한 질감을 부여하고자하는 시도를 했을 뿐이다. 이때 지붕과 벽면 경계를 감싸고 있는 pre-Columbia(일종의 테라코타) 장식들은 지붕의 견고한 효과를 더해주는 역할을 하는 것이다.

영국의 건축사가이자 디자인 비평가인 레이너 벤험(Reyner Banham)에 따르면 애리조나에서 사방으로 막힘이 없는 사막의 경험이 그에게 안겨준 것은 새로운 자유, 전통적인 공간배치의 거부, 말하자면 '축 대칭으로부터의 자유, 직각으로부터의 자유, 중앙 집중화된 공간으로부터의 자유' , 그의 초기 작품을 특징짓는 전통적인 기하학으로부터의 자유였다. 그는 가볍고 활용성이 많은 유소니언 주택과 그가 말년에 받아들인, 비약적 환상을 표현하는 양식으로 넘어가는 궤도에 있었다. 당시 오카틸러 임시 작업 건축물들은 지금처럼 돌과 콘크리트를 사용하지 않고 대부분 합판으로 벽을 구성하고 반투명의 캔버스 천으로 지붕을 시공하는 등 가건물 형식으로 이루어졌다. 다시 말해 이곳의 건축물은 영구적인 건축물 개념이 아니라 디자인 베이스-캠프와 같은 개념으로 설계되었다. 그러나 각 건물 동은 사막의 여러 위험 요소로부터 보호하기 위하여 보드로 연결하는 담장을 세워 공간 영역을 확실히 하였다.

이 시기에 챈들러의 대형 리조트 프로젝트가 실행되지 않았고, 설상가상으로 1929년 경제적으로 어려운 미국의 공황으로 인하여 F. L. 라이트 역시 어려운 시기를 보낸다. 그러나 여기에서 F. L. 라이트는 애리조나 자연의 빛이 지붕의 캔버스 천으로 들어오는 마술 같은 공간을 경험하게 된다. 그리고 이런 공간을 자신의 건축 공간에 주요 디자인 구성 요소로 다루었을 뿐 아니라 자연의 빛은 생활 환경을 향상시킨다고 믿게 된다. 그래서 이 작품 뿐 아니라 F. L. 라이트의 작품 대부분이 주변의 자연 환경을 건축물 내부로 빛을 유입시켜 내 · 외 공간을 조화시키고 있는 것이다. 이런 작품적 경향은 F. L. 라이트가 자연 그대로의 모습을 얼마만큼 내부 공간으로 유입하고자 했는지 알 수 있는 대목이다.

이런 어려운 시기에 드디어 F. L. 라이트라는 존재를 당당히 세상에 알리면서 일약 건축계의 스타로 알려지게 되는 프로젝트가 들어온다. 첫 번째 프로젝트가 건축에 관심이 있든 없던 누구나 잘 알고 있는 유명한 작품, 낙수장으로 알려진 에드가 카우프만 주택(Edgar Kaufman, 1936)을 설계함으로써 F. L. 라이트라는 존재의 건재함과 부활을 알리게 된다. 두 번째 프로젝트는 존슨 왁스 회사(Johnson Wax Administration building) 사장 러버트 F. 존슨(Herbert F. Johnson)이 당시 라이트가 경험하지 못한 대형 상업용 빌딩(존슨 왁스 빌딩-공장)을 의뢰한다. 특히 존슨 왁스 빌딩은 위에서 밑으로 내려갈수록 조금씩 가늘어지는 기둥(버섯 모양) 구조—하부 직경 25㎝, 높이 7.3m로 천장에는 5.4m 직경의 원반이 연속되며, 원반 사이에는 자연관이 유리 튜브(tube)를 통하여 빛이 확산되는 구조—에 관해 여러 이견이 나오자 라이트는 TV 중개를 통하여 기둥 위에 시멘트 포대를 여러 개 올려 보이면서 기둥의 구조적 안전함에 대한 실험 영상을 공개한다. 이를 하나의 이슈로 부각시키면서 자신의 건축에 대해서 자신감과 자부심을 알리게 된다. 이것도 F. L. 라이트의 실험적 건축의 실현이라고 할 수 있다. 그리고 그의 건축에 대한 열정을 엿볼 수 있는 부분이다. 특히 이 공간을 '마치 숲 속에서와 같은 이미지를 생성하여 생태적 자연 공간에서의 체험을 성공적으로 완성한 건물' 이라고 평가하는 사람들도 있다.

알고 계시는 분도 있겠지만 비록 실현되지 못한 프로젝트이지만 버섯 모양과 같은 존슨 왁스 빌딩의 기둥이 완성되고 많은 호응을 받자 약 15년 뒤에 캘리포니아에 LENKURT ELECTRIC FACTORY(San Carlos, California, 1955~1956) 공장 프로젝트에 존슨 왁스 빌딩 공장에 사용한 버섯 모양과 같은 기둥을 다시 사용하는 계획안을 발표하기도 했다.

존슨왁스 빌딩 기둥의 구조적 안전성을 증명하기 위하여 시멘트 포대를 기둥 위에 올려놓는 장면을 TV로 방영하고 있다.

F. L. 라이트는 "20세기 건물은 17세기 건물을 모방해서는 안 된다."라고 했다. 과거의 건물은 과거의 삶의 방식과 사회를 반영하고 있으며 그 시대에 사용된 재료 등의 특성을 담고 있다. 또한 건축이란 그 장소와 환경에 가장 적합해야 하는데, 그러기 위해서는 주위 환경과 조경까지 고려해야하기 때문이다. 이것이 과거의 건축물을 현대 건축물로 모방할 수 없

LENKURT ELECTRIC FACTORY - 내부의 버섯 모양의 기둥 스케치 (캘리포니아, 1955)

존슨왁스 빌딩 - 공장 내부의 버섯 모양의 기둥 (위스콘신주, 1939)

는 이유라고 설명했다. 이것은 자신의 유기적 건축을 '시간', '장소', '사람' 으로 정의한 내용과 일치하고 있다. 아마 이런 자신의 의지 때문에 당시 고전 건축을 공부하기 위해 유럽으로 유학을 추천받았지만 이를 거절한 것 같다. 그리고 기존의 일반적인 기둥 모양과 다른 존슨 왁스 건물 내의 이런 기둥은 이제까지 느끼지 못한 매혹적이고 마술적인 공간을 연출하게 됨으로써 존슨 왁스 건물이 널리 알려지게 된다. 이후 낙수장과 존슨 왁스 빌딩의 건축주인 두 의뢰인은 F. L. 라이트와 고객 이상의 관계를 맺었고 또한 F. L. 라이트의 든든한 후원자가 되었다.

마침내 1937년 그의 나이 70세 때—일반적인 사람이었다면 은퇴했을 나이였지만—위스콘신 탈리에신의 추운 겨울 날씨를 피해 작업할 수 있는 공간으로 좀 더 견고하고 영구적인 건축물을 짓기로 결정하게 된다. 이를 위하여 그는 애리조나 주의

낙수장의 모습(펜실베이니아주, 1935)

존슨왁스 빌딩(S. C. Johnson Administrative Complex) (위스콘신주, 1937-1939)

수도인 피닉스로부터 15mile(약 24㎞) 북동 방향에 위치한 소노란(Sonoran)사막의 북쪽 끝자락인 맥도웰 산맥(McDowell Mountains) 인근의 스코츠데일(Scottsdale)이라는 곳에 600에이크(1Acre≒4,047㎡, 약 250만㎡)라는 넓고, 거칠고, 메마른 넓은 사막의 땅을 구입한다. 그리고 이곳에 그의 견습공들과 같이— 'Desert Camp' —지금의 탈리에신 웨스트(애리조나)의 전신을 짓기 시작한다. 그리고 F. L. 라이트는 이곳의 주변 환경이 사막으로 둘러싸여져 있고 거의 불모지의 땅으로 봤기 때문에 '세속의 가장자리(a look over the rim of the world)' 라고 표현하기도 했다. 이러한 F. L. 라이트의 무모해 보이는 실행에는 처음부터 주변의 새로운 환경에 적응할 수 있는 새로운 건축— 'organic architecture' —을 실현하기 위한 아이디어를 가지고 있었던 것이다. 그리고 오카틸러의 작업 과정과 시공 방식은 현재의 탈리에신 웨스트를 시공하는 밑거름이 되었다. 당시 오카틸로는 하얀 캠퍼스 천으로 삼각형 박공지붕을 만들었기 때문에 마치 하얀 돛을 단 배가 순항하는 것처럼 보이기도 했다고 한다.

프랭크 로이드 라이트의 건축(외벽) 재료에 대한 생각

앞에서 언급된 내용 중에 F. L. 라이트가 애리조나와 인연을 맺은 이유는 '빌트모어 블록' 이라는 건축 재료 때문이라는 것을 여러분도 알고 있을 것이다. 당시 F. L. 라이트의 위스콘신 탈리에신에 머물 수 없었던 어려운 상황이었기 때문에 이곳 애리조나까지 왔다. 그리고 이전까지 사용하지 않았던 콘크리트 블록을 새롭게 사용함으로써 새로운 건축 재료를 사용하게 된다. 이에 건축 재료, 특히 외벽에 사용하는 건축 재료에 대한 의미와 F. L. 라이트가 가지고 있는 재료에 대한 생각에 대해서 살펴보기로 하자.

물체의 표면상 특징은 시각을 통해서 지각하게 된다. 이때 사용된 재료의 무늬에 따라서 표면에는 다른 시각적 효과가 표현된다. 이것은 건축 외벽의 표현 방법에 따라서 다양하게 나타나므로 사용 재료는 공간의 조형 가치를 높이는데 매우 중요한 요소가 된다. 그리고 문명 초기 건축물에 사용할 수 있는 재료들은 거의 한정된 재료들 뿐이었다. 이후 재료의 발전과 재료의 사용은 초기 문명 이래 디자인과 함께 없어서는 안될 중요한 요소일 뿐 아니라 모든 건축 양식에 영향을 주었다. 어떤 형태들은 재료 사용 방법에 따라 디자인 표현에 있어 필수적인 요소이기도 하고 재료들과 형태의 융합은 모든 건축물 디자인에 대한 절대적인 목적이 될 수 있다. 그 이유는 각각의 재료들이 그 구조에 대한 표현 방식인 자체의 독특한 디자인 언어를 갖고 있기 때문이다. 건축이라는 행위가 시작된 이후 사용된 재료 중에서 가장 원시적이며 자연적인 재료가 나무라고 하면 벽돌은 자연 그대로의 재료인 진흙의 변형된 형태라 할 수 있다. 초기 벽돌 형태는 손으로 주형된 진흙과 짚의 혼합으로 만들어졌고 인공적인 열을 가하지 않은 상태에서 굳어졌다. 반면에 콘크리트는 탁월한 탄력성과 다양성을 갖고 있으며 우아한 조각적 형태들을 만들어 낼 수 있는 근대 건축 재료로 가장 보편적인 재료이기도 하다. 또한 석재와 같이 단단하기도 하지만 형틀에 의해 상대적으로 유연성과 탄력성이 있으며 생산하는데 있어 경제적이며 내화성도 뛰어나다. 20세기 건축 디자인에 있어 콘크리트 사용은 건축의 형태 구성 뿐 아니라 건축 발전에 필수적인 재료가 되어 버렸다.

건축 재료의 발전과 재료의 특성은 작가의 조형 표현의 한계를 더욱 넓게 확장시켰다. 또한 재료가 지닌 구조 역학적 가치는 작가가 가진 디자인 감각에 대한 표현 욕구를 충족시켜주고 있다. 조형에서 표현된 물적 소재의 특성에 따라 표현성은 아주 다르게 나타난다. 즉 소재 결정에 따른 조형의 표현 결과는 동일한 형태, 동일한 크기에서 유발되는 감각적 표현의 의미를 달리 느껴지게 하는 것이다. 소재의 특성은 그 표현 의미를 달리 할 뿐 아니라, 그 표현의 결과적 특성에 따라 시각과 감응적 쾌감도 달리 표출하는 것이다. 당시 근대 건축이 공업적 형식의 새로운 세계를 추구하고 재료의 획일적 사용, 대량 생산된 재료 등 기계 문명이 스며든 시대로 주택과 기계가 주거환경을 획일적으로 만든 것에 반해 F. L. 라이트는 재료를 사용하는 독특한 방법을 고집했다. 즉, F. L. 라이트는 재료 그 자체가 가지고 있는 본질을 드러내는 것이 허용되어져야 한다고 했다. 그래서 F. L. 라이트는 벽돌은 벽돌로 목재는 목재와 같이 모든 것들이 재료 그 자체로 정직하게 보이도록 했다. 그래서 사용 재료의 재질감은 조형 표현에 있어서 조화를 이루도록 하는 것이 대단히 중요하다. 일반적으로 유사한 재료와 조합에 의한 조화가 많으나, 천연재료(나무, 돌)와 공업생산 재료(철, 스테인리스 스틸, 알루미늄)와의 조합이나, 콘크리트 타설면과 모르타르 마감면과의 조합 등 대비적인 조화 등에서도 대단히 높은 조형 효과를 얻을 수 있다. 이와 같은 재료의 재질감은 그 재료에 평탄함과 명암의 효과에 따라 질감의 차이를 만들어 내고, 질감은 시각적인 명암 효과와 촉감적인 느낌을 만들어 낸다고 할 수 있다.

F. L. 라이트 역시 "건축가는 하나하나의 재료를, 그것이 낡은 재료든 새로운 재료든, 천연 재료든 합성물이든 그 자체의 고유 스타일을 규명하는 잘 훈련된 상상력을 길러야 한다." 그리고 "모든 재료는 아름다우며 그 아름다움은 다분히 또는 전적으

로 건축가가 그 재료를 어떻게 사용하느냐에 달려 있다." 라고 이야기 했듯이 그의 말과 같이 벽돌을, 콘크리트를, 유리를, 플라스틱을, 목재를 …, 놀라운 상상력과 소재감으로 디자인하여 사용하였다. 특히 건축이 단순한 상자 모양으로 환원되는 경우 그 볼륨의 비례 및 벽면의 패턴을 상당히 중요하게 여겼다. 여기에서 외피의 형태를 제거해 요소화시키고, 표면 요철을 제거하여 추상화시키면 관찰자의 시선은 형태나 표면 효과 대신 요소와 요소가 만나는 부분이나 디테일로 이동한다. 이만큼 건물의 외부로서 벽면 디자인은 건축물에서 중요한 부분이라 할 수 있다.

F. L. 라이트는 미국의 대평원 그리고 미국의 전통과 직결하여 성장해온 건축가였기 때문에 본능적으로 프레리(Prairie, 대평원)를 사랑한 것은 당연하다. 그래서 자신이 자라온 위스콘신 대평원에서 수평선 모티브를 찾아냈고, 이를 미국의 대자연에 대응되는 디자인으로 승화시켰으며－프레리 스타일－자신만의 건축적 언어로 발전시켰다. 이는 그가 주장했던 유기적 건축이며, 프레리라는 대평원에 어울리는 적절한 건축으로 기능에 적합하고 재료를 적절하게 사용하고, 구조 기술에 합당해야 된다는 것이었다. 이런 이유 때문인지 F. L. 라이트의 디자인은 초기부터 자연관, 유기성, 중서부 프레리, 모더니즘, 그리고 작품을 통한 미국의 특성 탐구에 초점을 두었다. 그의 작품에 사용된 재료 선택 역시 시공 방법에 따라 재료의 특성을 최대한 조화될 수 있도록 사용하였다. 또한 그의 작업은 자연의 질서와 깊이 연관되어 있었는데 이는 물리적인 형태와 자연과의 상관성이 인간의 정신 상태를 상승시킨다고 믿었기 때문이다. 그래서 그는 자연에서 온 재료를 선호하였고, 재료의 솔직한 표현에 장식적 가치를 준다고 생각했다. 특히 '돌' 의 자연성을 좋아했고, '목재' 를 가장 친근하고 아름다운 재료로 생각했으며, 이런 자연적 재료를 통해 유기적 건축을 실현하고자 했다. 또한 '유리' 는 내 · 외부 공간을 유기적으로 연계시켜 주기도 하고 풍경을 반사시켜 준다고 선호했다. 그러기에 그가 선호했던 재료는 석고, 나무, 벽돌, 풀로 된 마감 재료의 자연스러운 질감과 Golden Brown, Olive Green, Tan(진한 갈색) - 체로키 레드 계통 등의 자연적 색채를 좋아했다. 또한 그는 건물이 기계가 생산해 낸 제품에 바탕을 두어야 하며, 건축은 새로운 가능성을 예술적으로 표현하고 이 가능성과 조화를 이루는 새로운 형태를 발견해야 한다고 믿었다. 그래서 F. L. 라이트는 본질적인 미를 창출하고 의미가 가능한 곳을 자연으로 보았다. 그리고 고전적이고 통합적인 인식의 틀에서 지배적인 양식이나 틀이 아닌 다양하고 개성적인 것을

추가하였다. F. L. 라이트는 재료의 특성을 그대로 사용하는 독특한 방법을 고집했다. 즉, 재료는 그 자체가 드러내는 것이 허용되어져야 한다고 했다. 그래서 벽돌은 벽돌로 목재는 목재와 같이 모든 것들이 재료 그 자체로 정직하게 보이도록 했다.

이런 의미에서 F. L. 라이트는 미스 반델 로에(Mies van der Rohe)나 르-꼬르뷔제(Le Corbusier)와는 달리 그의 가구 디자인에서 유리나 금속, 철의 사용을 배제하고 목재를 주재료로 사용하였다. 목재의 선택은 자연을 그가 계획한 공간의 일부로 만든다는 유기적 개념에 기초한 것이었고, 가구의 덮개(upholstery)로는 직물과 가죽의 따뜻한 재료를 사용하였다. 가구를 만든 목재의 경우 초기에는 참나무나 단풍나무 등을 후기에는 마호가니, 합판 등을 주로 사용하였다. 또한 가구에 사용된 목재는 건물에 사용된 동일한 목재를 사용하여 건물의 외장재료가 내부벽체까지 침투하는 듯한 효과를 만들었다.

3. 애리조나 빌트모어 호텔
(Arizona Biltmore Hotel, 1927~1928)

애리조나 빌트모어(ARIZONA BILTMORE) 호텔[1]에 관하여

빌트모어 호텔은 현존하는 F. L. 라이트의 영향을 받은 호텔 디자인으로써 전 세계에서 영업 중인 가장 호화로운 호텔 중의 하나로 손꼽힌다. 이 호텔은 1928년 10월에 정식으로 오픈하려 했지만, 당시 미국의 주식시장 붕괴로 4~5개월 연장되어 1929년 2월 23일 정식으로 오픈했다. 이후 애리조나에서 '사막의 보석(The Jewel of the Desert)' 이라는 별칭을 받을 만큼 최고 수준의 호텔로써 뿐 아니라 애리조나의 랜드마크(Landmark) 역할을 담당하고 있다. 초기에는 스쿼 피크(Squaw Peak) 기슭에 있는 200에이커(약 809,400㎡, 1acre=약 4,047㎡) 넓이의 부지에 위치하고 있었다. 그리고 건물 부지의 약 2배인 400에이커는 주거용 공원으로 남겨져 있었다. 호텔 부지는 애리조나에서 처음으로 수도 시스템과 지하 전기 시설을 갖추고 있었던 곳이기도 하다. 이런 관개수로(灌漑水路) 시설을 갖추고 있었기 때문에 호텔 레스토랑에서는 신선한 채소와 과일을 기르고 관리할 수 있었다. 이런 이유 때문에 사막 한가운데 있는 호텔 오아시스로써 대접을 받았다.

빌트모어 호텔의 역사적인 변화를 살펴보면, 1930년 초기 시카고의 추잉 껌(chewing gum)의 거대 손인 윌리엄 리글리 주니어(William Wrigley, Jr.)가 최초 투자자 중의 한 사람이었고 나중에 단독 소유주가 된다. 호텔 내의 수영장 역시 윌리엄 리글리 주니어가 이 호텔 내에 처음으로 수영장을 만들었다. 이 역사적인 수영장은 영화배우인 마릴린 먼로(Marilyn Monroe, 1926~1962)가 가장 좋아하는 수영장으로 유명했을 뿐 아니라, 러시아 출생

1) 빌트모어 홈페이지 : http://www.arizonabiltmore.com/

Arizona Biltmore Hotel

- 위 치 : Arizona Biltmore Phoenix Arizona
- 건 립 : 1927년

호텔 입구로 들어가기 전 현관 우측 앞에서 바라본 호텔의 모습－외장재로 애리조나의 야자수를 추상화한 문양의 '빌트모어 블록' 이 보인다. 지붕은 32,500파운드의 선벨트 구리로 만들어졌다.

빌트모어 호텔의 초기 건물 배치도–후반부에 첨부된 최근 건물 배치도와 비교하면 얼마만큼 많은 변화가 있었는지 쉽게 이해할 수 있을 것이다.

1930년 애리조나 빌트모어를 홍보하는 첫 번째 책자 표지. 현재의 배치도와 많은 차이를 보인다.

의 유명한 작곡가 어빙 벌린(Irving Berlin, 1888~1989)이 '화이트 크리스마스'를 포함한 많은 곡을 썼던 곳으로 유명하다. 그리고 패션쇼 뿐만 아니라 다이빙 경기에 이르기까지 지역의 다양한 행사들이 개최되는 유명한 곳이기도 했다. 이런 다양하고 고급스러운 행사를 통하여 유명 인사과 미국의 유명 연예인들이 가장 선호하는 애리조나의 화려한 오아시스로 알려졌을 뿐 아니라 다른 계층의 여행가들에게도 애리조나에서 가장 선호하는 휴식처로 알려지게 되었다. 그 후 44년 이상 리글리 가(家)의 소유로 운영되었다.

수영장에서 다이빙 경기하는 모습

Pedro E. Guerrero 전속 사진사와 현장을 둘러보는 F. L. 라이트의 모습

44년 후인 1973년 5월, 리글리는 호텔 부근에 위치하고 있는 톨레이 공업회사(Talley Industries)에 호텔을 매도하였다. 톨레이 회사는 호텔의 전체적인 분위기를 쇄신하고 그 해 여름을 대비하여 호텔을 리노베이션 하였다. 그러나 공사 중에 스프링클러(sprinkler) 시스템을 새로이 설치하는 과정에서 용접 토치 불꽃이 튀어 호텔에 불이 나게 되었고 250만 달러의 큰 손해를 입게 된다. 화재 후 탈리에신 소속(Taliesin West) 건축가들에 의해 피해를 본 건축물에 대해 공사와 감독이 이루어지면서 호텔의 전반적인 리노베이션까지 이루어지게 되었다. 당시 공사 현장에 사용된 빌트모어 콘크리트 블록은 공사 현장에서 직접 만들어 사용하였다고 한다. 그리고 1920년 초에 사용된 패턴들은 아일랜드(Ireland)에서 주문된 카펫에 사용되었고 가구, 벽화 등은 건축가들이 호텔의 기본 유형을 훼손하지 않는 범위에서 심사숙고하여 선정된 것을 사용하였다고 한다. 그리고 F. L. 라이트가 사망한 후에도 탈리에신 소속의 건축가들에 의해 몇 번의 리노베이션이 이루어졌고 이런 과정을 통하여 F. L. 라이트의 건축 개념들이 곳곳에 표현되었다. 이로써 이전의 호텔 모습보다 더 깨끗하고 더욱 완벽한 F. L. 라이트적 건축양식으로 새롭게 태어나는 계기가 되었다.

1975년, 톨레이 공업회사는 확장 공사를 통하여 90개의 객실을 가진 파라다이스 윙(Paradise Wing-탈리에신 건축연합회에서 설계함)을 개장하게 된다. 그 후 7년 동안 계획 · 확장 공사가 지속적으로 이루어지면서 120개 객실을 가진 밸리 윙(Valley Wing)까지 추가 확장하였고, 1979년에는 39,000피트제곱(약 3,623㎡)의 컨퍼런스 센터까지 증축하게 된다. 1982년에는 109개 객실을 가진 Terrace Court(배치도에서 가장 북쪽에 위치)까지 오픈하면서 객실 수가 늘어났다. 그리고 메인 건물의 동쪽(East Wing)과 가든 날개(Garden Wing) 부분에 120개 게스트 룸을 포함한 리노베이션 공사가 대부분 1987년에 완공된다. 1년 후에는 전통 숙소까지 새롭게 단장하고 1992년에는 피닉스를 중심으로 개발 업무를 담당하던 그로스만 자산회사(Grossman Company Properties)가 이 호텔을 매입한다. 그리고 5,000만 달러를 들어 새롭게 확장 공사를 시작하여 1996년 1월에 현재 빌트모어 호텔의 골격을 갖추게 된다. 현재 실제 소유주는 싱가포르 투자회사인 와돌프 애스토리아 호텔과 리조트(Waldorf Astoria Hotels and Resorts)에서 관리하는 것으로 알려져 있다.

1998년 1월에는 20,000피트제곱(약 1,858㎡)의 애리조나 빌트모어 스파, 휘트니스 센터 그리고 뷰티 미용실이 오픈하였다. 가장 최근에 개장한 애리조나 윙에는 120개의 새로운 게스트 룸, 올림픽 경기 규정에 맞는 수영장 그리고 2개의 회의실도 완성되었다.

파라다이스 가든과 밸리 윙의 모습

파라다이스 윙의 테라스에서 바라본 파라다이스 가든의 모습

2003년 7월에는 F. L. 라이트 명칭이 사용된 대연회장(배치도의 서쪽, 라이트 볼룸)을 오픈하면서 애리조나에서 가장 큰 회의장과 이벤트 장소를 가지게 되었다. 이 대연회장은 25,000피트제곱(약 2,323㎡)의 넓이를 가진 대연회장으로 미국에서 두 번째로 넓은 호텔 대연회장이 되었다. 연회장의 확장과 리노베이션에 당시 돈으로 2,500만 달러가 소요되었고 이는 100,000피트제곱(약 9,290㎡)보다 넓은 공간의 효용성을 보여주었다. 그리고 15,000피트제곱(약 1,394㎡)의 McArthur 연회장(맥아더 볼룸)도 포함되는데 두 연회장 모두 오리지널 F. L. 라이트 스타일로 건설되었다. 2009년에는 Ocatilla(배치도에서 북쪽 테라스 코트 우측에 위치)도 리노베이션으로 완성되면서 호텔 내에 또 다른 호텔로 증설되었다. 이렇게 추가적인 공사를 통하여 현재의 애리조나 빌트모어는 740개의 게스트 객실과 애리조나에서 가장 큰 호텔 중 하나로 규모나 인테리어 등을 자랑하고 있다. 현재 이곳의 숙박 형태는 Guest room, Suites, Villas, Ocatilla 타입으로 나뉘어져 있다.

호텔의 전반적인 느낌은 건립 초기부터 여러 번의 리노베이션을 했음에도 불구하고 건물에 사용된 '빌트모어 블록' 은 최초 건물이나 확장 · 리노베이션 건물 모두의 내 · 외벽 주재료로 사용했기 때문에 비록 리노베이션된 시기가 다르지만 여러 동의 건물이 모두 하나의 건물처럼 통일감을 가지고 있었다. 그래서인지 방문객으로 하여금 건물에 대한 거부 반응을 주지 않고 호텔의 모든 영역이 하나의 공간으로 느껴지도록 조성된 것 같았다. 겉모습만으로 건립 시기가 동일시대에 이루어진 것처럼 착각을 일으킬 정도로 동일한 재료에 동일한 기법을 사용하고 있었다. 그리고 F. L. 라이트의 건축적 스타일을 고스란히 보존하려는 의식 있는 건물주 덕분에 이 호텔은 여러 방식에 의해 개조되었음에도 설립될 당시보다 더 F. L. 라이트적인 스타일로 계승되었다는 느낌을 받을 만했다.

사실 이 호텔 외관 및 내부에 사용한 빌트모어 블록은 F. L. 라이트가 개발한 시멘트 블록을 사용한 이유와 F. L. 라이트 건축 작품을 소개하는 William Allin Storrer의 「The Frank Lloyd Wright Companion」 Rivised Edition p.227에 빌트모어 호텔이 수록되어 있다는 이유 때문인지 빌트모어 호텔이 F. L. 라이트가 설계한 건축물로 소개되는 경우가 많이 있다. 그렇다고 해서 F. L. 라이트가 생각하고 있는 건축 개념들이 전혀 들어가지 않은 것은 아니다. 또한, F. L. 라이트의 성격상 자신이 조언하고 있는 건축물인 만큼 자신의 작품임을 남들에게 은근슬쩍 이야기했을 수도 있다. 이런 이유 때문인지 이 호텔이 F. L. 라이트가 설계한 것으로 소개되면서 호텔 계획 초기에 실제 호텔 계획가인 맥아더가 공식적으로 F. L. 라이트에게 "라이트 본인이 설계한 것이 아니고 맥아더가 설계한 것이라는 사실을 지면을 통하여 발표"하라고 공식적으로 요청하게 된다. 그렇지만 빌트모어 블록 외에도 호텔에는 F. L. 라이트가 1926년에 〈Liberty Magazine〉을 위해 잡지 표지로 디자인 한 'Saguaro Forms and Cactus Flowers(선인장 모양과 선인장 꽃들)' 라는 스테인드글라스(stained glass)의 창문 디자인이 포함되어 있는데 이는 탈리에신 웨스트(Taliesin West)의 견습공들이 제작했으며 1973년 호텔 개조 및 복원 과정에서 설치되었다.

실제 이 빌트모어 호텔은 시카고의 'Armour Institute of Technology' 에서 공부를 마치고 때마침 시카고에서 활동한 경험도 있고, F. L. 라이트의 설계사무실에서도 일한 경험이 있었을 뿐 아니라 다시 하버드를 졸업한(1908) 알버트 찰스 맥아더(Albert Chase McArthur, 1881. 2. ~ 1951. 3.)가 계획한 것이다. 맥아더는 F. L. 라이트 사무실에서 오피스 빌딩과 주택 건축에 뛰어난 재능을 보인 몇 안 되는 건축가였다. 그러나 본 호텔의 경우 F. L. 라이트의 대표적 재료인 시멘트 블록과 F. L. 라이트의 조언을 통하여 완성된 것인 만큼 어느 정도 F. L. 라이트의 건축 개념이 가미된 것이라고도 할 수 있을 것이다. 에이다 루이스 헉스터블(Ada Louise Huxtable, 2004)지음, 이종인 옮김, 「프랭크 로이드 라이트(20세기 건축의 위대한 유산)」, 을류 문화사에 의하면 맥아더가 F. L. 라이트에게 자문을 구한 이유를 2가지로 이야기하고 있다. 어느 것을 믿을 것인지는 여러분 자유이다. 첫째, 맥아더의 건축에 대한 미숙함을 걱정한 형제들이 F. L. 라이트의 도움을 요청했다는 이야기와 두 번째, F. L. 라이트의 설명대로 맥아더 자신이 호텔 건축을 위해 텍스타일 블록 시스템을 사용할 가능성에 대하여 순수하게 F. L. 라이트에게 자문을 구했다는 이야기이다. 사실 이 시기에 F. L. 라이트는 미리암 노엘(세 번째 여인)과 이혼 협상 중이었고 이로 인하여 이혼 소송 등에 많은 자금이 필요했지만, 수중에는 돈 한푼 없었다. 설상가상으로 위스콘신의 탈리에신 이스트는 은행에 압류당한 상태였다. 하는 수 없이 위스콘신 탈리에신에서 쫓겨나 편안히 머물 수 있는 장소가 없는 상황이었기 때문에 맥아더의 제안을 흔쾌히 받아들이면서 올가반나(네 번째 여인—결혼 당시 올가반나 26세, 라이트 57세였다.)와 하는 수 없이 애리조나에 머물러야 하는 처지였을 것이다. 한편으로는 F. L. 라이트의 고향이자 건축가의 꿈을 키워온 탈리에신 이스트(위스콘신 주)에서 쫓겨나면서 받을 수 있는 스트레스 때문에 휴식이 필요했을 수도 있었지만, 그 당시 추운 탈리에신 이스트를 피해 건강상의 휴식을 위한 휴양의 의지도 포함되었을 것으로 추측된다.

F. L. 라이트는 당시 여러 어려운 개인적인 상황에도 불구하고 뜻하지 않게 빌트모어 호텔과 인연이 되어 애리조나에 머물면서 1928에 봄, 알렉산더 챈들러(Alexander Chandler)라는 건축주를 알게 된다. 이 둘의 만남을 계기로 '사막의 산 마르코스' (산-마르코스 호텔(San Marcos Water Gardens, 1928))라는 빌트모어보다 규모가 큰 리조트 프로젝트를 계약하고 자기 일을 시작하게 된다. 설계를 완성한 것은 그해 여름 아직 탈리에신 이스트로 돌아가는 것이 금지된 채 어쩔 수 없이 라 호야(La Jolla, LA 아래 샌디에고에 위치)에서 올가반나(원래 이름은 Olga Lazovich Hinzenberg)와 체류하고 있는 동안이었다. 그리고 미리암 노엘과 이혼 후 그해 9월, F. L. 라이트가 올가반나와 결혼 후 애리조나에서 허니문을 보내는 동안 F. L. 라이트는 도면을 챈들러에게 보여주었고 이어서 계약이 체결되었다. 챈들러와의 계약에 따라 F. L. 라이트는 설계 기간 동안에 애리조나에 체류해야 했기 때문에 F. L. 라이트에게는 선택의 여지가 없었다.

이렇게 챈들러 리조트 설계와 빌트모어 호텔을 자문하면서 애리조나에 머물게 되었고 F. L. 라이트는 자신만이 가지고 있는 가장 분명하며 드라마틱한 디자인의 주요 요소인 지역의 토착적인 재료를 사용한다는 것을 실현하게 된다. 이와 같은 개념을 실현하기 위한 것으로 'Biltmore Block' 을 만들어 낸 것이기 때문에 빌트모어 호텔에 F. L. 라이트의 유기적인 건축 개념이 포함된 것이라 할 수 있다. 그리고 비록 빌트모어 호텔에 관해 자신이 직접 설계한 건물은 아니었지만, 자신이 관계한 만큼 기대와 자부심을 가지고 있었다. 그러나 건물이 자신이 생각했던 것보다 기대에 부응하지 못하자 F. L. 라이트는 1930년 6월 2일에 "본 호텔의 건축가인 맥아더는 건물 완공에 대한 성과에 관해 공적을 인정받으려는 모든 시도는 무의미하고 목표와는 동떨어져 있다." 라고 「Architect of record」 잡지에 호텔에 대한 혹평을 기고하기도 했다. 이러한 내용을 기고한 배경에는 다음과 같은 이유가 있었을 것이라 판단된다. 원래 F. L. 라이트는 성격상 건축에 관해서 어느 정도 과시하려는 성격을 가지고 있었기 때문에 빌트모어 호텔과 관련하여 자문하는 동안 다른 곳에서 자신이 설계한 건축물임을 여러 사람에게 은근슬쩍 자랑삼아 이야기했을 것이다. 그리고 맥아더는 이런 사실을 알고 F. L. 라이트에게 빌트모어 호텔의 설계자는 F. L. 라이트가 아니고 맥아더 자신임을 수정 보도할 것을 F. L. 라이트에게 요청하게 된다. 이런 과정에서 F. L. 라이트와 맥아더의 사이가 나빠진 것으로 판단된다. 그리고 이런 관계 때문에 F. L. 라이트는 "호텔의 추악하고 변형된 구조 등이 자신이 설계한 건축물 기준에 적합하지 않은 것으로 보이며, 이는 내가 원하는 것이 아니었다."라고 호텔 건축물의 완성도를 낮추어 이야기하기도 했을 것으로 보인다.

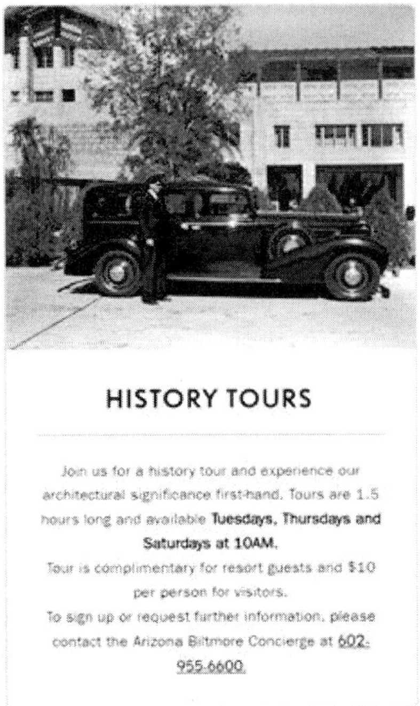

▲ 빌트모어 호텔 접근 도로와 위치도

◀ 1929년부터 애리조나의 랜드마크 호텔이었음을 강조하는 홈페이지 메인 화면과 호텔에서 화요일, 목요일, 토요일에 1시간 30분에 걸친 호텔 건축과 역사에 관한 투어도 이루어지고 있다는 내용을 볼 수 있다.

"빌트모어 블록(BILTMORE BLOCK)" 이란?

알버트 체스 맥아더(Albert Chase McArthur)는 F. L. 라이트 작업실에서 드래프트(drafter)로 일한 경험이 있었고 F. L. 라이트가 블록 시스템을 사용하여 완성한 캘리포니아의 주택 건축에 많은 매력을 느꼈다. 이런 인연으로 인하여 F. L. 라이트에게 빌트모어 호텔 외관에 사용하게 될 '텍스타일 블록 시스템' 을 구현하는 데 도움을 요청했다고 앞에서 이야기했다. 그 이유는 이 호텔을 짓기 6년 전에 F. L. 라이트가 로스앤젤레스 지역에 있

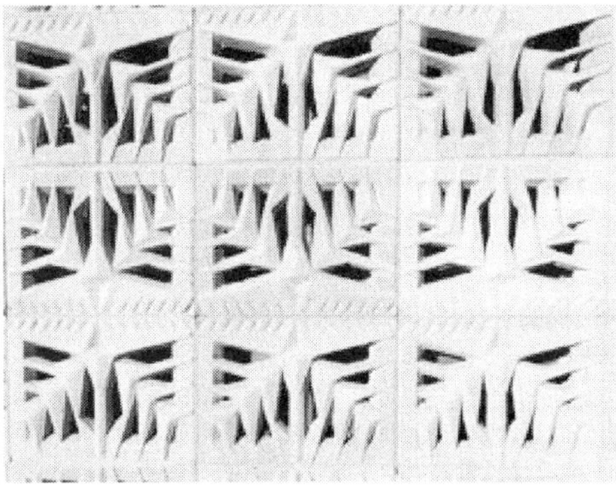

애리조나 사막에서 갓 자른 야자수를 표현한 'Biltmore Block' 상세 디자인

호텔 접수카운터로 들어가지 전의 공간에 빌트모어 블록을 사용하여 실내를 장식한 모습

는 몇몇 주거용 건물에 사용했던 텍스타일 블록 디자인에 강한 인상을 받아 텍스타일 블록을 사용하는 것은 F. L. 라이트 건물로 강하게 인지되고 있었기 때문이다. 그래서 이 호텔 외관 및 내부에 사용한 시멘트 블록 Biltmore Block(일명 'Textile Block')은 1928년 4개월 동안 F. L. 라이트가 컨설팅한 결과물이라 할 수 있다. 그러나 여기서 중요한 사실은 F. L. 라이트가 실제로 텍스타일 블록에 관하여 아는 것이 별로 없었다는 것이다. 그리고 텍스타일 블록에 대한 특허권을 가지고 있는 것도 아니었다. 이런 상황에서 당시 F. L. 라이트가 얼마나 경제적으로 힘들었으면 텍스타일에 관하여 아는 것이 없었지만, 자문비용을 받고 자문했을까 하는 부분에서 F. L. 라이트의 성격을 짐작할 수 있는 부분이기도 하다. 사실은 맥아더에게 큰 인상을 준 캘리포니아의 텍스타일 블록 주택은 F. L. 라이트의 아들인 데이비 로이드 라이트가 시공 · 감독을 하는 등 텍스타일 블록에 관한 지식은 F. L. 라이트보다 더 많이 가지고 있었다. F. L. 라이트는 이런 사실을 알고 있었기 때문에 자신의 자문 역할보다 맥아더에게 아들인 로이드를 소개하고 빌트모어 호텔 건축 사업에 참여시켜 자문받도록 요청하기도 했다고 한다.

F. L. 라이트의 '텍스타일 블록' 이야기가 나온 김에 F. L. 라이트가 블록을 사용하여 건축한 캘리포니아 주택을 몇 작품 소개하겠다. 비록 디자인 블록을 핑계 삼아 본 책에서는 애리조나 건축을 중심으로 F. L. 라이트 건축을 소개하고 있지만, 이번 여행에서 캘리포니아와 애리조나를 동시에 답사했다고 앞에서 이야기했었다. 본 책에서 애리조나에 집중하여 소개하는 이유는 저자가 방문한 캘리포니아 주거용 건축물의 경우 내부까지 보지 못한 경우가 많아 소개하기에 부족한 부분이 많이 있었기 때문이다. 그래서 애리조

나에 소재한 작품만을 소개하는 것이 조금은 아쉽다는 생각을 했는데, 캘리포니아 지역의 작품을 조금이나마 소개하게 되어 다행스럽게 생각한다. 여러분도 잘 알고 있겠지만 캘리포니아의 F. L. 라이트 건축은 대부분 그의 후반기 건축 스타일인 유소니언으로 디자인된 작품들이 많이 분포되어 있다. 유소니언 주택 자체가 시공 경비를 절약하기 위하여 설계된 주택인 만큼 문양이 없는 간단한 콘크리트 블록으로 설계된 주택으로 캘리포니아 외에 다른 주(洲)에서도 볼 수 있다. 그러나 문양이 있는 콘크리트 블록으로 지은 경우는 캘리포니아 외에서는 잘 볼 수 없다. 특히 텍스타일을 사용하여 설계한 주택은 캘리포니아에 4개의 작품이 있는데 이들 4개의 작품은 1)Mrs. Alice(George Madison) Millard Residence, La Miniatura(1923, Pasadena), 2)John Storer Residence(1923, Hollywood), 3)Harriet and Samuel Freeman House (1923, LA), 4) Mabel and Charles Ennis House(1940, LA)이며 간단히 소개해 보도록 하겠다. 우선 콘크리트 블록을 사용하여 완성된 최초의 주택 작품이면서 이후 미국의 콘크리트 블록 건축에 많은 영향을 미친 작품인 '라 미니아투라(La Miniatura 또는 Mrs. G. M. Millard House, 1923)부터 소개하겠다.

① California, Pasadena –
Mrs. Alice(George Madison) Millard Residence 또는 La Miniatura(1923)

Mrs. George Madison Millard는 희귀서적을 판매하는 딜러로서 1906년에 일리노이주의 하이랜드 파크(Highland Park)에 F. L. 라이트가 설계한 초기 주택인 조오지 메디슨 밀라드 주택에서 생활하다가 1923년에 다시 F. L. 라이트가 설계한 캘리포니아의 본 주택으로 이사 왔다. 이 주택은 F. L. 라이트가 일본에서 제국호텔 설계를 마치고 귀국한 직후에 남긴 작품이다. 주택의 규모는 2,400피트제곱(약 220㎡)이며, 3층으로 이루어져 있다. 1층에는 부엌, 가사도우미 방, 그리고 수영장이 있는 테라스로 통하는 식당이 있다. 2층에는 정문, 객실, 벽난로와 발코니가 있는 거실이 있다. 3층에는 거실과 야외 테라스가 내려다보이는 발코니가 있는 밀라드의 침실이 계획되어 있다. 주택의 주재료로 사용된 콘크리트 블록은 당시에 건설업계에서 천대받았던 재료였지만, 과감하게 주재료로 사용한 첫 번째 주택이다. 그리고 그때까지 콘크리트에서 발견하지 못했던 영혼을 생생하게 되살려 냄으로써 나무처럼 부드러운 결을 가진 아름다운 주택으로 재탄생시켰다. 이후 F. L. 라이트는 이 주택을 계기로 유사한 콘크리트 블록을 이용하여 여러 주택을 설계하게 된다. 그리고 30년 후에 F. L. 라이트는 이 주택을 첫 번째 유소니언 주택이라고 말했을 정도로 F. L. 라이트에게는 또 다른 건축을 시도할 수 있었던 견본 주

라 미니아투라(La Miniatura)의 외부 형태

라 미니아투라(La Miniatura)의 거실 모습

택 작품이다. 이 주택이 위치한 대지는 주변이 무성한 숲으로 둘러싸인 곳으로 외부에서 내부를 볼 수 없을 정도이다. 이 주택의 가장 큰 의미는 블록 주택으로 만들어진 최초의 모듈러 주택이라는 것이다. 그리고 엘리스(Alice) 주택보다 라 미니아투라(La Miniatura, 스페인어이며 영어로 miniature 미니어처 소형이라는 뜻)라고 더 많이 알려진 까닭은 규모가 작고 스페인 무어풍의 분위기를 연상시키고 있기 때문이다.

이 주택의 가장 큰 특징은 앞에서 언급하였듯이 유닛 블록으로 시공한 시험적 주택이라는 것이다. 또한, 블록을 처음 사용하여 시공한 만큼 블록과 블록 사이에 블록을 잡아주는 철근을 사용하지 않고 모르타르만 사용하여 시공한 주택이다. 이런 의미에서 진정한 '텍스타일 주택'이라고 할 수 없다. 다시 말해 콘크리트 블록을 시공할 때 블록과 블록사이에 철근 대신 접착 역할을 하는 시멘트 모르타르만 사용한 것이다. 이후에 시공된 것처럼 블록과 블록 사이에 철근을 삽입하여 옷을 짜듯 시공된 '텍스타일 블록' 시공 방법이 아니었기 때문에 블록과 블록 사이는 시간이 지남에 따라 갈라짐 현상(일종의 재료분리 현상)도 생기고 이 틈으로 물이 새는 경우도 발생하는 등 많은 하자가 발생하기도 했다. 그리고 블록을 사용한 최초 주택인 만큼 정확한 메뉴얼(manual-시방서)이 없었기 때문에 최초 시공예산 비용보다 70%이상 초과하였을 뿐 아니라 주택 하자에 대한 수리도 그만큼 힘들었다. 그 이유는 F. L. 라이트가 콘크리트 블록을 건축재료로 처음 사용하였고, 시공자들은 경험이 없었기 때문이다. 그리고 이제까지 지어진 미국의 전통 주택과 달리 파손되거나 부실한 재료 등을 새롭게 대체할 수 있는 기성 재료도 없었다. 또한, 시공에 대한 절차와 방식에 대해 체계화된 시방서가 없었기 때문에 시공 및 보수에 많은 어려움이 발생하는 것은 당연한 일이다. 그래서 콘크리트 블록을 건축자재로 사용하는 것에 긍정적인 이미지를 주지 못했다. 그런데도 적반하장(賊反荷杖)으로 이러한 시공상의 문제로 비가 내부로 들어와도 F. L. 라이트는 건축주에게 당당하게 자신의 책임보다 시공상의 문제일 뿐 설계상의 문제는 아니라고 했다. 주택 하자 보수 등에 대해 전혀 걱정하지 않고 오히려 당당한 태도 역시 F. L. 라이트에게 볼 수 있는 낙천적인(?)성격이라 할 수 있다. 이런 상황에도 불구하고 1969년에 밀라드 하우스는 10명의 저명한 시민과 건축 전문가들로 구성된 패널에 의해 로스앤젤레스 지역에서 가장 중요한 12개의 랜드마크 중 하나로 선정되었다. 그리고 1976년에는 미국의 '국가역사유적지(National Register of Historic Places)' 에 등재되었다. 그뿐만 아니라 1980년에는 '뉴욕타임스' 가 밀라드 하우스를 세계 곳곳에 알렸고 20세기 고전 작품이 된 LA의 몇 안 되는 건물 중 하나로 선정되었다.

이 주택 다음부터 블록을 이용한 주택에서는 벽체의 구조적 내구성을 증가시키고 블록 사이의 갈라짐을 방지하기 위하여 블록과 블록 사이의 비어있는 빈틈으로 철심을 배근하여 블록을 묶어 보강하는 텍스타일 시공 방식을 택하게 된다. 이처럼 블록과 블록 사이를 묶어주는 철심을 삽입하게 되면서 실로 옷을 깁는 것과 같다고 하여 이를 '텍스타일 블록' 이라 불리기 시작했다.

② California, Hollywood - John Storer Residence (1923)

좌 : John Storer Residence (1923)의 외부 전경과 우: 식당 앞의 선큰이 수영장으로 변한 모습

여기에서 Storer라는 이름은 500년 이상의 역사를 가지고 있는 스위스에서 유래된 이름으로 주택 주인 이름도 Dr. John Storer로 Dr.로 알 수 있듯이 그의 직업은 의사이다. 이 주택은 헐리우드 힐즈의 가파른 언덕에 위치하고 있다. 그리고 80년대 영화제작자 겸 디자인광인 조엘 실버(Joel Silver)가 매입하면서 더욱더 유명해졌다. 당시 뉴욕 타임스는 이 주택을 '로스엔젤레스에서 가장 잘 보존된 라이트 건축(the best-preserved Wright building in Los Angeles)' 이라고 칭송하기도 했다.

이 주택은 텍스타일을 주재료로 지어진 주택으로 초기에는 일부 사람들로부터 주변의 경관과 어울리지 않는다는 평을 받기도 한다. 그 이유는 F. L. 라이트 자신이 자신의 건축을 자연과 하나가 되는 건축임을 강조한 것과 상반되는 개념으로 보였기 때문이다. 주택을 지을 당시에는 주변에 많은 나무가 있었던 것도 아니고 여기에 칙칙한 회색의 콘크리트 블록으로 주택을 짓다 보니 폼페이우스 별장을 닮았다는 농담까지 들었다고 한다. 그러나 지금은 캘리포니아에 지어진 다른 텍스타일 주택보다 건축 애호가들의 상상력을 사로잡은 주택으로 유명하다. 그 이유는 주택의 전체적인 디자인 스타일이 멕시코의 유카탄 반도의 고고학적 유물에 의해 영감을 받은 마야 문명의 특징을 담고 있기 때문이다. 이러한 F. L. 라이트의 디자인 경향이 빌트모어 호텔의 아즈텍 홀에서 그대로 표현된 것도 단순한 우연이 아닐 것으로 판단된다. 이처럼 F. L. 라이트의 마야 문명에 대한 디자인 풍은 순간적인 판단과 우연한 생각에 의한 디자인이 아니라 많은 시간 동안 F. L. 라이트의 마음속에서 숙성된 디자인 요소라는 생각을 하게 된다. 앞에서도 언급하였듯이 이 주택은 캘리포니아의 텍스타일 블록 주택 4개 중 두 번째로 지어진 주택이다. 캘리포니아의 텍스타일 주택은 대부분 F. L. 라이트의 아들인 로이드 라이트가 시공을 담당했다. 이 주택 역시 시공과 주변 조경은 대부분 로이드 라이트가 담당했다. 주택의 규모는 2,967피트제곱(약275.6㎡)이며 평면도에는 현관이 있는 레벨에 침실 3개(가사도우미 방 포함)가 있고 일반 침실 2개가 공동으로 사용할 수 있는 욕실 1개, 가사도우미 침실에 부속된 욕실 1개, 그리고 부엌과 식당이 계획되어 있으며 의외로 침실이 있는 위층에 거실이 독립적으로 계획되어 있다. 언덕 위에 위치한 주택에서 거실이 남향으로 배치되어 있어 헐리우드와 L.A. 전경을 모두 볼 수 있다는 장점을 가지고 있다.

현재 이 주택은 1980년대에 리노베이션이 한번 이루어졌다. 이때 이전의 선큰 가든의 공간을 수영장으로 변경하였다. 이 당시 리노베이션을 위한 건축가로서는 F. L. 라이트의 손자인 에릭 라이트(Eric Wright)가 맡았다. 이 주택에서 사용된 주재료는 앞에서도 언급되었듯이 주택의 모든 부분이 텍스타일을 사용하였고 빌트모어 호텔이나 Samuel Freeman House(1923)주택과 같이 블록 내부의 비어 있는 공간에 전등을 설치하였다. 특히 입면상 특이한 부분은 현관 부분이 있는 1층의 식당 공간과 식당 위층의 거실이 있는 전면의 창문이 2개 층을 수직으로 연결하고 있다는 것이다.

Avery Coonley Playhouse, 1907

national bank 빌딩, 1909

Tokyo Hotel, 1923 (현재는 나고야의 메이지무라로 옮겨져 있음)

Frederick C. Bogk house, 1916

Isidore H. Heller House, 1897

Unity Temple, 1908

이런 F. L. 라이트의 창문 디자인은 'Kinder-Symphony' 창문으로 쿤레이 주택(Avery Coonley Playhouse, Illinois, 1907)에 사용된 형식으로 프레드릭 C. 보크 주택(Frederick C. Bogk house, Wisconsin, 1916), 도쿄 제국호텔(Tokyo, 1923) 등의 입면 디자인이 그대로 인용된 것으로 보인다. 그리고 그의 초기 작품인 제임스 챤리 주택(Charnley-Persky House, 1892), 헬러 하우스(Isidore H. Heller House, 1897), 시카고의 주택겸 작업실 입구(Home and Studio, 1889) 그리고 유니티 교회 창문(Unity Temple, 1908), 파크인 호텔과 내셔널 빌딩(national bank, 1909) 등에서 볼 수 있는 디자인 구성요소이다. 이러한 수직적인 요소를 벽면에 사용하는 이유는 수직적 요소인 기둥 배열을 통하여 평평하고 변화 없이 큰 면적을 가진 입면에 변화를 줄 수 있고 또한 여러 면적으로 분절시킬 수 있다는 것이다. 이는 평평하고 단조로울 수 있는 외벽에 변화를 줄 수 있는 장점이 있기 때문이다.

③ California, LA-Samuel Freeman House (1923)

이 주택은 유소니아 스타일 주택으로 변화가 이루어지는 초기 단계 주택이라고 평가되고 있다. 산타 모니카 산맥(Santa Monica Mountains) 언덕 위에 위치하고 있다. 대문이 언덕 높은 곳에 설치되어 있고 주택이 언덕 아래 낮은 곳에 위치하고 있다. 그래서 대문과 주택 건물이 있는 대지의 단 차이로 인하여 담장에서는 주택 건물은 볼 수 없다. 대문을 통과하면 내려가는 계단을 통하여 본채 건물로 들어가는 방식이다. 관련 서적에서는 아담하고 신비스러우며 매혹적인 주택이라고 기술하고 있다. 그리고 유칼립투스를 사용한 조경은 F. L. 라이트가 직접 했다고 한다. 전나무로 만들어진 외장재는 F. L. 라이트 특유의 붉은 색인 체로키 레드로 칠해져 있다고 관련 서적에서 기술하고 있지만 90년대 한 차례 복원할 때 연한 녹색으로 바뀐 듯하다. 그리고 일반적으로 F. L. 라이트는 자신이 설계한 주택의 경우 주택 공간에 맞추어 가구도 같이 디자인하는 경우가 많았는데 이 주택의 경우 내부 가구는 F. L. 라이트에서 건축을 배우고 있었던 R.M. Schindler가 디자인 했다고 한다. 다른 주택에서도 볼 수 있는 F. L. 라이트 건축의 특징은 거실 및 기타 유리창이 코너에서 90도로 만나는 부분에 창살을 사용하지 않고 유리로만 이어지게 설치하는 것으로 당시에는 혁신적인 디자인 방식이라고 한다. 그리고 1980년에 부인인 Harriet Samuel Freeman이 죽자 주택은 남-캘리포니아 대학교에 신탁 관리를 맡겼다고 한다.

이 주택을 방문했을 당시의 느낌은 제대로 관리되지 않고 있다는 느낌을 받았다. 비록 1990년에 한 번 복원 공사를 했다고는 하지만, 사진에서도 볼 수 있듯이 디자인 블록들이 많이 파손된 상태이고 대문 앞에는 얼마나 많은 사람이 방문하여 주인을 귀찮게

사무엘 프리만 주택에 사용된 텍스타일 블록의 디자인 상세

주택 입구 우측에 일부 파손된 블록과 블록 내에 설치된 전등이 보인다.

주택 외부 담장을 이루고 있는 텍스타일 디자인 블록

'현재 방문을 할 수 없다' 는 현관 안내문

했는지 짐작 할 수 있는 안내문 "현재 주택을 탐방할 수 없습니다.(Currently the house is not available for tours)"라는 안내문이 붙어있었다. 비록 주택 내부는 볼 수 없었지만, 외부 공간에서 충분히 철심을 사용하여 시공한 텍스타일 블록의 사용을 확인 할 수 있었다. 그리고 빌트모어 호텔 로비에서 볼 수 있었던 텍스타일 블록 사이에 전등을 설치한 것처럼 이 주택 대문 앞에서도 파손되어 속이 비어있는 텍스타일 블록 속에 전등을 설치한 것을 볼 수 있었다.

④ California-LA- Charles Ennis House (LA., 1940)

이 주택은 블록을 사용한 주택 중 4번째 지어진 작품으로 가장 큰 규모로 지어진 주택이며, 캘리포니아에서 지어진 마지막 텍스타일 블록 주택이다. 앞에서 언급된 다른 주택과는 규모면에서 정말 비교가 되지 않을 정도로 큰 주택이었다. 규모면이나 전체적인 형태는 강력하고 개성적인 면모를 갖추고 있었다. 주택 후면부에서 보이는 모습은 경사가 급한 언덕에 요새처럼 자리하고 있어, 보는 이로 하여금 위압감을 느낄 정도이다. 여기에서 준공 연도를 기준으로 다른 텍스타일 블록 주택을 비교해 보면 이 주택의 경우 빌트모어 호텔(1927년~1928년)이 완공된 후 약 12년 지난 후에 완공되었음을 쉽게 알 수 있을 것이다. 그리고 이 주택은 이미 LA.에 지어진 3곳의 블록 주택이 완공된 후에 시공된 주택인 만큼 3곳의 텍스타일 블록 주택과 빌트모어 호텔에서 경험한 축적된 노하우와 텍스타일 시공법 총화로 이루어진 주택이라 할 수 있다. 즉 이 주택은 대규모 텍스타일 블록으로 건축된 것으로 빌트모어 호텔까지 완료된 후에 지어진 주택인 만큼 앞의 다른 블록 주택보다 완성도가 높았다. 그리고 대규모 텍스타일 블록 건축물인 빌트모어 호텔에서 얻어진 '텍스타일 블록 시공법'에서 분명 많은 부분의 단점이 보완되었을 것이며, 텍스타일 시공 방식의 노하우가 최고 수준에 도달했을 때 완성된 주택인 것으로 판단된다.

이 주택 역시 방문할 당시에 공사 중이라 내부를 볼 수 없었다. 주인이 없는 상태였기 때문에 공사 인부에게 사정도 하고 익숙하지 않은 영어로 사진 촬영을 허락해 줄 것을 이야기했지만, 아무리 설명해도 주인 허락 없이 보여줄 수 없다고 단호하게 거절하는 바람에 내부를 볼 수 없었다. 단지 대문을 통과하고 중정까지 진입할 수는 있었고 중정에서 주택 내부로는 들어가지 못했다. 그러나 외부에서나 중정에서 주택의 규모를 충분히 상상할 수 있었고 또한 외벽이 일부 파손되어 블록 내부에 철심을 사용하여 블록을 단단하게 연결한 텍스타일 블록(Textile Block : 철심으로 옷을 짜듯 블록을 연결한 것이 천을 짜고 옷을 만드는 것과 같다는 의미에서 붙여진 이름)도 확인 할 수 있었다. 그런데 이 주택의 가장 하이라이

대규모의 디자인 블록으로 이루어진 주택 정면

주택의 후면에서 볼 수 있는 디자인 블록

모서리 창문에 창살이 없다.

블록 사이에 블록을 잡아주는 철심이 묻혀 있는 모습

트는 주택이 산타 모니카 산맥(Santa Monica Mountains) 언덕에 지어진 것으로 주택 중정에서 바라보이는 멋진 LA의 전경은 아직도 믿어지지 않을 정도로 장관이었다.

다시 빌트모어 호텔 이야기로 돌아와서, 이 호텔에 사용된 '빌트모어 블록' 들은 F. L. 라이트의 자문에 따라 맥아더(McArthur)에 의해 디자인되었고, 남 · 서 지방에서 뛰어난 조각가인 엠리 코프타(Emry Kopta)에 의해 조각된 것이다. 그리고 'Biltmore Block' 표면에는 다양한 기하학적인 패턴이 디자인된 것이 특징인데, 블록 내에 표현된 문양은 애리조나 사막에서 갓 자른 야자수를 추상적으로 표현한 것이라고 한다. 그리고 빌트모어 블록은 빌트모어 프리-캐스트 블록으로 애리조나의 사막에서 채취된 흙으로 직접 만들어 사용하였다. 이렇게 벽체의 재질감에 따른 표현성을 외부로 드러내는 전통적 방식은 빛과 그림자의 예리한 대비를 이용하는 경우가 많았고 이런 명암 차이는 볼륨과 건물의 존재감을 더욱 강화시켰다. 이런 의미에서 벽체란 앞에서 기술하였듯이 일반적인 공간을 한정하는 단순한 물리적인 오브제가 아니라 표현 방식에 따라 공간의 의미를 상징화하고 한 지역의 문화를 대변하는 등 다양하고 복합적인 의미를 지니고 있다고 할 수 있다.

빌트모어 호텔(BILTMORE HOTEL) 돌아보기

빌트모어 호텔은 애리조나 피닉스에서 약 6㎞ 떨어진 곳에 위치하고 있다. 그리고 우리나라 사람들이 생각하고 있는 호텔이라면 도심에 있는 고층 건물을 생각할 수 있는데, 이 호텔은 도심도 아니고 저층으로 계획되어 있다. 그리고 호텔의 배경이 되는 카멜백 산(Camelback Mountain)보다 높지 않아 건물과 자연이 잘 조화되어 아름다운 경관을 만들어 내고 있었다. 호텔 주변으로 단독 주택지와 호텔 빌라, 동쪽으로는 골프 코스로 조성되어 있어 호텔의 분위기는 아주 조용하고 아름다웠다. 그런데 부지가 너무 넓어 호텔을 이리저리 돌아다니면서 내 잔신이 어디쯤 있는지도 모를 정도로 "너무 넓다."라는 느낌을 받았다. 그 때문인지 호텔을 돌아다니면 어느 방향으로 가고 있는지도 인지하지 못할 정도였다. 귀국 후 위성사진(구글 어스)을 통하여 빌트모어 호텔 규모를 확인할 수 있었다. 방문할 당시에도 어느 정도 넓다는 것은 짐작하였지만 위성사진에서 볼 수 있는 호텔부지 경계가 골프 코스까지 포함한다고 하면(본 책에서는 골프 코스를 제외한 시설을 기준으로 경계를 설정하였다.) 그 넓이는 어마어마한 것이다. 그리고 빌트모어 호텔 홈페이지(https://www.arizonabiltmore.com)에서 밝힌 것과 같이 1929년 오픈하여 2014년 마지막 리노베이션에 이르기까지 시대에 맞추어 여러 번의 수리·보수·증축 등을 했음을 밝히고 있다. 이는 방문객들에게 좀 더 현대적이고 세련된 숙박 시설을 제공하는 동시에 리조트의 역사적 가치와 F. L. 라이트의 건축 개념에 관련된 상징성을 지속적으로 이미지화하기 위하여 변화하고 있다는 느낌을 받을 수 있었다.

이런 노력 때문인지 1929년 호텔이 문을 연 이래 많은 대통령과 고위 인사들은 애리조나 빌트모어의 무성한 정원과 햇볕에 그을린 야자수 나무들 사이에서 휴가를 보내기 위해 방문하기도 했다. 그래서 애리조나 빌트모어는 세월이

유명 인사 방문 기념사진

조지 W. 부시 대통령 방문 기념사진

계단 벽에 걸린 유명 인사 사진

빌트모어 호텔 배치도(구글-어스), 동쪽의 골프 코스도 포함되어 있지만 본 책에서는 제외하였다.

F. L. 라이트 건축임을 상징하는 다리 4개의 모서리에 설치된 화반의 모습

1932년 초기의 사진으로 다리 모서리에 화반이 없음을 알 수 있다.

정년의 우측 부분으로 '빌트모어 호텔' 이라는 글자가 보인다.

초기 호텔 입구의 모습－좌측 사진에서 볼 수 있는 분수, 나무 그리고 빌트모어 간판도 없고 입구 부분도 다르다.

호텔 정면－긴 캐노피가 설치되어 있고 좌측에 뾰족한 아즈텍 홀 지붕 첨탑이 보인다.

흘러갈수록 더욱더 품격 있는 호텔로 세계 유명 연예인에서부터 다양한 사회 고위층들이 많이 이용하고 있다. 대표적으로 로널드와 낸시 레이건은 이 호텔에서 신혼여행을 축하했고, 허버트 후버부터 조지 W. 부시 대통령에 이르기까지 여러 대통령이 이곳에 주요 고객으로 온 손님이기도 하다. 또한 'Urban Land Institute' (ULI는 1936년에 설립, 미국 도시들의 도시계획, 건설 및 재건 문제에 도움을 주기 위해 설립된 단체)가 아름다운 건축물과 조경 그리고 품격 있는 서비스를 제공하는 리조트를 대상으로 수여하는 「Heritage Award of Excellence」도 수상하였다.

"나, 프랭크 로이드 라이트가 설계한 호텔이야."

이 호텔에서 F. L. 라이트의 손맛이 느껴지는 곳은 호텔로 진입하기 위하여 건너야 하는 다리에서부터 시작된다. 다리 모서리 기둥 위에 놓여 있는 원형 화반 때문이다. 화반이 왜? F. L. 라이트와 화반의 관계에 관한 이야기는 나중에 하기로 하겠다. 먼저 호텔 입구로 진입하기 위해서는 Arizona Canal Trai라는 조그마한 도로에서 하천을 건너기 위해 다리를 건너야 한다. 저자는 G.P.S(Global Positioning System)가 알려주는 대로 운전하다 보니 건물 뒤편으로 진입하게 되었다. 뒤편에 라이트 볼룸(연회장)이 위치(배치도 참조)한 건물 주차장에 차를 세워두고 도보로 주 건물의 입구를 찾아갔다. 본 호텔의 경우 F. L. 라이트가 자문한 것이지 직접 설계한 것이 아니라는 사실을 앞에서도 설명했다. 이 건물 때문에 F. L. 라이트가 애리조나와 인연을 맺은 좋은 계기는 되었지만, 자문을 통하여 설계에 참여하였을 뿐 직접 설계는 하지 않았고 그의 제자 알버트 체스 맥아더(Albert Chase McArthur)가 설계한 것이다. 이로 인하여 제자와 불미스러운 일도 있었다. 그렇지만 F. L. 라이트가 제일 먼저 사용하기 시작한 콘크리트 디자인 블록인 텍스타일 블록에 대한 자문을 시작하면서 어느 정도 F. L. 라이트의 입김이 들어간 부분도 있었기 때문에 F. L. 라이트 건축 작품을 소개하는 여러 책자에 이 호텔이 포함되어 있는 경우가 많이 있다. 그 이유는 앞에서 말했듯이 호텔의 정문으로 진입하기 위해서는 건너야 할 다리(사진)의 4개의 모서리 기둥에 F. L. 라이트 건축의 특징을 보여주는 둥근 화반이 놓여 있어 "나 F. L. 라이트가 설계한 호텔이야"라고 말하듯 F. L. 라이트 건축 냄새를 풍기면서 손님을 맞이하고 있기 때문이다. 이런 둥근 화반은 초기 프레리 작품에서 많이 볼 수 있는 F. L. 라이트 건축의 구성요소이다. 이렇게 둥근 화반이 F. L. 라이트 건축물의 구성요소로 소개된 건축물을 살펴보면 오크 파크에 있는 자신의 작업실에서 일했을 때 설계한 1893년 윌리암 헐만 윈슬로 주택(William Herman Winslow House, 오크파크, 시카고), 1902년의 아서 허슬레이 주택(Arthur Heurtley House, 오크파크, 시카고), 1906년 A. W. 그리드레이 주택(Gridley Residence, 일리노이), 1907년 쿤레이 주택(Avery Coonely Residence, Riverside 일리노이), 이 외에도 많은 작품이 화반을 건축 구성요소로 사용하고 있다. 그리고 이들 주택들은 모두 F. L. 라이트의 초기 건축 스타일인 프레리 스타일(Prairie Style) 주택으로 화반을 장식요소로 사용하고 있다. 이러한 화반 장식은 유소니언 주택에서는 잘 나타나지 않았다. 저자의 주관적인 생각이지만 어떻게 보면 초기 프레리 스타일 주택에서 대초원(Prairie : 미국의 대평원)의 이미지를 좀 더 시각화하고 부각하려는 의도에서 꽃을 담은 화반이 F. L. 라이트의 건축 구성요소로써 사용되지 않았을까 하는 생각을 하게 된다.

아서 허슬레이 주택(Arthur Heurtley House, 1902)의 입구에 위치한 화반

윌리암 헐만 윈슬로 주택 (William Herman Winslow House, 1893) 현관에 사용한 둥근 화반

J. 키번 인겔즈 주택 (J. Kibben Ingails House, River Forest, Illinois, 1909)의 정면 모습으로 화반이 보인다.

워드 윈필드 윌리츠 주택(Ward Winfield Willits House, Illinois, 1901)으로 정면 낮은 담장에 화반이 보인다.

동근 화반 설치에서 F. L. 라이트의 손맛을 느끼고 다리를 건너 호텔 입구에 도달하면 긴 캐노피의 현관이 손님을 맞이한다. 저자의 경험으로 대도시의 현대적인 호텔 입구와 비교하면 조금 좁은 느낌도 들었다. 현관에는 많은 자동차가 줄지어 발레 파킹을 기다리고 있고 짐을 나르는 캐리어 등이 모여 있어 이를 고려한다면 고급 호텔로서 입구

호텔 현관의 긴 캐노피와 발레 파킹을 기다리며 줄지어 있는 자동차

입구 우측의 정원과 정원 끝부분의 건물이 Frank & Albert' s 식당이다.

F. L. 라이트의 트레이드 마크 '시카고 미드웨이 가든'의 조각상 복제품이 호텔 잔디밭인 가든 윙에도 있었다.

입구 좌측 아즈텍 파티오(가든)의 모습과 '시카고 미드웨이 가든 조각상' (Midway Gardens Sprites)이 보인다.

일반적인 블록과 건물의 윤곽을 확실히 보여주기 위하여 텍스타일을 띠처럼 사용하고 있는 호텔 정면의 모습

앞 공간이 좁다는 느낌을 받았다. 이런 느낌 때문인지 호텔 안내원들이 바삐 움직이고 있었기 때문에 걸어서 들어가는 손님들은 이리저리 몸을 피해 입구로 진입하게 된다. 나 역시 민첩하게(?) 몸을 비껴가며 현관을 통과하여 호텔 안으로 들어갔다.

현관으로 들어가기 전 호텔 입구 좌 · 우에 잘 정비된 잔디밭은 애리조나의 따뜻한 햇볕과 어울려 초록색 잔디는 더욱더 강하게 초록색을 뽐내고 있었고 붉은색 꽃은 화창한 날씨를 더욱 기분 좋게 만들었다. 그리고 현관 좌측의 아즈텍(Aztec) 가든에는 F. L. 라이트의 상징처럼 느껴지는 시카고 미드웨이 가든의 '스프라이트 조각상(Midway Gardens Sprites)' 이 호텔 손님들을 맞이하면서 크게 또 한 번 더 외치고 있었다. "나, F. L. 라이트가 설계한 건물이야."

특히 입구 좌측의 아즈텍 파티오 가든에 위치하고 있는 F. L. 라이트의 트레이드 마크인 '스프라이트 조각상' 은 근대 건축의 거장인 F. L. 라이트의 이미지를 매우 강하게 강조하면서 다리 위의 화반에 이어 "나 F. L. 라이트가 설계한 건물 맞지?" 라고 되묻고 있는 듯했다. 그리고 조각상을 설명하는 동판 안내문에는「이 조각상은 1914년 시카고 미드웨

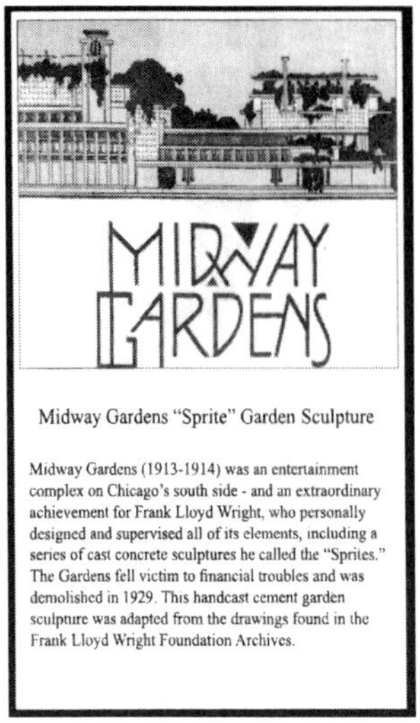

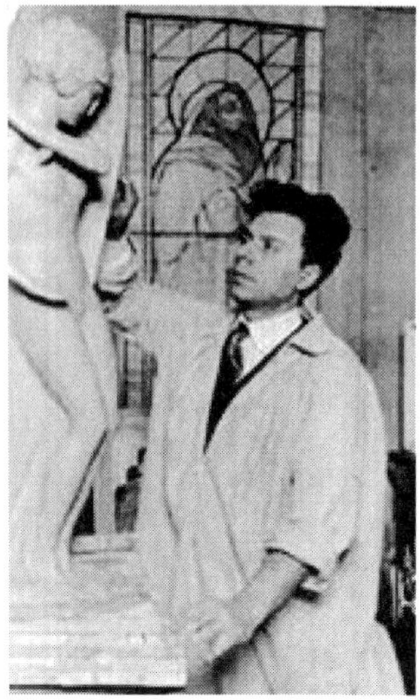

미드웨이 가든과 F. L. 라이트가 자주 사용한 다양한 조각상에 대한 내용/ 알폰소 이아넬리(Alfonso Iannelli,1925)

Midway Gardens : 1914 년에 문을 연 후 1929년 철거되었다. 넓이는 36만 피트제곱(약 33,445㎡) 이며 건물 자체는 노란 벽돌과 패턴 콘크리트 블록으로 만들어졌습니다. 시카고 남쪽에 있는 하이드 파크(Hyde Park) 인근에 조성된 실내 · 외 엔터테인먼트 시설이다. F. L. 라이트는 알폰소 이아넬리(Alfonso Iannelli)와 협력하여 시설을 장식하는 유명한 '스프라이트(sprites)' 조각을 제작했다. 연중 식사, 음주 및 공연을 위한 공간이 있는 유럽식 콘서트 가든으로 설계된 Midway Gardens는 유명한 공연자와 연예인을 초청하여 행사를 개최했지만, 재정적으로 어려움을 겪으며 1929년 10월에 철거되었다.

이 가든에 세워진 조각상으로 맨 처음 F. L. 라이트에 의해 디자인된 것이다.(사실은 알폰소 이아넬리(Alfonso Iannelli, 1925)에 의해 조각됨). 현재 이 조각상은 당시의 것과 같은 스프라이트로 현재는 애리조나 빌트모어 호텔 내의 여러 곳에 세워져 있고 빌트모어를 지키고 있는 요정을 의미한다.」라는 의미의 글이 조각상 앞에 새겨져 있었다. 이런 동판을 보고 어느 누가 F. L. 라이트가 설계한 건축물이 아니라고 상상하겠는가?

"The Sprites, original architectural sculptures designed by Frank Lloyd Wright, were designed in 1914 to stand guard over Chicago' s Midway Gardens.

These same Sprites, meaning fairy or elf now grace the grounds of the Arizona Biltmore."

그리고 F. L. 라이트 작품인 1914년 Midway Gardens 프로젝트(지금은 없음)에서 알폰소 이나넬리(1888-1965)의 조각가가 원래 디자인한 기하학적인 조각상인 '스프라이트' 조각상을 재현하여 호텔 곳곳에 배치해 놓았다. 이 조각상은 호텔 내에 F. L. 라이트를 기념하기 위하여 1987년 탈리에신 펠로쉽 건축가 John Ratenbury가 복원된 스프라이트를 호텔에 기증하면서 호텔에 놓이게 되었다.

이 조각상으로 인하여 호텔 방문객들은 F. L. 라이트의 건축 개념이 실현된 것으로 자연스럽게 인지하고 있는 것 같았다. 즉 입구 부분의 다리에 만들어 놓은 화반과 시카고 Midway Gardens Sprites가 F. L. 라이트 건축의 필수 구성요소임을 고려한다면 F. L. 라

John Ratenbury(Taliesin Associated Architects 소속 건축가)는 애리조나 빌트모어 호텔에서 열린 기증 축하 연사로서 미드웨이 가든의 스프라이트의 역사를 설명한다. 스프라이트는 최근에 복원되었고 탈리신에신에 의해 호텔에 기증되었다. (1987년 10월 21일 애리조나 빌트모어 기부식) 연설대 뒤쪽으로 아즈텍 홀의 지붕이 보인다.

이트가 직접 설계한 호텔이 아님에도 불구하고 F. L. 라이트가 설계한 건축처럼 강하게 인지될 수 있도록 만들었다. 특히 이 호텔에서 F. L. 라이트가 설계한 건축물임을 결정짓는 가장 큰 증거 아닌 증거는 내 · 외장 재료로 사용한 '빌트모어 블록'이다. 비록 F. L. 라이트의 자문으로 이루어진 건축물이지만 디자인 블록 자체가 F. L. 라이트 건축 작품을 입증한다고 해도 과언이 아닐 것이다. 여기에 'Frank Lloyd Wright Ballroom' 처럼 F. L. 라이트 이름까지 인용한 연회장까지 있으니 말이다. 이런 확실한 물리적인 F. L. 라이트의 건축 구성요소들을 보면서 어느 누가 F. L. 라이트 건축물이 아니라고 할 수 있겠는가!

배치도에서 가장 좌측에 위치하고 있는 맥아더와 F. L. 라이트 ballroom을 알리는 안내판

1990. 3. 골드 룸(배치도에서 입구 좌측)에서 F. L. 라이트 건물의 관리를 위한 컨퍼런스에서 만찬을 즐기는 모습

배치도에서 좌측으로 가면 호텔 초기에 텐트로 이루어진 파빌리온 자리에 15,000피트제곱(약 1,396㎡, 421.5평)의 맥아더 볼룸과 F. L. 라이트 볼룸이 위치하고 있다. Frank Lloyd Wright Ballroom은 2003년에 개장되었고 개장 당시에는 이곳이 애리조나에서 가장 큰 회의 및 행사장 중 하나가 되기도 했다. 볼룸과 본관 사이의 컨퍼런스 센터와 비즈니스 센터가 자리하고 있다. 컨퍼런스 센터 건물은 빌트모어 블록으로 외장을 장식한 이유 때문인지 현대식 건물과 달리 무겁고 블록의 회색 때문인지 매우 둔탁하게 느껴지는 건물이었다. 반면에 내부 공간은 빌트모어 블록으로 장식되어 있어 본관과 같이 내 · 외부 공간이 동일한 재료를 사용하여 통일감을 주고 있었다. 그러나 로비 공간으로 진입했을 때 느낌은 현대식 컨퍼런스 건물 로비보다 천정이 낮게 느껴져 조금은 답답하게 느껴졌다. 내부 바닥에는 아즈텍 문화를 느낄 수 있는 분위기의 문양으로 디자인된 카펫으로 장식되어 있어 로비와 다르게 또 다른 문화 공간에 머무는 듯한 느낌을 받았다. 이런 아즈텍 분위기는 나중에 설명하게 될 아즈텍 홀로 들어가면서 절정을 이루게 된다.

컨퍼런스 센터 외관

컨퍼런스 센터 내부 공간-아즈텍 문양의 카펫

빨리, 호텔로 들어갑시다.

주차장에서 호텔 접수카운터로 들어가면서 느낀 호텔 로비 공간 역시 내장 재료로 빌트모어 블록과 일반 블록을 고루 사용하여 내・외 공간 모두 같은 재료를 사용하고 있었다. 그래서인지 로비 공간에서 접수 카운터까지 가는 동안 전체적인 공간의 분위기 반전은 없었다. 그리고 저자의 느낌으로는 고급 호텔의 밝고 세련된 디자인으로 이루어진 넓고 천장이 높은 로비 공간은 아니었다. 특히 내부에 사용한 텍스타일 디자인 블록의 색깔이 회색인 까닭에 로비 공간이 전반적으로 무겁고 어두운 분위기로 다가왔다. 그리고 호텔 입구에서 접수 카운터까지 이어지는 로비 공간의 낮은 천장은 어두운 텍스타일 블록 색깔과 함께 지루하고 답답하게 느껴졌다. 이 공간을 지나 접수 카운터에 도달했을 때에는 2층까지 오픈된 공간으로 답답한 느낌이 조금이나마 완화되었지만 그래도 최근에 지어지는 현대식 호텔의 넓고, 밝고, 높은 천장, 넓은 접수 카운터 공간과 비교한다면 조금은 답답하고 어둡고 무거운 느낌을 지울 수 없었다. 좋은 이미지로 표현하면 요즘 젊은 친구들이 이야기하는 빈티지 스타일로 다가왔다. 그러나 로비에서 사용하고 있는 전등이 대부분 백열등이라 내장재로 사용된 어두운 색감의 블록과 백열등의 불빛이 낮은 천정, 회색의 블록과 어울려 매우 차분한 공간을 만들어 내고 있었다. 호텔을 방문할 당시에는 크리스마스 시기와 겹쳐 로비는 다양한 장식품으로 꾸며져 있었다. 이러한 장식과 어두운 분위기가 인간적으로 느껴지면서 호텔 카운터 공간에서 나도 모르게 편안함과 포근함이 느껴졌다. 솔직히 넓고 높은 천정에 밝은 분위기의 로비 공간이었다면 방문객이 공간 분위기에 압도되는 경우도 생길 것이다. 특히 빌트모어 블록을 사용하여 시공된 기둥에 블록 크기와 동일한 크기의 전등 모듈을 사용하여 기둥과 전등을 하나로 일체화시킨 조명 디테일이 돋보였다.

입구에서 접수 카운터로 들어가기 전의 로비 공간

로비 2층 공간의 일부 공간-낮은 천정이 만들어 내는 아늑한 분위기

접수 카운터 위쪽 2층까지 오픈되어 2층 복도 부분이 접수 카운터의 캐노피로 사용되고 있다.

호텔 접수 카운터 로비 2층 부분-천장이 매우 낮고 기둥이 과장되어 보인다.

접수 카운터는 2층까지 오픈된 공간이기 때문에 호텔 입구에서 → 진입 공간인 로비를 걸어가는 동안 낮은 천장 때문에 조금 답답했던 기분을 해소해주는 듯했다. 또한, 접수 카운터 2층 복도 공간이 카운터 캐노피로 연장되어 접수 카운터의 천장 역할을 하면서 카운터 공간을 안정된 공간으로 감싸주고 있었다. 반면에 접수카운터 캐노피에 대한 건축적 의구심 때문(?)에 접수가 끝나자마자 계단을 통해 2층 복도까지 숨 가쁘게 올라갔다. 그리고 현관과 진입 공간의 천장 높이보다 더 낮은 천장을 보고 깜짝 놀랐다.

로비와 2층 복도를 수직으로 연결하는 기둥-텍스타일 블록과 같은 크기로 만들어진 기둥 조명 디테일

컨퍼런스 내부 바닥 카펫과 비슷한 아즈텍 문양의 액자가 호텔 로비 공간에 걸려 있다.

일반적으로 호텔 휴식 공간은 비어있는 넓은 공간인 것으로 생각해 왔기 때문이다. 또한, 천장을 받치고 있는 무거운 블록 기둥과 낮은 천장이 저자의 어깨를 억누르고 있다는 느낌을 받았다. 특히 1층에서 2층까지 수직으로 연결되는 기둥과 1층의 카운터 공간을 받치는 보(Girder)가 너무 과장되게 시공되어 있어 실수로 한 눈이라도 파는 순간에는 머리를 부딪칠 수 있다는 느낌을 받았다. 이렇게 설계한 이유가 분명히 있겠지만 아무튼 건축을 공부한 나로서는 이해할 수 없는 과장된 시공이라고 생각했다. 사실 설계 강의 시간에도 건축법규와 구조적인 문제에 너무 깊이 몰두하다 보면 디자인에 관한 창의적인 생각이 앞 · 뒤로 가로막힐 수 있으니 디자인할 때는 구조적 문제에 너무 얽매이지 말라고 학생들에게 강조한다. 이런 상황에서 창의적 아이디어가 나오기 힘들다. 즉 '많이 알고 있는 것이 병이다.' 반대로 나보다 건축법규와 구조적인 지식이 부족한 학생들이 훨씬 참신하고 창의적인 형태로 디자인하는 경우가 많아 놀랄 때가 많이 있다. 모르는 것이 약인 경우이다. 사실 건축에 있어 구조적인 문제는 언제든지 해결될 수 있는 문제이기 때문에 곡선을 이용한 다양한 형태의 참신하고 창의적인 디자인 발상이 이루어지고 이는 새로운 건축, 미래지향적인 형태를 가진 건축물을 계획하는데, 중요한 역할을 하는 경우가 많이 있다. 구조와 시공도 건축에 있어 중요한 부분이지만 계획 단계에서 구조와 시공에 너무 신경 쓰다 보면 참신한 아이디어를 만들어 내는 것이 힘든 경우가 많이 있다. 대표적으로 동대문 디자인 플라자(DDP)를 보면 건축이 어디까지 형태의 변형이 일어날 수 있을까 하는 질문을 던지게 될 것이다.

현대식 호텔에 또 다른 분위기의 문화 공간 – 아즈텍(Aztec) 홀

아즈텍 홀은 배치도에서 볼 수 있듯이 현관과 바로 인접한 좌측에 배치되어 있다. 이 공간은 빌트모어 호텔의 원래 볼룸(연회 공간) 공간이었다. 지금 호텔 서쪽에 위치한 맥아더와 F. L. 라이트 볼룸은 후에 증축된 것이다. 아즈텍 홀의 넓이는 2,800피트제곱(약 260㎡, 약 79평)이며 공간의 형태는 원형에 가까운 다각형으로 이루어졌다. 그리고 다각형의 한 면에 연회를 위한 무대가 마련되어 있다. 여기에서 '아즈텍'이란 마야 문명의 영향을 받은 아즈텍 문명(Aztec civilization)으로 지금의 멕시코 지역에 존재하던 아즈텍인들이 만든 문명을 의미하는 것으로 보인다. 이 문명은 대부분 사람이 금과 값비싼 보석으로 만든 장신구, 귀고리 등을 만들어 사용했다고 한다. 사용된 문양은 대부분 기하학적인 삼각형이 많이 사용되었다는 특징을 가지고 있다. 이 공간으로 들어갔을 때 가장 놀라운 광경은 금박으로 장식된 천장을 볼 수 있다. 금박으로 칠한 천장을 보는 순간에 이

Orinda-Buehler House (Califonia, 1948)의 금으로 장식한 거실 천장의 모습

호텔을 방문하기 전에 캘리포니아의 오린다 주택(Orinda-Buehler House, 1948)의 천장도 모두 금으로 치장된 것이 생각났다. 그리고 낙수장도 발코니 난간 등에 금으로 칠하고 싶었지만, 재정적인 문제로 인하여 칠하지 못했다는 사실을 알고 보면 F. L. 라이트가 금을 좋아했나? 아니면 F. L. 라이트 성격상 과시욕이 잠재하고 있지 않았을까? 하는 생각도 해보게 된다.

천장의 형태는 마주보는 두 변의 길이가 긴 이등변 삼각형으로 꼭짓점을 기준으로 긴 변이 서로 접하여 원형으로 이어지면서 다각형 지붕 형태를 만들어내고 있다. 구리로 만든 듯한 긴 직각 삼각형 빔(beam)이 천정의 구조재 역할을 하고 삼각형 장변이 서로 접하는 부분에 설치되어 다각형의 지붕을 받치고 있다. 좀 더 자세히 이야기하면 다각형 평면의 각 모서리에는 '빌트모어 블록' 으로 기둥이 세워져 있고 이 기둥 위에 구리로 만들어진 빔이 놓여 다각형 모임지붕의 꼭짓점까지 연결되어 금빛의 천장을 받치고 있다. 구리-빔의 디테일 뿐 아니라 바닥에 깔린 카펫은 컨퍼런스 룸의 카펫과 로비에 걸려 있는 액자 속의 아즈텍 문양과 유사한 디자인으로 작고 큰 삼각형이 서로 어울려 다양한 문양을 만들어 내고 있었다. 이러한 문양은 첨부된 사진에서 볼 수 있는 일반적인 아즈텍 문양 디자인과 비교하면 쉽게 유사점을 감지할 수 있을 것이다. 아즈텍 문양과 문화는 빌트모어 호텔이 설계되기 전인 1923년 설계된 '반스달 홀리호크 주택' 에서도 대중들이 '아즈텍 문화의 영향을 받은 것이 아닌지' 라는 의문을 가졌다. 비록 F. L. 라이트가 캘리포니아적인 건축이라고 이야기했지만, 아즈텍 문화에 대한 디자인 잠재력을 가지고 있었던 것 같다.

저자가 아즈텍 홀을 들어가는 순간 260㎡라는 넓이보다 금박으로 이루어진 천장을 향하도록 설치된 백열등으로 인하여 황금색 금빛이 주황색 백열등 빛에 반사되면서 더욱더 빛나고 있어 홀 전체 공간이 매우 황홀한 공간으로 느껴졌다. 그리고 이러한 금박 천장, 삼각형의 구리-빔의 디테일에 사용된 작은 삼각형의 연속 문양과 바닥 카펫 문양 등이 어우러져 현대적인 호텔에서는 접할 수 없는 과거로의 화려한 아즈텍 문화 속으로 들어와 있는 느낌을 받았다. 여기에서 비록 F. L. 라이트가 홀리호크 주택을 캘리포니아적인 건축이라고 했지만 분명 마야의 아즈텍 문화의 영향을 받았을 것으로 생각된

빌트모어 블록 기둥 위에 설치된 구리 빔의 디테일-구리 빔 사이에는 연속된 작은 삼각형 장식이 보인다.

아즈텍 문양의 일반적 유형 – 크고 작은 삼각형이 연속으로 문양을 이룬 디자인

입구 좌측에 위치한 아즈텍 홀의 공간 내부 : 백열등이 황금으로 이루어진 천정을 비추고 있다.

다각형 한 면이 무대로 이루어져 있다. 바닥에는 검은 색으로 작은 삼각형이 연속된 문양이 보인다.

다. 빌트모어 호텔의 아즈텍 홀 역시 마야 문명의 영향이 충분히 디자인으로 반영되었을 것이라 판단된다. 일반적으로 F. L. 라이트의 탈리에신 이스트나 홀리호크 주택 외 여러 주택에서 동양풍의 병풍과 소품을 많이 볼 수 있는데 이는 제국호텔 설계를 위하여 일본에서 약 4년간 머물게 되면서 동양적인 취향에 많은 관심과 영향을 받았고 이에 동양의 문화를 상징하는 다양한 소품들을 미국으로 가져왔다는 것은 누구나 알고 있는 사실이다. 그러나 이런 마야 문명은 어디에서 영향을 받은 것일까? 이것과 관련된 내용으로 F. L. 라이트의 자서전에서 다음과 같이 설명하는 부분이 있다. 'F. L. 라이트는 1893년 시카고 세계박람회에서 멕시코와 중남미의 콜럼버스 이전 시대 도시와 사원의 전시물들을 보았다. 그리고 1909년 유럽에 체류하는 동안 동시대의 유럽 예술에 영향을 미친 고대의 원시적 문화들을 관찰한 이래로 그는 마야 문명에 매료되었다. 1915년에는 캘리포니아에서 개최된 파나마 태평양 박람회에서 멋지게 전시된 욱스말(Uxmal)과 치첸 이차(Chichen Itza) 도시의 모형과 사진들에서 고대 문화를 보았다.' 라는 내용에서 분명하게 기술하고 있지는 않았지만, F. L. 라이트는 다양한 방법을 통하여 마야 문명에 영향을 받은 것으로 보인다. 여기에서 이야기하는 욱스말과 치첸 이차(Chichen Itza)는 멕시코 남동부 유카탄주(州)의 주도인 '메리다(Merida)' 에 있는 도시이다. '메리다' 는 1542년 고대 마야 문명의 도시인 토(Tho)가 자리했던 곳에 세워졌다. 도시의 매력은 스페인 식민 시대 건축양식인 다양한 색깔로 칠해진 건물로 넘쳐날 뿐만 아니라, 마야의 역사도 담고 있다. 카탄 반도 중앙에 자리 잡은 이 도시에서는 마야 문명의 도시 유적이며, 현재는 유네스코 세계 유산에 등재된 고대 도시 유적지인 욱스말이나 치첸 이차(Chichen Itza)가 위치하고 있다. 이런 박람회 관람 이후에 미국과 또 다른 문화에 대한 기억들이 F. L. 라이트의 잠재의식 속에 남아 있었고 이런 잠재의식이 자연스럽게 그의 디자인으로 표출된 것이라고 생각한다.

객실 – 밸리 윙(Valley Wing)과 파라다이스 윙(Paradise Wing)

호텔에서 가장 중요한 시설은 객실이다. 빌트모어 호텔 역시 호텔 영역에서 가장 중심 공간에 두 개의 객실 건물이 있다. 접수 카운터 공간과 연결된 최초의 객실인 이스트 윙(East wing)과 이어지는 가든 윙 그리고 파라다이스 가든을 사이에 두고 좌 · 우로 밸리 윙과 파라다이스 윙이 서로 마주 보면서 배치되어 있다. 이 건물은 1975년 톨레이 인더스트리(Talley Industries)의 소유 하에, 최초로 대규모 객실 확장으로 90실 파라다이스 윙(Paradise Wing) 개장과 함께 시작되었다. 그리고 이 파라다이스 윙의 확장으로 39,000피트 제곱(약 3,623㎡)의 120실 규모의 밸리 윙(Valley Wing)이 추가되었다. 그 후 7년 동안 컨퍼런스 센터와 북쪽에 있는 109실 테라스 코트 등 꾸준히 확장이 이루어졌다. 그리고 1996년 개축에서는 미션 스타일(mission-style)의 가구와 베이지, 모래, 상아의 사막 팔레트로 설계된 객실과 스위트-룸으로 마무리되었다. 2009년 애리조나 빌트모어는 740개의 객실을 자랑하며 애리조나에서 가장 큰 호텔 중 하나로서 그 면모를 갖추게 되었다.

Mission style : Mission School, an art movement of the late 20th century, 이 운동은 일반적으로 1990년대 초에 샌프란시스코 예술 연구소에 다녔거나 그와 연관되어 있던 예술가들의 핵심 그룹을 중심으로 나타난 것으로 간주한다. 미션 스타일은 장인운동 또는 골든 오크로 알려진 디자인 운동이다. 이 스타일은 숙련성의 강조, 굵고 직선적인 라인, 연결부의 노출이 특징인 스티클리(Stickley) 디자인은 캘리포니아 선교(mission) 단체의 가구와 유사해 보여 일명 '미션 스타일' 이라고 불리었다. 특히 구스타프 스티클리(Gustav Stickley, 1858-1942)는 '장인, Craftsman' 이라는 잡지를 발간하고 자신의 디자인들을 소개했다.

F. L. 라이트가 디자인한 의자의 종류에서 중앙에 미션 스타일의 의자가 보인다.

Arizona에서 1990년 12월2일에 발간되는 '선 리빙' 에 미션 스타일 의자와 F. L. 라이트의 모습

호텔 설계자의 이름을 딴「Frank & Albert' s 레스토랑」

원래 이곳은 호텔 일광욕을 위한 공간이었던 곳을 1973년에 레스토랑으로 개조한 것이다. 1990년대 중반부터 '라이트 (Wright's)' 라는 이름을 사용하였다. 위치는 배치도의 호텔 입구에서 우측으로 조금 떨어진 곳에 있다.(배치도 참고) 이뿐만 아니라 3곳의 레스토랑에서 F. L. 라이트의 이름, Wright Bar 및 Frank & Albert' s(빌트모어 호텔을 설계한 사람) 등의 레스토랑 이름으로 사용되고 있다. 그리고 식당 내부에 사용한 전등 역시 F. L. 라이트가 디자인한 전등을 일부 복제하여 사용하고 있었다. 이런 이유로 식당 문 앞에 붙어있는 이름을 보고 들어와서 식당 내부에 설치된 F. L. 라이트가 디자인한 전등을 본다면 누구든 F. L. 라이트의 건축이라고 확신을 하게 될 것이다.

Frank & Albert' s 식당 앞 간판

식당 내에 F. L. 라이트 전등의 모조품

F. L. 라이트가 디자인한 전등

개인적인 생각으로는 빌트모어 호텔에서 호텔 건물이 F. L. 라이트 건축작품이라고 은근히 강조하고 있다. 이는 서양에서 중요하게 생각하는 전통과 역사성이 스토리텔링으로 포장되고 여기에서 오는 시너지 효과가 크기 때문에 F. L. 라이트의 건축적 구성요소들을 호텔의 여러 장소에 사용하고 있는 것은 아닐까 하는 생각을 하게 된다. 좀 더 현실적으로 이야기하면 호텔이 개장한 후부터 확장 공사가 대부분 F. L. 라이트의 건축정신을 이어가고 있는 탈리에신 웨스트 소속 건축가들에 의해 이루어지면서 F. L. 라이트의 건축 구성요소들이 적극적으로 추가되었다고 할 수 있다. 특히 Los Angeles의 Barry Design Associates에 의해 F. L. 라이트를 기념하는 객실을 디자인하고 객실에는 사막을 연상시키는 듯한 베이지와 아이보리색 등으로 인테리어 하고 있다. 그리고 1930년대를 추억할 수 있는 램프(전등)와 가구로 장식하고 F. L. 라이트 사진까지 벽에 걸어 장식함으로써 F. L. 라이트 건축임을 유난히 강조하고 있었다. '나 F. L. 라이트가 설계한 호텔이 맞다니까!' 라고 반복하여 소리치고 있었다. 특히 호텔 곳곳에 대통령이 방문한 사진 또는 유명인이 숙박한 흔적을 여러 곳에 남겨 둠으로써 호텔의 전통성뿐만 아니라 명성과 인지도를 동시에 높이고 있었다.

그 외의 외부 공간들

이제까지 호텔 소개에서 제외되었지만, 빌트모어 호텔에서 가장 중심이 된 공간은 파라다이스 윙 앞쪽에 위치(배치도 참고)하고 있는 수영장(CABANA CLUB)이라고 할 수 있을 것이다. 이 카바나 수영장은 호텔이 문을 연 초기에는 다른 위치에 있었다. 앞부분에 개장 초기 건물 배치도를 보면 현재 빌라로 가득한 곳에 있었던 수영장이 없어지고 현재 CABANA CLUB 수영장은 파라다이스 윙과 인접하여 다시 만들어졌음을 알 수 있을 것이다. 현재에는 CABANA CLUB 수영장 외에도 호텔 내에는 작고 큰 수영장이 여러 곳 있다. 테라스 코트, 오카틸라, 카탈리나 풀(catalina pool)빌라의 수영장, 골프 뷰 빌라 수영장, 단독빌라 휴양시설 내에도 있다. 이처럼 호텔 내에는 여러 수영장이 있지만 빌트모어 호텔에서 가장 크고 중심이 되는 수영장은 카바나 클럽(CABANA CLUB) 수영장이라 할 수 있다. 사진은 12월에 방문했을 때에 촬영한 것인데 이때에도 수영하는 사람이 있다는 것은 12월 날씨가 얼마나 좋은지 여러분도 상상이 가능할 것이다. 호텔을 지을 당시뿐 아니라 지금도 미국에서 최고의 휴양도시로서의 가치가 있음을 날씨가 증명하는 것 같다.

CABANA CLUB 수영장의 전경 – 저 멀리 두 첨탑이 보인다.

배치도에서도 볼 수 있듯이 카바나 수영장을 감싸고 있는 화려한 빌라에는 최신식 주방을 가진 레스토랑도 계획되어 있다. 그리고 수영장에는 93피트(약 28.4m)의 길이를 가진 월터 슬라이드와 23개의 카바나(cabanas) – 오두막 형태의 휴식 공간 – 등이 갖추어져 있다. 이 카바나는 호텔에서 제일 먼저 추가된 공간으로 지금은 현대식으로 매우 아름답게 디자인되어 있다. 또 이 수영장에서 볼 만 한 것은 수영장 맨 끝에 설치된 두 첨탑 사이로 큰 워터 슬라이드와 폭포가 설치되어 있어 뛰어난 수영장 경관을 자랑하고 있다는 것이다. 그래서 유명한 작곡가 어빙 벌린(Irving Berlin)이 빌트모어 호텔 수영장에 앉아 "White Christmas" 뿐 아니라 많은 노래를 작곡했다고 앞에서도 기술하였다. 이뿐 아니라 1996년에는 2만피트제곱(약 1,858㎡)에 이르는 스파, 피트니스 센터, 풀 서비스 미용실이 오픈하면서 세계적인 수준의 SPA와 피트니스 센트도 갖추고 있다. 이 수영장 주변으로는 Cottage(작은 객실)들이 있고, 객실 주변으로 골프 코스가 있어 사막에서 또 다른 경관을 경험할 기회를 제공하고 있다.

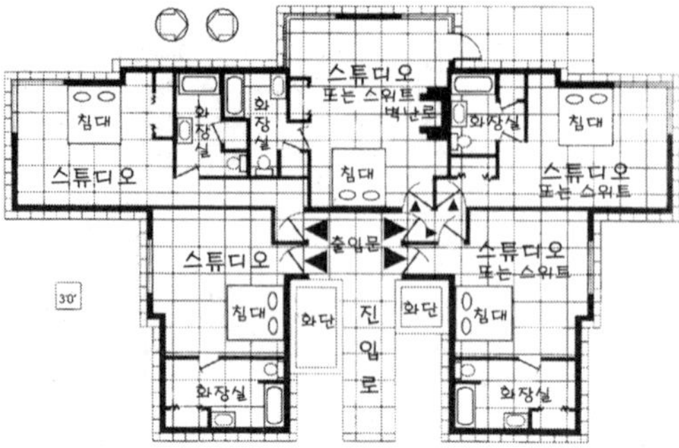

1층 타입의 Cottage 평면도

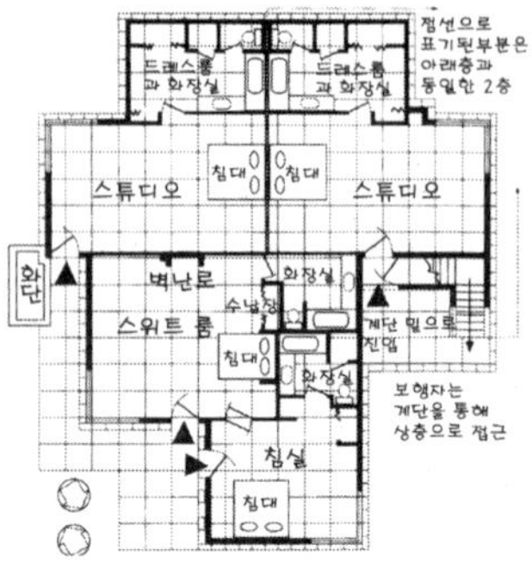

2층 타입의 Cottage 평면도

이 호텔에 관한 이야기를 정리하면서 알게 된 사실은 비록 빌트모어 호텔이 처음부터 F. L.라이트가 설계한 것이 아니지만 The University of Chicago Press의「THE FRANK LLOYD WRIGHT COMPANION」revised edition, William Allin Storrer, 책에서 정식으로 F. L. 라이트 작품으로 소개하고 있었다. 그리고 이 책을 기준으로 방문 일정을 계획했기 때문에 정식으로 F. L. 라이트 작품인 줄 알았다. 앞에서 기술하였듯이 호텔 앞의 다리에 F. L. 라이트 건축의 트레이드-마크인 화반과 시카고 가든 스프라이트까지 있지 않았는가! 그리고 캘리포니아의 텍스타일 블록 주택을 방문하고 이 호텔을 방문했기 때문에 텍스타일 블록을 보고 100%로 F. L. 라이트 작품으로 믿었다. 자료를 정리하는 과정에서 F. L. 라이트가 설계한 것이 아니라는 사실을 알게 되었지만 실망하지 않는다. 지금 이 호텔은 F. L. 라이트가 설계한 것보다 더 F. L. 라이트적인 작품으로 변신했고 비록 후세에 의해 많은 부분이 리노베이션되었지만, F. L. 라이트의 건축적 정신이 영향을 미쳤기 때문에 이 호텔이 이렇게 완성되지 않았을까 하는 생각을 한다.

그리고 애리조나에서 빌트모어 호텔보다 더 화려하고 큰 규모의 챈들러 리조트 설계도를 모두 완성했음에도 불구하고 실행되지 못했던 챈들러 리조트의 발코니 있는 객실 등은 빌트모어 호텔에서 어느 정도 실행되었다고 저자는 생각한다. F. L. 라이트의 관련 서적들을 읽어보고 느낀 점은 F. L. 라이트의 계획안이 취소되거나 실행에 옮겨지지 않으면 다음에 비슷한 계획안을 의뢰받을 때는 기존의 계획안을 응용하는 기술(?)을 발휘했다고 때문이다. 이 책에 소개한 Jorgin Boomer House(1953)도 George O. Clark 주택의 Carmel, California 해변가에 지을 계획안을 응용하여 설계한 주택이었다. 아즈텍 홀의 외관도 어찌 보면 본 책 제일 마지막에 소개하는 ARIZONA STATE CAPITOL의 외관과 비슷하다. 이 외에도 몇몇 실행하지 못한 작품을 응용한 경우가 본 책에 많이 소개될 것이다. 아무튼, F. L. 라이트는 건축에 대한 고집이 센 성격의 소유자이면서 자기가 디자인한 설계안에 대해 건축주를 위한 고려는 안중에도 없는 경우도 많았다. 다시 말해 설계를 의뢰받을 당시에 이야기한 설계와 시공 비용이 공사 중에 증가하는 경우도 허다했다. 그리고 그의 대부분 작품은 기존의 주택 형태가 아니라 본인의 생각대로 처음 시도하는 형태이고 시공방법이기 때문에 하자가 발생하는 경우 대체할 수 있는 기성품이 없어 건축주들이 많은 어려움이 있었다는 이야기도 있다. 이로 인하여 건축주가 경제적 부담을 느낄 수밖에 없었지만, F. L. 라이트는 전혀 신경 쓰지 않았다. 다시 말해 돈에 대한 개념이 철저하지 않았기 때문에 건축주들이 많은 어려움을 호소하기도 했다. 이러한 성격을 가졌음에도 불구하고 F. L. 라이트 주변에는 그의 천부적인 건축 디자인과 언변술(?)에 대한 매력 때문에 자금력이 있는 친구들이 많은 경제적 도움을 주었고, 그리고 한 번 설계를 부탁하면 다음에도 또 설계를 맡기는 건축주들이 많았다. 이렇게 괴팍한 성격의 소유자임에도 불구하고 건축주들은 F. L. 라이트와 인연을 맺고 그에게 설계를 의뢰하는 이유를 아직도 이해하지 못한 부분이다.

반면 그 당시 미국 건축가들이 가지고 있었던 유럽의 전통과 고전주의 건축에 대한 동경과는 달리 F. L. 라이트는 자신만이 가지고 있는 미국다운 건축 작품을 실현하고자 하는 신념을 버리지 않고 자신만의 건축 세계를 개척하였다. 이 빌트모어 호텔과 F. L. 라이트 간의 가장 분명하고 극적인 디자인 연계 고리 역시, 토착 재료로 만든 '빌트모어, 텍스타일 블록' 의 사용이라 할 수 있다. 그리고 미리 주조한 콘크리트 틀로 현장에서 블록을 성형하여 리조트 전체 건설에 활용했다는 것도 자신만이 가지고 있는 건축의 신념을 보여주고 있는 것이라 생각한다.

4. 탈리에신 웨스트와 펠로쉽
(Taliesin West and Fellowship, 1937)

Taliesin West

- 위 치 : 12621 N. Frank Lloyd Wright Blvd Arizona
- 건 립 : 1937년

탈리에신 웨스트 설계 작업실과 로지아(식당, 부엌)의 모습 그리고 사막의 오아시스를 표현한 듯한 삼각형의 기하학 연못의 분수, 물과 분수가 뜨거운 햇볕에 반사되어 더욱더 맑아 보인다.

"Taliesin West is a look over the rim of the world."

(탈리신 웨스트는 세상의 테두리를 훑어보는 것이다.)

— FRANK LLOYD WRIGHT, 1943 —

탈리에신 웨스트의 의미

「Taliesin」의 의미는 유럽 신화에 나오는 인물로 영국에서 550년경에 활약했던 웨일스(Wales)의 마법사 겸 음유시인의 이름에서 따온 것이다. 글자 그대로의 의미는 '빛 나는 이마(shining brow)' 라는 뜻이다. 특히 어릴 적부터 어머니의 영향을 많이 받은 F. L. 라이트는 외가(外家) 쪽이 영국의 통치를 받았던 웨일즈에서 미국으로 이민을 왔기 때문에 그 또한 웨일즈의 문화에 영향을 받은 듯하다. 웨일즈 출신은 매우 활발하고 경쾌한 사람들로 알려져 왔으며, 그들은 이웃과 어울려 노래하고 춤추는 것을 즐겼다. 또한, 하프 음악 문화가 매우 발달했고 음유 시인들은 웨일즈어로 시를 쓰고 정기적으로 음유시인 경연대회를 개최하곤 했다. 그러나 이러한 웨일즈 고유의 문화에 17세기 후반부터 잉글랜드 문화가 유입되기 시작하면서 서서히 사라졌다. 특히 18세기 초반에는 엄청난 속도로 웨일즈의 전통문화가 퇴색되었다. 18세기 초반 웨일즈어로 된 서적은 자취를 감추었고 하프 가락에 맞춰 노래하는 것은 저질스런 것으로 인식되었다. 현대의 웨일스 문화는 18세기 초반 이후 잉글랜드 문화와 혼합됨에 따라 잉글랜드 문화와 큰 차이가 없어졌다.

오늘날 영국의 정식 명칭은 '大(대) 브리튼과 北(북)아일랜드의 연합왕국(United Kingdom of Great Britain and Northern Ireland)' 이다. 줄여서 'UK' 나 'GB' 라고 부른다. 중세 브리튼 섬에는 잉글랜드, 웨일즈, 스코틀랜드 왕국이 존재하였고 아일랜드는 북아일랜드와 아일랜드로 구성되었다. 잉글랜드는 13세기에 웨일즈를 부속시켰고, 1603년 잉글랜드 여왕 엘리자베스가 자식이 없어 죽자 여왕의 먼 친척인 스코틀랜드 왕 제임스를 잉글랜드에 모셔 오면서 '잉글랜드 · 스코틀랜드 연합왕국' 이 된다. 이전부터 식민 지배를 받았던 아일랜드도 올리브 크롬웰(Oliver Cromwell)에 의해 잉글랜드에 부속된다.(현재는 북아일랜드만 영국에 편입되어 있다.)

이러한 문화적 영향으로 F. L. 라이트 역시 건축을 예술적 경지로 만드는 마법사라고 스스로 생각하지는 않았을까 하는 생각도 해본다. 그리고 탈리에신 웨스트란 위스콘신주에 있는 탈리에신 이스트보다 서쪽(West)에 있다는 의미에서 붙여진 이름이기도 하다. 이와는 반대로 위스콘신 주(州)에 위치하고 있는 탈리에신은 동쪽에 있다는 의미에서 탈리에신 이스트(East)라고 부르기도 한다. 다른 사람들은 F. L. 라이트가 생전에 준공을 보지 못한 그의 마지막 유작인 구겐하임 미술관(Solomon R. Guggenheim)을 설계하는 동안 작업공간으로 사용하였던 뉴욕의 더 플라자 호텔(The Plaza Hotel)을 탈리에신 이스트(East)라고 부르기도 한다. 이 더 플라자 호텔(The Plaza Hotel)은 처음 들어본 사람들도 있겠지만 사실 여러분이 잘 알고 있는 호텔이다. 이 호텔은 1907년 문을 열었고 미국 대통령 도널드 트럼프가 이 호텔을 소유하기도 했다, 그리고 유명한 영화 '나 홀로 집에 2-뉴욕을 헤매다.' 편의 주 배경이 된 촬영 장소이기도 하다. 센트럴 파크와 바로 인접하여 위치하고 있고 또한 이 호텔 바로 옆에는 여러분이 많이 사용하고 있는 애플 핸드폰의 본사가 있다.

탈리에신 웨스트(Taliesin West)와 F. L. 라이트

여러분도 잘 알고 있겠지만 F. L. 라이트(1867~1959)는 뉴욕의 센트럴 파크 5번가에 달팽이 등처럼 생긴 나선형의 구겐하임 미술관(1959, The Solomon R. Guggenheim Museum)과, 펜실베니아(Pennsylvania)의 베어 런(Bear Run) 계곡의 폭포 위에 세워진 낙수장(1935, 落水莊, Falling water house, 또는 kaufmann 주택)을 설계한 근대의 가장 유명한 거장 건축가 중 한 명이다. 특히 인간과 자연이 가장 조화를 잘 이룬 유기적인 건축 작품으로 알려진 낙수장은 F. L. 라이트 나이 68세(1935)에 설계한 것으로 F. L. 라이트의 새로운 부활을 알리는 작품이었다. 그리고 비록 몇 달 차이로 구겐하임 미술관 개관을 보지 못하고 사망했지만, 우리에게 가장 잘 알려진 그의 마지막 작품이며 뉴욕의 명물이 된 구겐하임 미술관은 90세가 넘은 나이에 설계했다는 사실을 알고 있는 사람은 많지 않을 것이다. 현재 이들 작품은 2019년 아제르바이잔의 수도 바쿠(Baku)에서 열린 43차 세계유산위원회에서 유네스코 세계문화유산으로 등재되었다. 이렇게 훌륭한 건축물 뒤에는 그를 든든하게 받치고 있었던 후원군인 탈리에신 펠로쉽에 참여한 젊은 건축가들이 있었기 때문에 가능했을 것으로 생각한다.

빌바오 구겐하임 미술관(스페인어: Museo Guggenheim Bilbao)은 캐나다 토론토 출생이며 현대 거장 건축가 프랑크 게리(Frank Gehry, 1929. 2 ~)가 설계한 것으로 스페인 바스크 지방 빌바오에 있는 근·현대 미술관이다. 미국의 솔로몬 R. 구겐하임 재단이 설립한 솔로몬 R. 구겐하임 미술관 분관의 하나이다. 이 미술관은 1997년 10월 18일 개관하였다.

여기에서 추가적으로 다른 건축가 이야기를 잠깐 하면, 빛의 건축가이면서 20세기 최고의 건축가인 루이스 칸(Louis Isadore Kahn, 1901. 2~1974. 3)도 73세에 사망했지만, 그의 나이 50살이 넘어서 그의 생에 첫 건축물(Yale University Art Gallery, 1951~1953)을 설계하였고 2년 뒤에 지어졌다는 사실에 또 한 번 놀랄 것이다. 그리고 그의 가장 대표적인 작품이고 우리에게 잘 알려진 솔크 연구소(Salk Institute, 샌 디에고, 캘리포니아)는 64세인 1965년에 이루어졌고, 킴벨 아트 뮤지움(kimbell art museum, 텍사스 주, 포트워스)은 1966년에 설계(65세)를 시작해서 1969년 착공하고, 1972년(죽기 2년 전)에 오픈했다는 사실을 알고 있는지 모르겠다.

탈리에신 이스트(위스콘신 주)는 1911년 F. L. 라이트의 고향 위스콘신 주의 스프링 그린에 '어머니를 위한 시골의 조그마한 주택'의 개념에서 시작된 것이다. 특히 이곳은 F. L. 라이트가 어린 시절부터 많은 시간을 보낸 곳이며, 주변 환경에 관해 너무나 잘 알고 있었다. 이런 상황들은 작업 중인 그를 자연스럽게 주변의 경관과 광활한 대지에 서서히 빠져들게 계획했다. 결국 그는 초기에 구상했던 조그마한 주택 계획에서 자신의 거주공간과 스튜디오까지 확장하여 설계 작업공간으로 그 면적을 넓혀 가며 탈리에신 이스트가 완공된다. 건립 배경은 스프링 그린(Spring green)에 위치한 힐사이드 홈 스쿨(Hillside Home School, 1886~1915)의 건립 배경과 그의 이모이면서 미혼인 엘렌(Ellen 1845~1919)과 제인(Jane, 1847~1917)으로부터 많은 영향을 받았다고 할 수 있다. 그리고 유니테리언(Unitarian) 목사였던 F. L. 라이트 외할아버지인 로이드 존스(Lloyd Jones, 1779~1885)의 유업을 이어가기 위해 이모들이 힐사이드 홈 스쿨을 설립하면서 외할아버지의 홈 스쿨의 정신 – 'Learning by doing(행동하면서 배우는 것)' – 의 교육방식이 탈리에신 펠로쉽의 정신적 바탕을 이루게 된다.

힐 사이드 홈 스쿨 포스터

그러나 탈리에신 이스트는 두 번의 화재와 F. L. 라이트에게는 개인적으로 불행한 가정사(사랑하는 여인 마마 보스위크 체니(Mamah Borthwick Cheney)의 죽음, 세 번째 여인 미리암 노벨(Miriam Novel)과 이혼 소송 등)가 겹치면서 많은 어려운 시간과 경제적인 어려움을 겪게 된다. 그러나 F. L. 라이트는 조상으로부터 물려받은 유니테리안의 사고[1] 및 생활, 교육방식은 건축가로서의 정신적 기반의 바탕이 되었다. 그리고 이를 극복하기 위하여 그의 네 번

F. L. 라이트에 의해 재건된 힐 사이드 홈 스쿨의 모습(스프링 그린, 위스콘신 주, 1932) - 입면에서 F. L. 라이트가 설계한 동경의 국제 호텔(1915, 동경, 일본)의 이미지와 유사하다.

째 여인이면서 마지막 부인, 올가반나(Olgivanna)와 F. L. 라이트 주변의 여러 친구가 탈리에신 이스트 복원 기금 조성한다. 그리고 주식회사와 같은 방식으로 운영하게 되고 탈리에신에 젊은 건축 학도들을 모아 도제 방식으로 건축을 가르치기 위하여 환경, 문화, 음악, 인성 등 건축과 연관된 여러 과목을 종합적으로 편성한 프로그램을 운영하게 된다. 이렇게 탈리에신 펠로쉽(Taliesin Fellowship)을 정식으로 발족하게 된다. 탈리에신 펠로쉽에 들어온 견습공들은 실제로 'Learning by doing' 의 개념을 실현하게 된다. 현대의 시점을 기준으로 이야기한다면 Learning by doing이라는 신념 때문에 탈리에신 펠로쉽의 견습공들이 고생한 것은 요즈음 젊은이들이 이야기하는 '열정 페이(熱情 pay)' 가 아닐까 하는 생각도 하게 된다. 여기에서는 예술 관련 지식뿐 아니라 탈리에신의 견습공들이 자급자족 할 수 있는 농사일, 정원 가꾸기 등 모든 것을 직접 행함으로써 배움을 실천하게 된다. 한마디로 'Learning by doing' 의 개념을 실천한 것이다. 그러나 초기 규모 면에서는 탈리에신에 펠로쉽 도제들을 모두 수용

1) 기독교의 삼위일체설(三位一體舌)을 부인하고 유일 신격(神格)을 주장하여 그리스도의 신성(神性)을 부인하는 교파

하기에는 협소했기 때문에 모집 인원을 줄여 모집하는 경우도 있었다. 그리고 1932년 탈리에신 펠로우쉽 설립에 부속되는 설계실과 숙소의 필요성이 대두됨에 따라 1933년 최소한의 시설인 설계 스튜디오와 탈리에신 펠로우쉽을 위한 숙소 그리고 1939년에는 원래 체육관으로 사용됐던 공간을 뮤직홀로 개조하게 된다.

탈리에신 웨스트의 경우는 1949년에 출판된 에세이 〈Arizona Highway〉에서 F. L. 라이트는 다음과 같이 탈리에신 웨스트를 설명했다. "우리는 특별한 캠프에서 재미있는 건물을 건설했다. 이곳에서의 생활은 재미 그 이상의 것이다. 우리 구성원 모두는 이곳의 생활방식에서 문화를 발견했고, 실습을 통하여 새로운 것을 많이 배우고 있다."

"We' ve had fun building our unique camp and more than fun living in it. We have found culture by way of it. Meantime—man, boy and girl—we' ve all learned a helluva lot by practice...."

탈리에신 웨스트(애리조나)의 시작은 F. L. 라이트가 1927년 시카고 오크 파크 작업실 운영 시절 때 F. L. 라이트의 제자였던 알버트 체스 맥아더(Albert Chase McAthur)가 애리조나 피닉스에 빌트모어 호텔(Biltmore Hotel, 1927~1928) 프로젝트를 도와달라는 요청을 받고 애리조나 사막과 인연을 맺게 되면서 시작되었다고 앞에서 기술했다. 그리고 그 누구도 애리조나가 F. L. 라이트의 건축 인생이 새롭게 부활할 것이라고 상상하지 못했다. 당시 일거리가 거의 없었던 그는 애리조나의 빌트모아 호텔에 사용하게 될 재료인 텍스타일 블록과 디자인에 대한 자문을 해주면서 그의 가족들과 애리조나 주의 피닉스 시내에서 임시로 살게 된다. 그리고 이 호텔 프로젝트를 계기로 F. L. 라이트는 애리조나의 사막이라는 새로운 기후와 환경에 빨리 빠져들었다. 그에게 사막이라는 환경은 도시와 달리 주변의 환경에 의해 구속받지 않고 자신이 생각하고 있는 모든 것을 표현할 수 있는 비어 있는 거대한 캔버스와 같았기 때문이었다. 그리고 위스콘신 주에 있는 탈리에신 이스트는 미국 북부 지역이라 겨울에는 너무나 추웠고 또한 F. L. 라이트의 건강상 문제 등 여러 경제적인 문제로 따뜻한 애리조나 주의 스코트데일(Scottsdale)로 작업공간을 옮기게 된다. 그리고 이곳이 미국 서부(애리조나)에 위치하고 있고 위스콘신 주의 탈리에신 이스트보다 서쪽에 위치하고 있다고 해서 탈리에신 웨스트라 부르게 되었다. F. L. 라이트가 따뜻한 애리조나로 작업 공간을 옮긴 이유는 추운 위스콘신에서 폐렴에 걸려 요양이 필요한 것도 하나의 이유였다. 그리고 이곳에서 실제 프로젝트가 거의 없어 남는 시간을 이용하여 도제들과 함께 당시 미국인들에게는 전혀 새로운 공동체사회 계획안으로 〈브로드 에이커 시티 : 새로운 공동체 계획안(Broadacre City: A New Community Plan)〉이라는 도시 계획안을 제시한다. 이 계획안은 F. L. 라이트가 10여 년이 넘게 구상하고 발전시켜온 이상도시(理想都市) 계획안으로 1935년 4월에 건축저널(Architectural Record)에 발표한 것이다. 그리고 이 계획안을 3.6m×3.6m 크기의 모델로 만들어 미국의 가장 중심 도시인 뉴욕의 록펠러 센터(Rockefeller Center)에서 전시하는 등 도제들과 끊임없이 시험적 건축을 시도했다. 이 이상도시 계획안은 하워드(E. Howard)의 전원도시 기본 이념이나 실현 방법과 많은 유사점을 가지고 있다. 그 중 대표적인 개념이 도시와 농촌의 통합 그리고 철저한 분산이 전원도시와 브로드 에이커 시티가 공유하는 것이었다. 이 브로드 에이크 시티 계획에 유소니언 주택 개념도 포함되어 있다.

여기서 잠깐 이야기하고 싶은 것은, 저자가 여러 관련 서적을 보면서 느낀 점은 바로 이 시기－1929년 10월 24일 미국의 경제공황으로 인하여 뉴욕 증권 시장의 '검은 목요일' 로 불리면서 갑작스러운 주가 급락으로 막을 내렸고, 그다음 날 1929년 10월 25일 금요일에도 주가지수가 폭락하면서 최초의 세계 경제 공황이 시작되었다는 것이다. 그뿐 아니라 1920년부터 시작된 미국의 건설 경기의 감소로 인하여 여러 사업체에서 사업계획들이 취소되고 건물이 중간에 중단된 채 방치된 경우도 많은 시기였다. F. L. 라이트 역시 이 시기를 비껴가지는 못했다. 그리고 이 기간에 글과 강연으로 시간으로 보낸다. 이렇게 시간을 보내고 있을 때쯤 오크 파크 작업실 시절 F. L. 라이트의 제자였던 앨버트 체스 맥아더가 애리조나의 빌트모어에 호텔 설계 작업을 맡게 된다. 그리고 빌트모어 호텔 외장 재료로써 F. L. 라이트가 처음 캘리포니아 주택에 사용했던 텍스타일 블록 시스템을 적용하게 되고 그의 스승인 F. L. 라이트로부터 조언을 구하기 위하여 F. L. 라이트를 애리조나로 모시게 된다. 이것이 F. L. 라이트와 애리조나의 인연으로 이어지게 된다. 이를 계기로 애리조나에서 알렉산드 챈들러(Alexander Chandler)를 만나게 되고 그로부터 '산 마르코스(San Marcos) 리조트 설계' 를 요청받게 된다. 챈들러는 사막에 많은 땅을 가진 자산가이기도 했고 그가 가진 땅 중에는 그의 이름을 붙인 '챈들러' 라는 소도시가 있을 정도였다. 그래서 산 마르코스

리조트를 챈들러라는 소도시에 빌트모아 호텔보다 더 훌륭한 건물로 만들고 싶어 했다. 그리고 1928년 초부터 본격적으로 '산 마르코스 리조트 프로젝트'를 시작한다. 그리고 알렉산드 챈들러로부터 거대 프로젝트를 계약하면서 제2의 전성기를 맞이하는 듯했다.

그리고 그는 작업 공간을 위스콘신(East)에서 애리조나(West)로 옮기게 된다. 가장 큰 이유는 작업 규모 등을 고려하여 애리조나 프로젝트를 위스콘신(탈리에신 이스트)에서 작업한다는 것은 효율적이지 못하기 때문에 탈리에신 이스트에서 가르치고 있었던 펠로쉽(도제)을 애리조나 주로 옮겨오게 된다. 당시 위스콘신에 있는 탈리에신 이스트에서는 F. L. 라이트의 개인적인 가정사로 인하여 많은 빚을 지게 되었고 은행으로부터 탈리에신 이스트의 대부분 재산이 압류당한 상태였기 때문에 위스콘신 탈리에신에 머물 수 있는 상황도 아니었다. 막상 작업실을 옮겨오면서 도제들과 같이 생활할 수 있는 숙소를 구하지 못하게 되었고 그들을 위한 작업공간과 숙소를 펠로쉽 도제들과 직접 건설하게 된 것이 탈리에신 웨스트의 시작이다. 이것은 F. L. 라이트가 애리조나에서 또 다른 건축 인생의 시작을 의미했다. 그러나 그 당시 작업공간은 지금의 위치가 아니고 피닉스 남쪽의 솔트 레인지 산맥 부근에 위치한 챈들러(Chandler)라는 곳(챈들러 소유의 땅)으로 지금처럼 돌과 콘크리트를 사용하여 시공한 것이 아니고 대부분 합판으로 벽을 시공하고 반투명의 캔버스 천으로 지붕을 시공하는 등 가건물 형식으로 약 15채의 막사를 건설하여 배치하게 된다. 이는 애리조나의 따뜻한 자연의 빛이 지붕의 캔버스 천으로 들어오는 것 또한 자신의 건축 공간 디자인의 주요 구성요소로 다루었다는 것이다. 그는 자연의 빛은 인간의 생활환경을 향상시킨다고 믿었기 때문에 그의 작품 대부분이 건축물 주변의 자연환경과 햇빛을 내부 공간으로 유입시키려 노력하고 실현시키려고 했다. 그러나 챈들러 프로젝트를 위한 작업공간은 영구적인 건축물 개념이 아니라 베이스캠프와 같은 가건축물 개념으로 설계된 것이었다. 그리고 베이스캠프의 가건물에 대한 그의 마음을 다음과 표현하기도 했다.

"천장에 달린 흰빛을 내는 캔버스를 통하여 들어오는 빛은 내부에서 굴절되고 확산하면서 기분을 매우 유쾌하게 만들었고 사막의 분위기와 어울렸다. 나는 지나치게 무거운 중서부 주택의 어둡고 견고한 천장을 생각하면 마음이 답답했다."

판자 보드로 담장이 만들어진 모습과 작업과 거주공간의 삼각형 지붕에 하얀 캔버스가 덮혀진 내 · 외부의 모습. (사진 : FRANK LLOYD WRIGHT IN ARIZONA, RIO NUEVO PUBLISHERS, LAWRENCE W. CHEEK, 2006. pp.18~19)

그리고 "이곳 사막에서의 범속한 균형 감각은 곧 사람들의 눈을 따분하게 만들고, 상상력을 망가뜨리고, 이야기가 시작되기도 전에 이야기를 틀어막아 버린다. 따라서 사막의 건물에는 평범한 균형미가 없어야 마땅하고 이것은 야영지에서도 마찬가지이다. 우리는 나중에 이것을 「오카틸라 Ocatilla」라고 불렀는데 그 이유 중 하나는 이런 독특한 형태 감각에서 비롯된 것이었다. 사막의 새로운 산 마르코스(San Marcos) 역시 균형 감각 따위는 갖추지 않을 것이었기에, 우리는 새로운 건물에 그런 이름을 붙였다."라고 이야기했다. 그는 위스콘신과 달리 애리조나 환경에서는 자신만의 고유한 건축이 필요하다고 생각했다. "여기야말로 그 어느 곳보다도 곧은 직선과 넓은 평면이 필요한 곳이다. 다른 어떤 지역보다도 선으로 점철하고, 직조되어 부서진 평면을 구사해야 한다. 한없이 넓은 사막에서는 무제한의 직선과 평면을 구사할 수 없기 때문에 직선은 점선이 되어야 하고 평면은 구조에 이바지하는 분절된 평면이 되어야 한다."2)

이처럼 위스콘신 탈리에신의 주변 환경과 달리 애리조나의 자연적인 여러 요소는 감각적인 F. L. 라이트에게 영감을 주기에 충분했다. 애리조나의 길고도 나지막하고 탁 트인 선, 비스듬히 기울어진 면, 추상적인 선과 색채와 표면 등, 우리는 여기서 '리얼리즘' 을 발견할 수 있다. 이 추상적 패턴들은 방울뱀, 큰 도마뱀, 카멜레온, 선인장, 그리고 석층의 패턴에서 재현된 것이다(혹시 그 반대일 수도 있고). 층을 이룬

2) 자서전, 프랭크 로이드 라이트 지음, 이종인 옮김, MIMESIS, 2006, p.506

얼룩덜룩한 바위들도 정적을 지키며 품위 있게 누워 있었다. 메사(Mesa:하나 이상의 가파른 사면이 있는 평정 고원) 바닥에서 솟아오른 거대한 암석 덩어리는 사막이 현재 가진 자연 그대로의 고상한 건축물이다.[3] 그리고 이 작업실 건물 이름을 사막에서 자라나는 선인장의 한 종류이면서 그 모양이 불꽃이 올라가는 모양이며 주홍색의 꽃을 피우는 오쿠티요(Ocotilo, 발음: o-kuh-TEE-yo)에서 이름을 따서 오카틸러(Ocatila, 1929, 지금은 철거되었음)라 불렀다. 특히 주홍색 정확히 말하면 '체로키 레드' 라고도 하는데 이 색은 F. L. 라이트 건축을 상징하는 색깔이라고 해도 과언이 아닐 정도로 그의 인테리어 소품뿐만 아니라 그가 설계한 모든 건축물의 기본이 되었다. 심지어 주택 현관 앞에 이 색깔로 만들어진 사각형 타일에 자신을 이름을 새겨 붙여 놓기까지 했을 정도이다. 그리고 오쿠티오의 길고 뾰족한 형상과 탈리에신 웨스트가 자리하기 전에 인디언이 생활했던 곳인 만큼 인디언 텐트의 모습 등은 탈리에신 웨스트의 건축구성 요소의 개념으로 사용되기도 했다.

탈리에신 이스트-위스콘신 스프링 그린의 탈리에신 입구의 붉은 타일

Missouri-Frank and Eloise Bott 주택(1956) 현관의 붉은 타일

Sara & Melvyn Maxwell Smith (1946)주택 현관의 붉은 타일

사막 선인장의 일종인 오카틸러 꽃의 색깔

인디언 텐트(Tepee) 지지대와 오카틸러 꽃의 색인 '체로키 레드' 로 건축 구성요소로 사용한 모습

3) An Autobiography, 1932. Reprinted in Collected Writing, vol2. pp.329~330

그러나 F. L. 라이트가 의욕을 가지고 추진한 산 마르코 리조트 프로젝트는 당시 미국의 증권시장 붕괴로 이어진 미국의 경제적 공황(1929)으로 인하여 실현되지 못했다. 또한 당시 F. L. 라이트가 진행 중인 일도 거의 없었다. 설상가상으로 프로젝트를 추진하기 위하여 사용한 많은 비용을 받지 못하면서 엄청난 빚을 지고 어려운 상황에 빠지기도 했다. 오카틸러의 작업 과정과 시공 방식은 현재의 탈리에신 웨스트를 시공하는 밑거름이 되었을 뿐 아니라 오카틸러보다 좀 더 영구적이고 지속가능한 방식으로 시공되었다고 할 수 있다.

탈리에신 웨스트(애리조나)와 주변 환경

다른 작품들도 마찬가지겠지만 F. L. 라이트의 작품은 건물이 위치한 주변 환경과 아주 친밀하게-유기적 건축-관계를 맺고 있다. F. L. 라이트는 언제나 그랬듯이 설계를 시작하기 전에 그 건물이 위치하게 될 주변의 자연경관, 날씨 등 주변의 모든 요소에 관하여 그의 설계에 적극적으로 반영하는 건축가이기도 하다. 탈리에신 웨스트 역시 건물에 사용된 대부분 재료는 건물이 위치하고 있는 대지 주변에서 구한 것으로 만들어졌을 뿐 아니라 그 대지에서 해가 뜨고 질 때 그 건물과 대지에 어떤 자연적인 현상이 일어나고 있는지 세세히 고려하였다. 즉 탈리에신 웨스트 위치에서 가장 이상적인 것은 그 자체에 스며든 정신과 영혼인데 그것이 바로 '사막 기후의 자연- 산, 돌, 선인장, 나무' 라는 것이다. 탈리에신 웨스트 설계의 최대 목표는 자연과 건축물을 하나로 통합하는 것으로 이것은 사막이라는 특이한 자연, 그 속에 있는 영혼 그리고 사막이라는 물리적인 특성을 최대한 표현하는 것을 의미했다.

애리조나 사막에서 F. L. 라이트가 작업실 위치를 선택하면서 가장 먼저 고려한

맥도웰 마운틴이 뒤쪽에 보이고 거의 지평선과 오브랩되어 탈리에신 지붕이 보인다.

일종의 사와로(saguaro) 선인장으로 둘러싸인 탈리에신 웨스트의 주변 경관

것은 '그 위치에 서서, 그 주변을 둘러보고 그 위치가 가지고 있는 모든 환경적 매력을 보는 것이다. 그리고 건축주가 그곳에 건물을 짓고자 하는 이유가 무엇인지를 찾아내는 것이다.' F. L. 라이트 역시 이곳 사막－탈리에신 웨스트 건축물이 세워질 부지－을 방문했을 때 모험과 새로운 환경에 대한 홍미로 가득한 기분을 느꼈다고 한다. 그래서 그는 탈리에신 웨스트를 다음과 같이 묘사하고 있다.

"사막의 아름다움, 사막의 건조함, 청명한 태양에 흠뻑 젖은 햇살, 황량한 산들의 지형 등에 감동을 받았을 뿐 아니라 이 모든 것은 위스콘신 탈리에신의 무성히 우거진 자연과 목가적인 풍광과는 강력하게 대비되는 것이었다."

탈리에신 웨스트는 어디에?

탈리에신 웨스트(Taliesin West)는 유네스코 세계 문화유산으로 애리조나 스코츠데일 맥도웰 산맥의 사막 기슭에 자리 잡고 있는 미국의 국립 역사 유산의 랜드마크 역할을 하고 있다. 또한, 프랑크 로이드 라이트 재단과 탈리에신(Taliesin)의 건축학교(Frank Lloyd Wright Foundation and the School of Architecture)의 본거지로 주변의 사막 환경에 깊숙이 자리 잡고 있어 거의 선사시대적인 웅장함을 고스란히 가지고 있는 장소라고 할 수 있다. 여기서 또 하나의 놀라운 사실은 F. L. 라이트라는 한 개인이 만든 건축물 중에는 탈리에신 웨스트(1938, 애리조나) 뿐 아니라 그 외 7개 작품((구겐하임 미술관(1959, 뉴욕), 유니티 템플(1906, 일리노이), 프레드릭 C. 로비 하우스(1910, 시카고), 탈리에신 이스트(1911, 위스콘신), LA 홀리호크 하우스(1918~1920, 로스앤젤레스), 낙수장(1939, 펜실베니아), 메디슨의 허버트&캐스린 제콥주택(1937, 위스콘신), 솔로몬 구게하임 미술관(1959, 뉴욕))이 2019년 아제르바이잔의 바쿠에서 열린 43차 세계유산위원회에서 유네스코 세계문화유산으로 등재되었다. 이렇게 한 개인의 건축 작품들이 세계 문화유산으로 등재되었다는 사실만으로 그의 건축물이 얼마나 훌륭한지 짐작할 수 있을 것이다. 그리고 탈리에신 웨스트(1938~1959)는 F. L. 라이트의 건축적 사상이 가장 명료하고 심도있게 자신의 건축개념을 표현한 작품 중 하나이다. 그의 나이 70세에 도제들과 함께 공사에 착수하여 1959년 그가 임종할 때까지 22년간 건축가로서 마지막 정열을 불태웠던 작업장이었다. 현재 그의 1, 2세대 제자들이 F. L. 라이트의 유기적 건축에 대한 생명력을 지속하고 있는 교육 장소이기도 하다. F. L. 라이트의 유기적 건축을 정신적 바탕으로 건설된 작품이며 오늘날 현대 건축의 논제 중의 하나인 친환경건축의 사례로 자주 등장하고 있다.[4] 이곳은 1976년에 The National Park Service에 의해 National Historic Landmark로 지정되어 현재 일반인에게 공개되고 있다. 인터넷 예약과 시간대별로 일정한 인원에 전문 가이드와 동행하여 건축물에 관한 전반적인 설명과 함께 공간을 경험할 수 있다. 탈리에신 웨스트의 정확한 위치는 애리조나 주 피닉스에서 동북쪽으로 약 25마일(약 40㎞)떨어진 스코츠데일(Scottsdale)에 위치하고 있는 맥도웰 산맥(McDowell Mountain) 기슭에 자리하고 있다. 주변에는 주거지가 전혀 없는 600에이크(약 250만m^2)의 넓은 사막으로 인적도 없다. 선인장과 돌들로 황량하게 이루어져 있는 곳으로 위스콘신 탈리에신의 비옥하고 전원적인 풍광과는 절대적 대조를 이루는 곳이다. F. L. 라이트는 이 땅을 1937년에 직접 매입하고 주변부 토지를 임대하여 약 300헥타르(1ha=100m×100m, 약 300만m^2)의 넓은 사막 지역을 사용할 수 있었다. 이때 그의 나이 70세이며 현재의 탈리에신 웨스트를 세우게 된다. 다시 한번 더 F. L. 라이트의 열정을 확인할 수 있는 순간이다. F. L. 라이트는 탈리에신 웨스트 공사를 "사막의 정복" 이라고 불렀을 정도로 탈리에신 웨스트에 대한 열정을 보였다. 이런 열정 때문인지 위스콘신 탈리에신에서 2,200마일(약 3,520㎞ - 서울에서 부산까지 약 325㎞라고 하니 약 5번 이상 왕복할 수 있는 거리)의 대장정 끝에 32명의 탈리에신 펠로쉽(도제들)과 함께 도착한 F. L. 라이트는 70세라는 나이에도 불구하고 쉼 없이 탈리에신 웨스트 조성에 몰입했다.

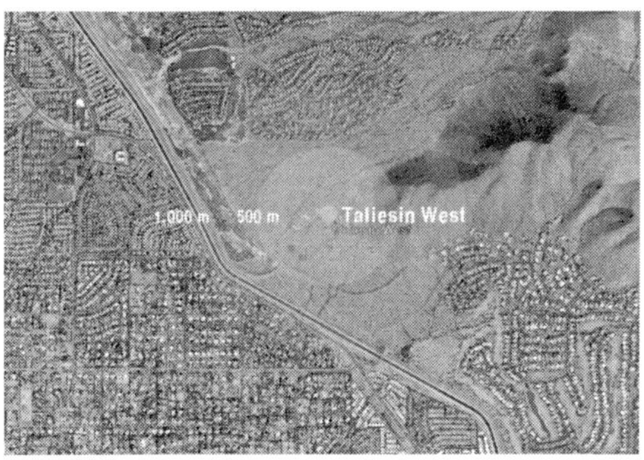

거의 500m내외에는 아무것도 없고 약 1Km 떨어진 곳에 주거지역이 있다

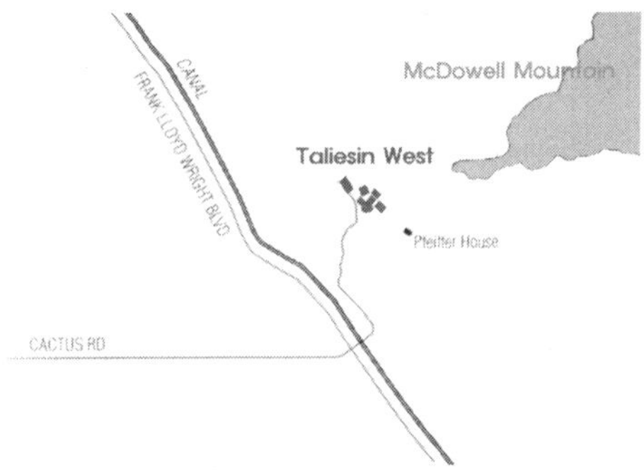

탈리에신 웨스트 접근 도로와 위치도

4) 박종성, 프랭크 로이드 라이트의 '탈리에신 웨스트'의 건축화 과정에 관한 연구, 한국실내디자인학회 논문집 2007. 6, p.1

앞에서 이야기 했듯이 처음에 거처할 곳이 마땅치 않아 F. L. 라이트 가족뿐 아니라 도제들도 텐트에서 살았다. 그 다음에는 목재와 캔버스로 만든 소형 가설 주거 공간을 만들게 되는데 이를 '썬 트랩(Sun Trap, 1937)' 이라 불렀다. 사막 캠프 건설 공사는 1938년 초에 시작되었고 네 차례의 겨울 동안 도제들과 일부 고용한 인부들의 힘으로 1941년에 기본적인 건물들이 완공되었다. 그러나 이후에도 증축과 개축이 끊인 적이 없었는데, 이는 건설 초기에 임시로 거쳐할 곳도 없는 그야말로 원시적인 광활한 사막 지대였기 때문이었다.

탈리에신 웨스트에서 처음 완성된 구조물은 키바(Kiva-Navajo 인디언의 공동회합 및 축제 공간으로 사용되는 원형으로 이루어진 공간의 명칭을 의미함)로써 공사 중 사막 기후에 쉴 곳을 마련함과 아울러 때로는 식당 기능으로, 경우에 따라서 일과를 마친 후 영화 상영을 할 수 있는 다목적 공간이 필요하였기 때문이었다. 그다음으로 중심 공간인 설계실의 서쪽 끝단(탈리에신 웨스트의 주출입구 오른쪽)에 위치한 2평 남짓의 콘크리트로 시공된 문서고가 석축으로 완성되었다. 석축으로 시공한 이유는 위스콘신 탈리에신에서와 같이 여러 번의 화재와 같은 실수를 반복하지 않기 위함이었다.[5] 탈리에신 웨스트의 미끄러지듯 대담하게 경사진 지붕 그리고 비스듬히 상승하듯 올라가는 목재 보(beam)는 탈리에신 웨스트의 배경이 된 산의 경사를 그대로 반영한 듯 서로 조화를 이루고 있다. 사실 위스콘신 탈리에신 이스트와는 약 2,200마일(약 3,520㎞)이나 떨어진 곳이다. 사막 캠프(Desert Camp)라는 명칭은 처음에 붙여진 것으로 오카틸로 캠프가 이 사막 캠프를 짓는 총연습이 된 셈이었다. 온갖 이름을 다 갖다 붙여본 후에 사막 캠프는 마침내 「탈리에신 웨스트(Taliesin West)」라고 불리게 되었다. 캠프는 사막으로부터 솟아오르는 동시에 사막 속으로 사라졌다고 할 정도로 현지 환경과 조화된 형태로 배치되었다. 벽, 기둥, 난간은 F. L. 라이트가 말하는 '사막의 조각돌' 로 만들었다. 색깔과 크기가 제각각인 돌조각을 현지에서 모아 거푸집에 넣고 경시멘트로 접합했다. 갈색으로 얼룩진 거칠게 켠 삼나무가 지느러미 형태를 형성하면서 캔버스 지붕을 지지하고 있다.

이곳 역시 시작은 추운 겨울에 위스콘신 탈리에신을 피해 겨울 동안만 사용할 수 있는 작업공간이었다. 그러나 매 년 두 곳을 왕복하면서 탈리에신 웨스트는 조금씩

5) 박종성, 프랭크 로이드 라이트의 '탈리에신 웨스트' 의 건축화 과정에 관한 연구, 한국실내디자인학회 논문집 2007. 6, p.4

탈리에신 배치도 -1번 주차장에서부터 번호 순서대로 순례가 이루어진다. 2번의 기념품 판매점에서 티켓을 구입하고 관람 시간을 기다려 4번에서 가이드와 함께 단체 관람(개인관람은 금지)이 시작된다.
1. 주차장, 2. 입구 조형물과 기념품 판매점, 3. 기념품점 앞 휴식 공간, 4. 순례 전에 설명 듣는 곳, 5. 관리 사무실, 6. 드로잉 작업실(설계실), 7. 삼각형 연못, 8. 작업실 로지아(식당, 부엌 등), 9. 중정에 면한 사무실, 10.중정, 11. F. L. 라이트(부부) 침실, 12. 인디언 공간(회의실), 13.음악 강당(파빌리온), 14. 카바레 극장

확장되었고 유리, 나무 트러스, 철과 같은 반영구적인 재료와 시공 방식을 사용하면서, 서서히 견고하고 영구적인 작업공간으로 변해갔다. 그리고 설계 작업공간 뿐 아니라 그가 좋아했던 음악과 그 외 다양한 행사를 위하여 극장(Cabaret Theater), 음악당(Music Pavilion), 회의동 등 여러 용도의 건축물들이 추가적으로 증축되면서 현재의 모습으로 완성되었다. 현재 탈리에신 웨스트는 F. L. 라이트의 건축학교와 미국 전국에 위치하고 있는 F. L. 라이트의 건축물을 관리하는 재단의 본부 및 교육 장소로 운영되고 있다. 박종성의 '프랭크 로이드 라이트의 탈리에신 웨스트의 건축화 과정에 관한 연구' 에서는 전체적인 배치를 다음과 같이 기술하고 있다. '북에서 남으로 2~3% 정도의 자연 경사지 위에 이루어진 기본 배치개념은 평면에서 보이는 외부 로지아(Loggia)를 경계점으로 16피트×16피트 (약 4.8m×4.8m)정방형 평면모듈을 기본으로 3개의 주 기능 영역(업무영역, 사적 주거영역, 공공영역)으로 구성되는데 서쪽방향으로 주 설계실(Main Workshop)과 식당, 주방을 배치하고 동쪽에 사적영역인 F. L. 라인

트의 주거 동 및 부속시설이 배치되며 로지아를 기준점으로 다시 90도 회전하여 남북방향으로 남쪽에 가든 룸(Garden Room)을 시작으로 선임 펠로우쉽(Senior Fellowship)들을 위한 숙소(Apprentice Court)등이 자리 잡게 된다. 기본적으로 'C자 모양의 형태에서 십자 형태로 그리고 최종적으로는 90도, 45도의 대각선에 의한 기하학적 질서인 전체배치 기본 모듈에 유기적 형태로 확장되었다.' 뒷부분에 첨부된 탈리에신 웨스트의 평면도와 배치도를 참고하기 바란다.

탈리에신 웨스트의 입구와 주변 모습

탈리에신 웨스트 주변 도로는 F. L. 라이트의 유명세 때문인지 대부분 'F. L. Wright' 라는 이름 그대로 사용하고 있는 도로 명칭들을 곳곳에서 볼 수 있었다. 탈리에신 웨스트로 진입하기 위해서는 Frank Lloyd Wright BLVD(boulevard, 블로바드) 도로를 달려 탈리에신 Dr.(drive,드라이브)라는 도로(미국에서는 도로 폭에 따라 부르는 명칭이 다르다.)로 진입하게 되는데, F. L. 라이트라는 이름과 탈리에신 진입로의 명칭을 보고 저자의 가슴이 조심씩 뛰기 시작했다. 탈리에신 웨스트의 입구에 설치된 펠로쉽 로고 조형물을 보자 가슴에 요동치는 맥박은 100m를 전력 질주 한 선수보다 더 뛰기 시작했다. 이제까지 책에서 보아왔던 F. L. 라이트의 작업 공간을 직접 본다는 것 자체만으로도 나에게는 모든 세상을 가진 듯 기뻤기 때문이다.

탈리에신 로고 조형물을 우측으로 하고 탈리에신 웨스트 입구를 통과하면서 곧 도착하겠지라는 조급한 마음은 점점 짜증으로 변하게 된다. 아니, 분명 입구 조형물을 통과하고 달리고 달렸는데 사막의 선인장만 보이고 탈리에신 건축물이 보이지 않았기 때문이다. 솔직히 지금 글을 쓰면서 생각하면 건물을 보겠다는 너무 조급한 마음 때문에 입구에서 건물까지 더 멀게 느껴졌을 것으로 생각한다. 한참을 달리자—솔직히 먼 거리를 운전했다.(입구 조형물에서 주차장까지 약 1.5㎞)—마침내 나지막이 앉아 있는 건축물 지붕 일부분이 살짝 보이기 시작했다. 이런 상황을 건축적으로 어떻게 표현해야 할지 모르겠지만—대지와 배경인 맥도웰 산과 사이에서 불쑥 튀어나오지 않으면서 대지와 함께 숨 쉴 수 있는 높이의 건축물로 조성되었고 주변을 둘러싼 환경과 하나의 오브제(object)로 동화되었다고 표현해야 옳을지 주변의 환경에 건물이 녹아들었다고 표현해야 할지…, 아무튼 말로는 표현하기 힘든 광경이었다.—주차장에 도착하여 넓은 주차장에 차를 주차하는데도 얼마나 허둥지둥 서둘렀는지, 같

탈리에신 웨스트로 통하는 도로임을 알려주는 표지판 Frank Lloyd Wright 블로바드(BLVD) 도로 표지판

진입로 입구 우측에 설치된 탈리에신 웨스트 로고 조형물

이 간 아내와 아이들이 어! 어! 어! 다른 차와 부딪칠 수 있는 순간을 너무 과장되게 표현하고 있었다. 그만큼 건축물을 보고 싶은 저자의 마음은 벌써 차 밖으로 달려가고 있었다.

여러분도 이런 기분을 느껴 본 경우가 있을 것으로 생각한다. 사실, F. L. 라이트의 명작인 낙수장 하나만을 보기 위하여 2011년 미시건 주에서 1박 2일 운전하여 펜실베이니아의 낙수장을 찾아갔을 때도 이와 같은 기분이었다. 저자 스스로 홍분하게 되면 마음이 급해지고, 급해지는 순간에 허둥지둥하면서 꼭 무언가를 잊어버리는 경우가 많이 있다. 위스콘신에 위치하고 있는 프레드릭 C. 보크 주택(1916)을 방문했을 때도 외부에서 많은 시간을 기다렸다가 주인 부부가 내부 사진 촬영을 허용하는 순간 얼마나 흥분했는지 외부를 촬영하면서 잠깐 쉬기 위하여 앉은 주택 앞의 잔디에 지갑을 떨어뜨리고 주택 내부를 촬영하는 바람에 주인 부부를 얼마나 귀찮게 했는지 지금 생각해보면 너무 부끄럽고 무례(無禮)했는지 모르겠다. 그 후 주택 사진 촬영 중에 찍은 주인 부부 사진을 편지와 함께 우편으로 보내면서 미안함을 전한 적도 있다. 아무튼, 주차장에 주차한 후에도 급한 마음에 발걸음이 얼마나 빨랐는지—저자 스스로는 인지하지 못했다.—가족들이 옷깃을 잡고 같이 가자고 당길 정도였다. 50년 넘게 살아오면서 몸에 밴 급한 성격을 어떻게 하루아침에 고칠 수 있겠는가!

주차장에서 바라본 탈리에신의 모습(수반이 멀리 보인다.) 탈리에신 건물은 보이지 않는다. 주변의 경관을 헤치지 않고 주변 경관과 하나가 되는 F.L.라이트의 건축적 신념을 그대로 보여주는 대표적인 유기적인 건축물이라 할 수 있다.

주차장(배치도 사진 1번)에 주차하고 첫 번째 우리를 맞이하는 것은 사막의 거친 돌과 시멘트로 만들어진 수반 형태의 분수 조형물이었다. 이 입구 조형물은 탈리에신 로그와 수반으로 이루어진 것으로 분수에서 내려오는 시원한 물줄기는 먼 거리에서 여기까지 온 탐방객의 더위를 한 층 더 시원하게 만들어 주었다. 여러분도 잘 알고 있듯이 비록 여기에서는 수반으로 만들어졌지만, F. L. 라이트의 초기 주택 작품에서 많이 볼 수 있는 화반 형태와 거의 동일하다고 생각된다. 화반은 초기 F. L. 라이트 주택 작품의 입구 부근에서 자주 볼 수 있는 대표적인 디자인 구성요소이기도 하다. 비록 수반이 아니고 화반이었지만, 빌트모어 호텔 입구 앞의 다리에서도 보지 않았는가! 특히 사막에서의 수반은 단순한 조형물이 아니다. 사막의 더운 기후를 낮추어주고 방문객에게 시원함을 선사는 기능적인 면도 있다. 한마디로 사막의 오아시스인 것이다.

탈리에신 입구 조형물인 수반의 모습(배치도에서 2번 건물 앞 - 우측에 기념품 판매점)

이 수반을 정면에서 바라보면 좌측에는 반지하로 내려가는 계단이 있다. 이 계단으로 몇 단 내려가면 F. L. 라이트를 상징하는 다양한 기념상품과 탈리에신 웨스트의 관람을 위한 티켓을 구매하는 안내장소가 나온다(배치도-2번). 즉 개인별 자유 순례가 아니라 시간대별로 관람 시간과 인원이 정해져 있고 해당 시간에 정해진 인원이 차면 다음 시간대의 티켓을 구매해야 한다. 우리 가족 역시 미리 예매한 것이 아니었기 때문에 약 1시간 정도 기다린 후에 관람할 수 있는 티켓을 구매하였다. 티켓을 구매 후에도 급한 마음 때문인지, 우리 가족보다 순서가 빠른 방문객이 모인 곳 주변을 이리저리 서성거리면서 알아듣지도 못하는 가이드의 목소리를 듣기 위해 안달 나는 조급한 마음을 통제하지 못했다.

우리 순서가 오고 같이 순례할 사람들이 모두 모이자, 직접 탈리에신을 설명해줄 가이드가 방문객들에게 어디에서 왔는지 일일이 물어본다. 미국의 먼 지역에서 이곳을 방문하기 위하여 왔을 뿐 아니라 캐나다, 멕시코 등 다양한 나라의 여행객들도 많이 있었다. 아니 건축을 전공하지 않은 사람들이 '프랭크 로이드 라이트' 를 어떻게

본격적으로 탐방이 시작되기 전에 주의 사항과 탈리에신에 대한 기본 설명이 이루어진다.

알고 온 것인지? 나는 그래도 F. L. 라이트에 관해 좀 알고 있는데, 이 사람들은 왜 여기 왔지? 뭐라 설명해야 할지 모르겠지만 괜한 심술이 난다고 할까, 나 혼자 중얼거리면서 … 속으로 "빨리 건물이나 보자"를 수백 번 외쳐 보지만 가이드는 나의 의사와는 전혀 무관하게 탐방객의 질문도 받고 F. L. 라이트에 관한 여러 이야기를 느릿느릿 설명했다. 비록 외국인들을 위하여 천천히 영어로 설명하고 있었지만, 솔직히 완전하게 알아들을 수도 없었고…, 급한 마음에 얼마나 속이 상했는지 모른다.

2011년 위스콘신 주에 위치한 탈리에신 이스트에도 방문한 적이 있는데, 그렇게 먼 곳까지, 비포장도로를 달리면서 G.P.S(네비게이션)를 몇 번씩 의심하기도 했을 정도로 이상한 느낌을 받으면서 운전한 경험이 있다. 그리고 그 곳에서도 남녀노소 구분 없이 정말 다양한 많은 사람이 방문하는 것을 보고 놀란 적이 있었지만, 이곳도 별반 다르지 않았다. 특히 아직도 기억에 남는 부분은 손을 꼭 잡고 가이드의 설명을 듣는 노부부, 아기를 데리고 온 젊은 부부, 정말 남녀노소를 가리지 않고 많은 사람이 F. L.라이트를 찾아온다는 사실은 '프랭크 로이드 라이트'라는 이름이 건축가로서뿐만 아니라 미국에서 얼마나 위대한 인물인지를 알게 해주는 것 같았다. 이곳 역시 비어 있는 주차 공간을 찾아다닐 정도로 많은 사람이 방문하고 있었다. 분명 이곳을 방문하는 모든 사람이 건축을 전공하지는 않았을 것이고…, 아무튼 'F. L. 라이트'의 명성이 어느 정도 인지를 다시 한번 더 확인하는 순간이었다.

드로잉 작업실과 주변 건물의 모습

탈리에신 웨스트의 전체 배치도를 통하여 가이드와 같이 이동한 순서대로 화살표로 표시하였다.

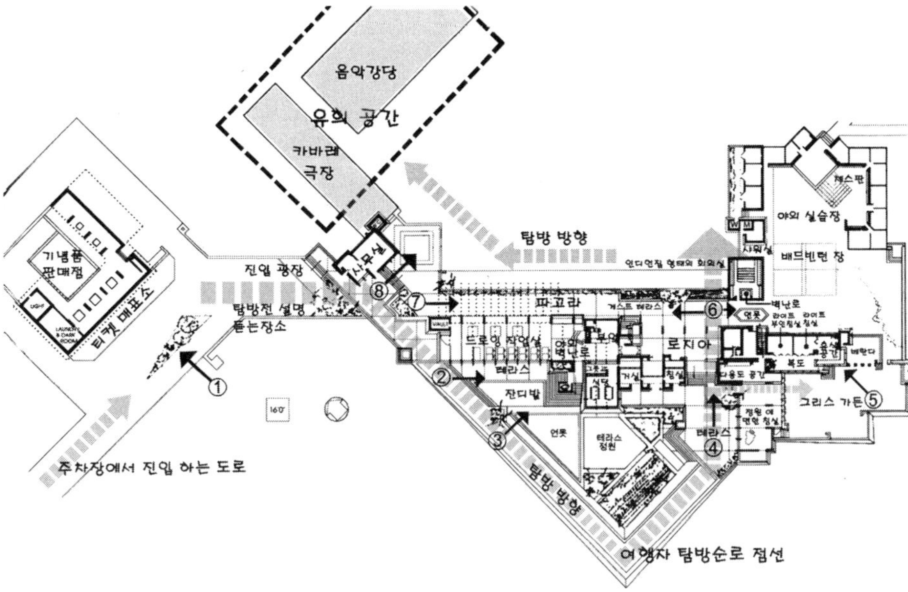

굵은 점선 화살표 방향을 따라 탈리에신 웨스트 순례가 이루어진다.

①에서 바라본 모습 (기념품 판매점 앞 주차장 공간)

③에서 바라본 모습 (삼각형 모양 연못)- 식당건물

④에서 바라본 모습－로지아로 들어가는 모습

⑤의 그리스 가든에서 바라본 F. L.라이트의 침실 모습

⑥에서 파고라를 바라본 모습

⑦의 반대편에서 바라본 모습

②에서 바라본 모습-좌측의 경사진 지붕은 드로잉 작업실(설계실)이고 로지아로 연결되어 있다.

⑧에서 바라본 모습-맥도웰 산과 같이 경사진 작업실의 지붕을 같이 볼 수 있다.

④ 우측의 정원에 면한 거실 내에 직접 디자인한 의자와 그가 가장 좋아하는 체로키 레드 색으로 마감한 쿠션의 모습

④의 우측의 정원에 면한 F. L. 라이트 사무실 내부 공간 - 음악을 좋아했기 때문에 그가 설계한 대부분 공간에는 언제나 그랜드 피아노가 상징처럼 놓여 있다.(F. L. 라이트 사무실 연대기에서 변화과정 소개)

배치도⑨의 중정에 면한 사무실 좌 · 우 끝에 F. L. 라이트가 자주 사용한 조각상(Midway Garden Sprite)이 나무로 조각되어 있다. (빌트모아 호텔에서 설명되었음)

평면도 ⑥에서 뒤쪽으로 바라본 연못의 모습

주방 위에 설치된 종탑이며 계단은 게스트 데크로 올라가는 계단이다.

②에서 바라본 목재 트러스로 뼈대를 이룬 탈리에신 웨스트의 중심 건물인 드로잉 작업실(설계실)의 외부 모습

위의 두 사진은 탈리에신 웨스트의 작업실 공사 사진이 아니다. F. L. 라이트가 설계한 Florida Southern College에 있는 Lucius Pond Ordway 건물 골조 공사 사진이다. 너무 비슷하지 않습니까?

1945년 견습생들이 드로잉 작업실의 지붕을 캔버스로 만드는 과정과 교체하는 모습 (사진 : 2015 TALIESIN WEST PRESERVATION MASTER PLAN)

주 설계실에서 F. L. 라이트가 설계를 가르치고 있는 모습 (1946의 모습)

탈리에신 웨스트에서 F. L. 라이트의 작업공간으로 자리 잡은 장소는 건물 주변으로 흩어진 사막의 거친 자연석을 그대로 사용하여 벽체를 이루고 있다. 그리고 경사지붕을 가진 건물 형태는 건물의 자연적 배경을 이루고 있는 맥도웰 산의 완만한 경사를 디자인 개념으로 인용한 것이다. 작업 공간(주 설계실)의 지붕도 맥도웰 산의 경사에 맞추어 지붕 트러스 구조물로 표현하였다. 이는 맥도웰 산의 경관을 해치지 않으면서 지평선으로 이루어진 주변 환경에 최대한 동화되려는 F. L. 라이트의 의도를 볼 수 있다. 여기에서 잠깐 혹시 플로리다 서든 칼리지를 알고 있습니까? F. L. 라이트가 설계한 대학교 캠퍼스로 한 장소에서 가장 많은 F. L. 라이트 작품을 볼 수 있는 장소인데, 이 캠퍼스 내에는 루이스 폰드 오드웨이 건물(Lucius Pond Ordway building)이 있는데 이 건물의 골조와 너무 비슷하다는 생각은 저자만 하는 것일까? 여러분도 첨부된 사진을 보고 비교해 보기 바랍니다.

다시 설계실(1938-1939)로 돌아와서, 이 설계실의 구조는 하단에 석재 노출 콘크리트 기둥 및 벽에 12개로 구성된 삼나무 경사 복합 목재 트러스(Redwood Truss-2inch×10inch)에 지붕은 오코틸라의 경우처럼 캔버스로 덮었는데 원래는 1년에 한 번씩 교체할 수 있도록 프리패브 시스템으로 고안 부착된 것이었다. 그러나 후에 애리조나의 건조한 기후에 구조적 대응력을 향상하기 위해 3mm 철재 판을 삽입한 합성보(Flitch Beam)로 대체되었다. 이처럼 탈리에신 웨스트의 건축적 특징 중의 하나인 주 설계실의 지붕을 캔버스 천으로 사용한 것은 토착 인디언들의 정주시설(Tepee)에서 사용했던 이동식 천막에서 영감을 얻고 물성의 특성을 고려하여 내부 공간에 빛의 산란을 유도할 수 있도록 응용한 것이다. 한마디로 F. L. 라이트의 건축에서 나타나는 원시성의 오브제를 현대적으로 해석한 것이라 할 수 있다.

이런 캔버스의 물성을 이용하여 내부 공간으로 빛을 유입하는 건축기법은 탈리에신 이후 자신의 작품에 자주 적용하게 된다. 탈리에신 음악당(본 단원 뒷부분에 설명)뿐 아니라 대표적인 작품으로는 베트 솔롬 유대교회(Beth Sholom Synagogue Unitarian Church, 1953~1959)로 이 교회는 인디언 천막의 공간개념을 그대로 응용한 교회로서 기본구조는 3각점에 의해 지지가 되는 콘크리트 구조물(본당 높이: 약 30m) 위에 당시

Pilgrim Congregational Church, 1958, California

Beth Sholom Church, 1953~1959, Pennsylvania

Beth Sholom Church, 내부의 모습

에는 사용되지 않았던 알루미늄 뼈대에 플라스틱 반투명 골판 쉬트(Corrugated Translucent Plastic Sheet)를 지붕마감 재료로, 내부에는 유리로 마감된 2중 표피를 사용하였다. 그리고 필그림 교회(Pilgrim Congregational Church, 1958, California)의 경우에는 주 설계실에서 사용한 프레임과 같은 방식으로 골조를 사용하여 지붕을 골조에 고정시키는 방식을 사용하였다.

탈리에신 웨스트가 주변 자연경관과 얼마나 융화되었는지, 솔직히 진입부에서 자동차로 진입하면서 건물을 전혀 볼 수가 없었다. 분명 입구를 통과했음에도 불구하고 건물을 볼 수 없는 이유 때문인지 탐방객으로부터 극도의 호기심을 유발시키고 있었다. 그뿐만 아니라 건물의 색깔도 대지의 색(연한 체로키 레드 계통)을 사용하면서 대지와 일체가 되고 있음을 느낄 수 있었다. 여기에서 F. L. 라이트가 1908년「건축을 위하여(In the Cause of Architecture)」라는 에세이에서 유기적 건축의 원리를 설명한 부분을 그대로 실천했다는 생각을 하게 된다. 에세이 내용에는 '건축의 단순성을 강조하면서 건물은 땅에서부터 자라나는 것처럼 보여야 하고, 대지와 나무, 부드러운 자연색을 사용해야 한다.' 라고 쓰고 있다. 그리고 F. L. 라이트는 장식을 사용하되 건축에 적용되었던 개념을 가지고 시작하며, 특정 건물을 위해 하나의 형태를 결정하여 그 모티브를 건물 전체에 적용하여야 한다고 생각했다. 탈리에신 웨스트 초기에 실현하지 못했던 애리조나의 지역적 특징인 빛과 주변의 자연석 그리고 시멘트의 조합에 의해 만들어진 거칠고 두꺼운 벽은 재료의 거친 면에서 만들어지는 명암에서 보여주는 형태적 느낌을 강하게 만들어내고 있다. 그리고 지붕에 설치된 불투명 천으로 투과된 빛의 유입으로 만들어진 내부 공간은 외부 공간이 연장된 공간으로 일체화시키면서 인공조명에 의해 만들어지는 거짓 공간이 아닌 자연스러운 공간으로 다시 태어나고 있었다. 한 마디로 작업실 공간은 사막의 햇빛 그리고 주변의 자연적 환경에 의해 생겨나는 다양한 형태를 작업실 공간에서 실제적 형태로 담아내고 있다. 그 이유는 빛이 건축물의 완성도를 결정하는 주요 요소 중의 하나이기 때문이다. 건축학적으로 '빛' 이란 비물질적 성격을 띠면서도 실제로 건축을 완성시켜주는 주요 요소이다. 또한, 자연의 빛은 계절과 시간에 따라 공간의 안과 밖에 다양한 분위기를 완성시켜준다. 그리고 빛은 인간과 신을 연결하는 매개체이기 때문에 종교 건축에서 신(神)의 영감을 표현하기 위하여 빛을 이용하는 경우(대표적으로 스테인드 글라스)가 많이 있다. 앞에서 잠깐 언급한 20세기 대표 건축가인 루이스 칸도 '빛의 건축가' 로 유명하다. 그의 건축은 재료의 물리적 특성을 반영한 절제된 형태, 극적인 빛의 도입으로 건축을 철학적 경지에 올려놓았다.

탈리에신 웨스트의 외부공간은 사방이 오픈된 넓은 산책로로 이루어져 있고 이 산책로를 통하여 각 건축물의 공간들이 연결되어 있다. 테라스 공간은 넓고 열린 공간으로 계획되어 있어 주변의 넓은 사막의 이미지를 그대로 반영하고 있는 듯했다. 그리고 중심이 되는 건물 앞에 삼각형으로 자리 잡은 연못은 사막의 오아시스를 표현하듯 주변의 거칠고 메마른 사막의 분위기를 한순간에 바꿔버리고 있다. 특히 조그마한 분수에서 떨어지는 물줄기로 인하여 조금씩 움직이는 잔물결은 사막의 강한 햇빛에 반사되어 반짝이면서 더욱더 맑게 보였다. 그리고 바닥의 파란색 마감은 분수의 깊이를 한층 더 깊게 만들어 주고 있다. 주변이 황량한 사막이라는 곳에서 물이란 단순한 물로서만이 아니라 생명이라는 이미지를 강하게 보여주고 있었다. 그리고 배치도에서 느껴지는 삼각형 형태의 분수 연못은 건물 전체배치(평면도 참조)를 삼각형으로 완성시키고 있음을 은근히 느낄 수 있다. 어떻게 보면 이런 삼각형의 연못과 전체 건물의 배치 형태가 탈리에신 웨스트의 배경이 된 맥도웰 산을 지면에 눕혀놓은 듯한 형태로 인지되기도 한다.

음악당 건물 (Music Pavilion)

음악당 건물은 카바레 극장과 탐방 순로의 마지막 코스이다.(배치도 13, 14번) 그리고 F. L. 라이트의 음악적 감성이 풍부함을 보여주는 건물이기도 하다. F. L. 라이트의 아버지(William Cary Wright)가 유니테리언 교회의 순회 목사로서 농촌 지역을 순회하면서 노래와 음악을 가르치는 음악가였기에 F. L. 라이트도 많은 영향을 받아 어렸을 때부터 음악을 사랑한 건축가임을 알 수 있는 부분이다. 이 건물은 'Music Pavilion' 이라 불리는데 초기 스케치에서는 'Movements Pavilion' 이라 불렸다.

음악당 입구 부분에는 거친 돌과 시멘트로 만들어진 직사각형 기둥이 나란히 배열되어 있고 기둥 사이의 붉은 문을 통하여 입장하게 되면 계단을 통하여 지면보다 높은 음악당 내부 공간의 객석 뒤편으로 진입하게 된다. 계단으로 올라가면서 시야에 들어오는 바닥과 벽에 설치된 커튼 등이 모두 붉은색으로 이루어져 황홀한 느낌을 받게 된다. 그러나 내부 공간을 조금 과장되게 표현한다면 사막의 뜨거운 햇볕(방문

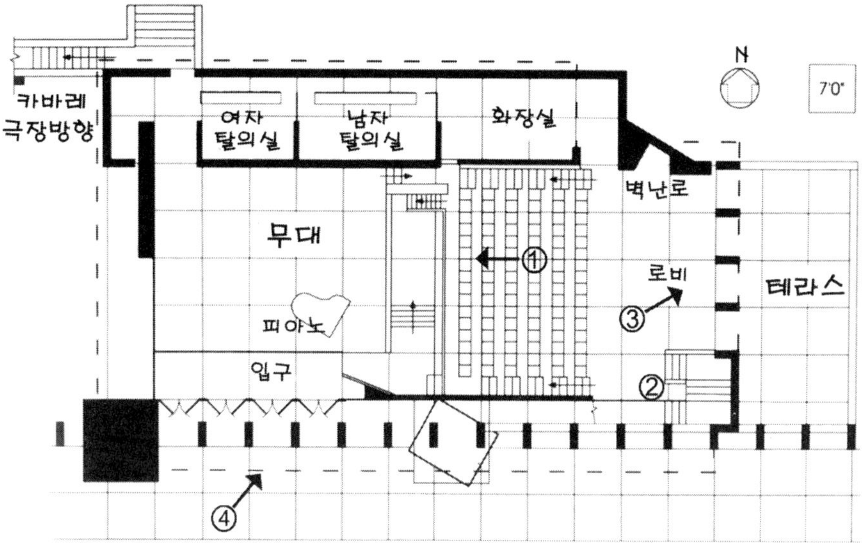

음악당 평면도-무대와 객석이 거의 반반이다.

평면도 ①에서 바라본 무대의 모습, 평면도에서 볼 수 있는 피아노는 없다. - 지붕을 통해 들어오는 은은한 빛과 그가 좋아했던 체로키 레드로 장식된 내부 공간의 모습

평면도 ②에서 바라본 계단의 모습

평면도 ③에서 바라본 음악당 로비공간에는 모형이 놓여있다.

평면도 ④에서 바라본 음악당 입구의 모습

할 당시 너무 날씨가 좋았다.)과 붉은색으로 인하여 조금은 화로 속으로 들어온 느낌을 받았다. 반면에 불투명 하얀 천장으로 들어오는 자연 햇빛으로 인하여 내부 공간은 붉은색 객석과 조화를 이루면서 영롱하고 은은한 분위기로 느껴졌다. 여기에 부드러운 음악까지 더해진다면 어떤 분위기로 변신하게 될지 너무 궁금했다. 여기에서 빛은 사물의 음영을 만들어내고 사물의 형태는 음영으로 인하여 공간 속에 존재하고 있는 오브제(object)로 확실히 인지시키는 중요한 원리로 작용하고 있다. 그리고 자연의 빛이 더해진 공간과 오브제는 시간의 흐름과 함께 풍성하고 다양한 생명력으로 살아 숨 쉬는 듯한 공간으로 느끼게 한다. 음악당 평면도를 보면 알겠지만 그리 넓지 않은 면적이다. 그런데도 객석 면적과 무대 면적이 거의 50:50으로 구성되어 있어 무대에서 어떤 문화 · 예술행사들이 이루어졌을까 하는 의문도 들었다. 이 공간 역시 전체적인 분위기는 빛에 의해 만들어지고 있었다. 이 음악당 공간에서는 빛을 건축공간에 어떻게 사용하고 있는지 F. L. 라이트의 빛을 이용한 공간 제조 방법을 느껴보는 공간이 되었다.

카바레 극장(Cabaret Theatre)

카바레 극장은 음악당 건물과 이어져 있다. 전체 배치도에서 본다면 음악당과 카바레 극장이 작업 공간과는 떨어져 있고 하나의 영역(Zone)으로 구분되어 있다. 전체 배치도에서도 공간의 성격에 따라 영역이 구분되어 계획되어 있음을 알 수 있다. 이 공간은 음악당 공간에서 설명 들은 후에 마지막으로 가는 곳이다. 카바레(cabaret)라는 의미는 프랑스, 미국, 각 나라의 문화에 따라 다른 의미로 이해되고 있다. 네덜란드어로 '방'을 의미하는 '카바렛'이 '카바레(cabaret)'라는 이름으로 불렀고, 주로 와인을 제공했다고 한다. 산업혁명 이후 도시가 폭발적으로 성장함에 따라 부유한 시민에게 '쇼'를 제공하는 대형 음식점이 출현했는데, 이것도 '카바레'라 불렀다고 한다. 그래서 일반적으로 서양에서는 무대에서 노래와 공연, 연극이 이루어지고 객석에서는 술을 즐기는 정도의 공간인데 우리나라에서는 다른 의미(?)로 사용되고 있는 것 같다.

카바레 극장의 내부 공간은 음악당 건물과 달리 지붕이 솔리드한 목재로 이루어져 있어 햇빛이 들어오지 않았다. 또한, 음악당과 달리 지면보다 낮게 객석이 이루어져 있었다. 일반적으로 50대 나이에서 생각하는 카바레는 당연히 어두워야(?) 하겠지라는 생각을 가지고 공간으로 들어가면 아무 의구심이 생기지 않는다. 그러나 음악당의 밝은 천장을 보고 이 공간으로 들어가다 보니 갑자기 공간의 분위기가 바뀌면서 이 공간은 왜 이렇게 어둡지? 라는 생각을 하게 된다. 햇빛이 들어오는 곳은 지붕과 벽이 만나는 모서리 공간뿐이기 때문에 내부 공간이 전반적으로 어둡다. 그래서 벽 아랫부분과 윗부분에 부분 전등을 사용하고 있었다. 그리고 F. L. 라이트 작품에서 내부 공간의 구성요소인 그랜드 피아노가 무대 우측의 오목 들어간 공간에 안성맞춤으로 배치되어 있었다. 그러나 이 공간을 자세히 보면 비록 카바레 극장이라곤 하지만 우리가 생각하는 춤을 추고 술을 마시는 카바레가 아님을 알 수 있다. 앞에서 본 음악당과 같이 무대가 전체 공간의 절반을 차지하는 것도 아니고 전체 면적에 약 1/5 정도 넓이에 별도의 단으로 무대를 만들지도 않았다. 무대 공간은 좁았다. 만약 50대 아저씨들이 생각하고 있는 카바레라면 넓고 평평한 공간이 있어야 할 것이지만 이곳에는 음악당과 같이 계단식 좌석의 배치와 그리 넓지 않은 전면의 무대 공간으로 이루어져 있고 벽면에는 스크린이 달려 있다. 다시 말해 순수한 스크린을 통하여 영화를 볼 수 있는 극장이면서 간단한 공연이 이루어지는 무대로 꾸며진 공간인 것 같았다. 그러니 외부의 빛을 최대한 차단한 공간으로 계획된 것임을 알 수 있었다.

무대에서 객석으로 본 모습(좌측 벽은 창문이 없고 우측 벽과 천장 사이에 유리창이 보인다)

벽과 천장 모서리 사이로 외부 햇빛이 들어오는 유일한 고측창이 계획되어 있다.

1950년 모습, 지면보다 낮게 계획된 카바레 극장-벽과 천장 모서리 창문의 모습 (사진 : 2015 TALIESIN WEST PRESERVATION MASTER PLAN)

카바레 극장 무대-스크린과 그랜드 피아노가 보인다.

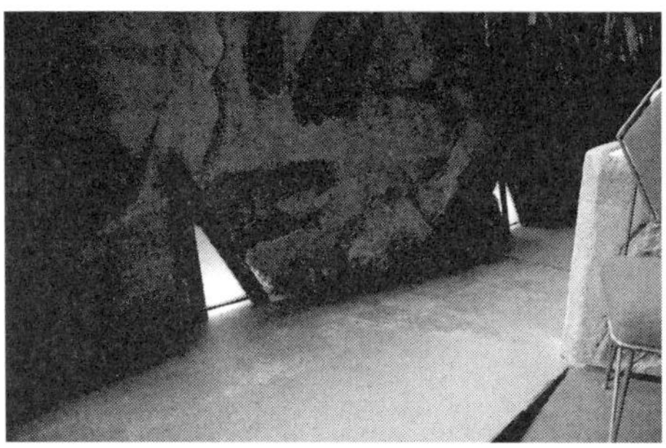

좌측 통로 벽면 아래에 안내 전등이 보인다.

벽과 지붕 모서리에 삼각형 모양의 부분 전등의 모습

탈리에신 웨스트의 광활한 사막에 펼쳐진 건축물에 놀라기도 했지만, 건축물 내·외 공간과 이들 공간과 조화를 이루고 있는 모든 소품에는 과거와 현재가 항상 같이 존재하고 있는 듯했다. 그리고 건축물에 사용한 재료를 통하여 사막의 뜨거운 햇볕을 이겨내는 강인함이 느껴졌고, 기복이 심하고 울퉁불퉁하고 거칠게 시공된 벽은 F. L. 라이트의 굴곡 많은 인생사를 이야기하는 듯했다. 이런 모든 것은 저자뿐 아니라 이곳을 찾아오는 수많은 방문객에게 마술을 걸듯, 시간이 멈춰버린 또 다른 세상을 담아 놓은 공간을 여행하는 것과 같은 야릇한 분위기에 빠져들게 만드는 마력을 가진 공간으로 다가왔다.

탈리에신의 F. L. 라이트 사무실 발전 연대기

현재의 탈리에신 웨스트에는 탈리에신 펠로쉽들에 의해 지속가능한 발전이 계속 이루어지고 있다. 가장 핵심적인 곳은 하얀 캔버스를 통하여 빛을 투과하는 지붕을 가진 설계실인데 현재는 관리상 편리함 때문에 유리섬유로 그리고 아크릴 패널로 대체되었지만, 그 당시 내부 공간으로 빛을 유입한다는 건축의 공간 개념은 그대로 이어오고 있다. 이에 TALIESIN WEST PRESERVATION MASTER PLAN, 2015의 내용을 기준으로 탈리에신 웨스트에서 F. L. 라이트 오피스 건물(배치도에서 9번)의 변천 과정을 연대순으로 정리하면 다음과 같다.

① 1938년 겨울~1939년

- F. L. Wright의 사무실은 지붕, 창문 및 문 등과 같은 개구부에 사막의 돌로 벽을 구성하고, 삼나무 트러스와 그 사이를 하얀 캔버스 패널로 시공하였다.

② 1940~1941년 겨울

- 사무실 지붕 시스템을 다시 설계했다. 지붕 중앙에는 1×12인치의 삼나무 판자를 묶은 띠가 추가되었다. 띠가 달린 널빤지는 끝이 위로 올라가도록 세워서 설치된다.

③ 1946~1947년 겨울

- 사무실 지붕은 새로운 캔버스 패널로 재구성되었다. 뚜껑이 달린 나무판을 제거하고 더 큰 캔버스로 교체되어 사용했다.

④ 1940년대 후반

- F. L. 라이트 사무실의 클리어스토리(고측창)의 오픈된 부분에 유리가 추가되어 설치되었다.

⑤ 1950년대 초반

- 캔버스 루프 패널은 새로운 구성을 위하여 새로운 캔버스로 교체되었다.

⑥ 1958년

- 사무실의 지붕은 완전히 새롭게 재건되었다. 스틸로 만들어진 빔 플레이트가 달린 새로운 목재 빔을 만들고 캔버스 패널을 새로운 직물 패널로 교체하는 작업

이 이루어진다.

⑦ 1960년대 중반

- 캔버스로 이루어진 섬유 루프 패널이 관리상의 문제도 있어 섬유 유리 패널로 교체된다.
- 사무실 서쪽에 목재 루버로 만들어진 문이 추가되었다.

⑧ 1980년대 중반

- 사무실의 일반적인 콘크리트 바닥을 제거하고 탈리에신을 통일할 수 있는 체로키-레드 색상의 콘크리트로 재구성하게 된다.
- 목재 루버로 만들어진 문들을 금속과 유리문으로 교체하는 작업이 이루어진다.

⑨ 1990년대 초반

- 캔버스 섬유로 만들어진 지붕에서 섬유 유리로 바뀐 지붕을 아크릴 패널로 다시 교체하는 작업이 이루어졌다.

⑩ 1998년

- 사무실의 지붕이 다시 재정비되었다. 목재 구조 부재와 아크릴 패널이 모두 제거되었다. 그리고 스틸이 포함된 빔 플레이트와 홈통을 고정하고 새로운 목재 부재를 설치하여 새롭게 축조된 빔을 만들었다.
- 시공 당시의 가장 중심적인 시공 방식인 탈리에신 지붕의 건축 개념을 살리기 위해 외부에는 아크릴 패널과 내부에는 캔버스 패널의 지붕을 설치하는 시스템으로 새롭게 설치되었다.

5. 데이비드와 그래디스 라이트 주택
(David & Gladys Wright House, 1950)

David Wright House

- 위 치 : 5212 E. Exeter Blvd. Phonix. Arizona
- 건 립 : 1950년

2015년 데이비드 라이트 주택의 전경 (남 · 서 방향에서 바라본 모습), 대문에서 1층 피로티까지 연결되는 낮은 담장은 방문객의 동선을 유도하는 듯하다.

초기 데이비드 라이트 주택 전경－정비된 사진과 비교하면 외부공간의 차이점이 보인다.

2019. 8월 단장된 모습－주변의 조경도 건물의 형태에 따라 원형으로 정비되어 있다.(구글-어스)

주택의 역사적 배경

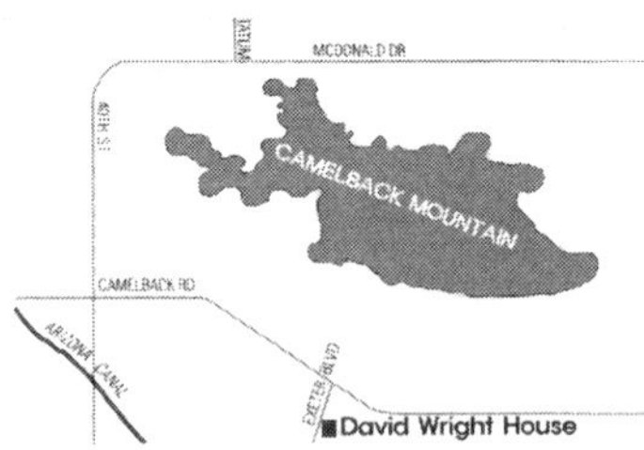

데이비드 라이트 주택
접근 도로와 위치도

이 주택은 북쪽으로 카멜백 산(Camelback mountain)을 배경으로 자리하고 있다. F. L. 라이트와 첫째 부인 캐서린 리 토빈(Catherine Lee Tobin)의 4째 아들 데이비드 로이드 라이트(David Lloyd Wright)와 그의 부인 그래디 라이트(Gradys Wright)를 위하여 1950년에 설계된 주택이다. 그리고 미국 동부에 위치하고 있는 메릴랜드 주의 로버트 르웰린 라이트 주택(Robert Llewellyn Wright House, 1953-1957)도 그의 여섯 번째 아들을 위하여 설계한 주택이다. 이 주택은 이 책 후반부에 소개하는 Norman Lykes House에서 잠깐 언급되고 있다. 3개 주택의 공통된 특징은 직선이 아닌 원호에 의해 이루어진 주택이라는 점이다. 또한 로버트 르웰린 라이트 주택과 데이비드 로이드 라이트 주택은 형제간이라는 공통점 때문인지 외장재도 같은 종류의 시멘트 블록을 사용하였을 뿐 아니라 큰 원통(로버트 르웰린 라이트 주택-부엌)이 2층으로 올라가면서 작아지는 이미지도 거의 비슷하다.

데이비드 로이드 라이트는 1895년 시카고의 오크 파크(Oak Park)에 위치하고 있는 F. L. 라이트가 설계한 자신의 주택 겸 작업실에서 태어났다. 현재 오크 파크의 주택 겸 작업실에는 아무도 살지 않고 국가적 역사유물(National Historic Landmark)로 지정되어 F. L. 라이트의 주택 겸 작업실 뿐 아니라 오크 파크 주변 지역에 산재되어 있는 F. L. 라이트 건축물 안내와 기념품 판매점 등으로 관광객을 맞이하고 있다.

F. L. 라이트가 시카고의 Oak Park에 설계한 Home and Studio(1889)

국가지정 역사유물 건축물(National Historic Landmark)임을 알리는 동판과 F. L. 라이트의 주택 겸 스튜디오라는 동판이 벽에 붙어 있다.

데이비드와 그래디스 주택은 레이몬드 칼슨 주택과 같은 시기에 설계되었음에도 불구하고 레이몬드 칼슨 주택(Raymond Carlson House, AZ., 1950)과 달리 원형을 주택 공간 개념으로 사용하였다. 이는 F. L. 라이트가 곡선이나 둔각으로 만들어진 공간이 직선이나 직각으로 구성된 공간보다 더 따뜻한 느낌을 줄 수 있다고 믿었기 때문이었다. 그리고 F. L. 라이트를 연구하는 유명한 닐 레빈(Neil Levine)[1]은 데이비드 라이트 주택을 F. L. 라이트의 작품 중에 가장 혁신적이고 특이한 건축 작품 중 하나라고 묘사했을 정도로 이제까지 F. L. 라이트 작품 스타일과는 다른 작품이라 평가받고 있다.

1953. 1월 호 'Arizona Homes and Gardens' 잡지에서 데이비드 라이트 주택의 램프 부분을 표지 사진으로 사용

Robert Llewellyn Wright House(1957, Bethesda Maryland) 2층으로 올라가면서 좁아지는 원통은 부엌 공간인데, 데이비드 라이트 주택의 이미지와 비슷하다.

---

1) 닐 레빈(Neil Levine)은 하버드 대학교의 예술과 건축사를 가르치는 교수이다. F. L. 라이트의 건축 전문가다. 2015년 그의 저서 '프랭크 로이드 라이트의 도시주의'는 F. L. 라이트의 도시 계획을 심도 있게 검토한 첫 번째 책으로 미국출판인협회로부터 '2017 건축 및 도시계획 산문상'을 수상했다.

그리고 1953년에 〈Arizona Homes and Gardens〉 월간 잡지 1월호에 주택의 거실로 진입하는 원형 램프부분이 표지로 사용되면서 '반원(호)를 가지고 있는 주택(hemi-cycle house)'으로 F. L. 라이트의 가장 낭만적인 주택 디자인이라고 소개하고 있다. 특히 이 작품은 F. L. 라이트가 설계한 나선형 디자인 중 하나로써 뉴욕 구겐하임 미술관과 같은 개념으로 원형의 나선형을 건축개념으로 사용한 유일한 주택 건축 작품이라 할 수 있다.

102세에 사망한 데이비드 라이트와 그의 아내 그래디 라이트도 2008년 104세에 사망할 때까지 이 주택에서 살았다고 한다. 그리고 데이비드 라이트의 부인(Gladys Wright)은 손녀에게 이 주택을 양도하였지만 손녀가 매도하였다고 한다. 피닉스 역사보존회에 따르면 그래디 부인이 사망한 후 다음해 2009년에 그래디 부인 손녀는 이 주택에 살기를 원하는 애리조나의 JT Morning Glory Enterprises LP(Limited Partnership)에게 매도한 후 JT Morning Glory Enterprises LP는 부동산 개발회사인 8081-메리디언(Meridian)에게 2012년 매도하였다. 그러나 메리디언은 주택을 매입한 후 고객들을 위한 새로운 주택을 짓기 위하여 피닉스 시(市)에 데이비드 주택의 넓은 대지(약 2.2acre≒8,900㎡)에 두 개의 건물을 짓기 위해 대지를 분할 해 줄 것을 신청하였다. 이것은 데이비드 주택의 멸실을 의미하는 것이었다. 메리디언은 대지 분할을 실행하기 위하여 피닉스 시의 랜드마크 건축물을 결정하는 평가 위원들을 만났다. 그러나 메리디언은 평가 위원회로부터 현재의 상태를 그대로 유지하지 않을 경우에는 랜드마크 건축물로 지정하기 어려울 것이라는 답변을 받게 된다. 사실 2012년 이후 몰지각한 개발회사가 매입 후 원래 데이비드 주택의 모습은 많이 훼손되었다. 이후 이런 안타까운 소식을 듣고 시카고에 위치한 「프랭크 로이드 라이트 보존회」는 이 지역을 역사적 보존 지역으로 지정하기 위하여 애리조나 피닉스 역사 보존회 사무국과 협의하기 시작했다. 이런 작업의 하나로 2013년 8월 15일에는 지역 신문에 데이비드 주택에 관한 논설을 내고 역사 보존과 랜드마크 건축물로 지정해야 하는 타당성을 주장했다. 미국건축가협회 피닉스지부, 애리조나 보존재단, 내셔널 트러스트 등도 철거 반대 입장을 밝혔지만 여전히 미결정 상태로 남아 있었다. 그리고 F. L. 라이트 탄생 150주년인 2017년 6월 8일, 현재의 집주인 잭 롤링은 보존과 운영비를 위해 700만 달러를 모금할 수 있다면, 이전에 F. L. 라이트 건축학교로 알려진 탈리에신의 건축학교(SOAT, School of Architecture at Taliesin)에 본 주택을 기부하겠다고 발표했다. 그는 이 주택이 건축학과 학생들의 생활 실습실로 사용되기를 희망하였지만 2018년 6월

25일에 취소되면서 9월에 이 주택을 1,290만 달러(약 15억)에 시중에 매도한다고 발표했다. 이후 어떻게 처리되었는지는 저자도 궁금하다.

저자가 이 주택을 방문할 당시에는 주택의 전반적인 리노베이션을 위하여 비어 있는 상태였고 거주하는 사람도 없었다. 경험상 이런 경우 사진 촬영하기에는 편하지만 주택 내에 배치된 가구들이 없기 때문에 실내에서 느낄 수 있는 전반적인 F. L. 라이트만의 공간 분위기를 느낄 수 없다는 단점이 있다. 대지 경계선에는 공사 중이라는 내용의 안내판과 가림 막으로 가려져 있었다. 가림 막 사이 틈으로 보이는 건축물을 바로 눈앞에 두고 보지 못하는 안타까움, 한국에서 좁디좁은 이코노미 좌석에서 12시간 이상을 참고 견디며 왔는데…, 지금 못 보면 영원히 볼 수 없다는 안타까움을 어떻게 말로 표현할 수 없을 것이다. 그러나 공사 중인 주택의 경우 답사에 가장 좋은 장점이 한 가지 있다. 공사 중인 주택, 특히 완전히 부수는 공사와 같이 위험한 공사가 아닌 이상 관계자에게 이야기만 잘 하면 실내 공간을 마음대로 촬영할 수 있다는 사실을 다른 여러 주택을 방문하면서 많이 경험했다. 이번에도 '무식이 용감하다.' 라는 말처럼 나와 아내는 (여러 주택을 방문했지만 아이들은 거의 차에서 나오지 않았다.) 가림 막 주변을 돌아다녔지만 공사장 입구를 찾지 못했다. 하는 수 없이 사람이 들어갈 수 있을 정도의 틈을 찾아 가림 막을 헤집고 대지 안으로 들어갔다. 넓고 넓은 대지에 아무런 소리도 나지 않고 공휴일도 아닌데 사람의 흔적은 보이지 않았다. 그냥 신났다. 사진기를 들고 이리 저리 돌아다니면서 주택 외부를 마음껏 촬영했다. 그런데 어디에선가 안전모와 노란조끼를 착용한 공사 관계자가 무거운 표정으로 그것도 느린 걸음으로 우리에게 다가왔다. 여러분도 상상할 수 있을 것이다. 노란 턱수염을 기른, 배가 나온 조금 뚱뚱한 전형적인 미국인 체형을 가진 사람이 느릿느릿 걸어오는 모습을 영화 등에서 자주 봤을 것이다. 조금은 무섭기도 하고 쫓겨나지는 않을까 하는 걱정도 했다. 저자 가까이 왔을 때 그냥 할 말은 없고 멋쩍게 미소를 지으면서 우리 내외는 듣기 좋은 말과 애교로 불쌍한 표정을 지어 보이면서 촬영 협조를 부탁했다. 이것이 통했는지 공사 관계자는 이곳저곳을 안내하면서 친절하게 설명까지 해주었다. 솔직히 저자의 생각으로는 영어도 더듬더듬 말하고, 발음도 시원찮고, 한국에서 주택을 보기 위해 여기까지 온 것이 미국인에게는 너무 안쓰럽게 느껴졌기 때문에 주택 촬영을 허용한 것 아닐까 하는 생각도 해본다. 이런 것이 무엇 상관이 있겠는가! 아무튼 공사 관계자는 이것저것 열심히 설명하고 있었지만 저자는 촬영에 신경이 집중되면서 공사 관계자의 설명은 들리지도 않았다. 솔직히 빠른 영어로 설명하는 것을 어떻게 다 알아들을 수 있겠는가! 그냥 고개만 끄덕이면서 설명을 잘 듣고 있다는 표정과 조금이라도 아는 단어가 들리면 '아하 ~' 라는 감탄사로 설명을 정성껏 듣고 있는 척 했다. 놀라운 것은 저자보다 더 적극적으로 공사 관계자를 설득하고 리엑션을 보이면서 모든 노력을 다하는 아내가 얼마나 사랑스러운지 모른다. 사라져 가던 사랑(?)이 살짝 싹트는 순간이었다. 나중에 안 사실이지만 앞에서 이야기했듯이 방문할 당시에는 지역 신문 등에서 이 주택을 역사 보존 건축물로 지정하는 것에 관한 논쟁이 진행되고 있는 중이었다. 그래서 본격적인 보존 공사를 하기 전에 사전 점검하고 있는 상태였음을 알았다.

겹쳐진 원호에 의해 만들어진 공간들

이 주택의 넓이는 2,500피트제곱(약 232.26㎡, 70.26평)이며 1층은 피로티로 이루어져 있고, 2층은 주거 공간으로 이루어진 2층 규모의 주택이다. 비록 이 주택이 1950년에 설계되었다고는 하지만 주택 디자인을 위한 초기 개념의 시작은 1926년으로 거슬러 올라간다. 좀 더 자세히 이야기하면 1926년 〈Liberty Magazine〉 잡지 표지에 데이비드 주택 디자인에 사용한 공간개념－여러 크기의 원을 조합한 디자인(March Balloons)－을 소개하게 된다. 그러나 그 디자인이 당시로는 너무 급진적이었고 시대를 앞선 디자인이었기 때문에 큰 호응을 받지 못했다. 비록 발표 당시에는 호응을 받지 못한 디자인이었지만 그렇다고 실망할 F. L. 라이트도 아니었다. F. L. 라이트는 디자인의 초안을 다른 디자인에 응용할 수 있게 잘 보관해두었다. 세월이 흐른 후 자신의 아들인 데이비드가 자신에게 주택을 의뢰하게 되자 보관해 두었던 디자인 개념 중 'March Balloons' 이라는 디자인을 선택하여 데이비드 주택의 디자인 개념으로 사용하였을 뿐 아니라 주택 형태와 어울릴 수 있게 주택 거실에 깐 카펫(carpet) 디자인에도 사용하였다. 이처럼 F. L. 라이트는 자신의 스케치나 실현되지 않은 계획안들을 버리지 않고 잘 보관해 두는 습관을 가지고 있었던

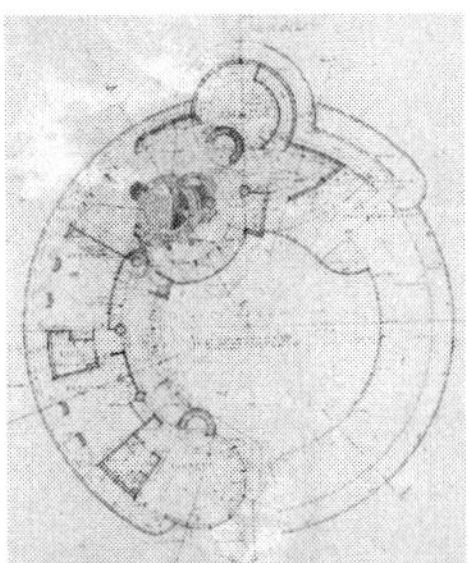
평면도의 거실에 직접 그린 카펫의 문양

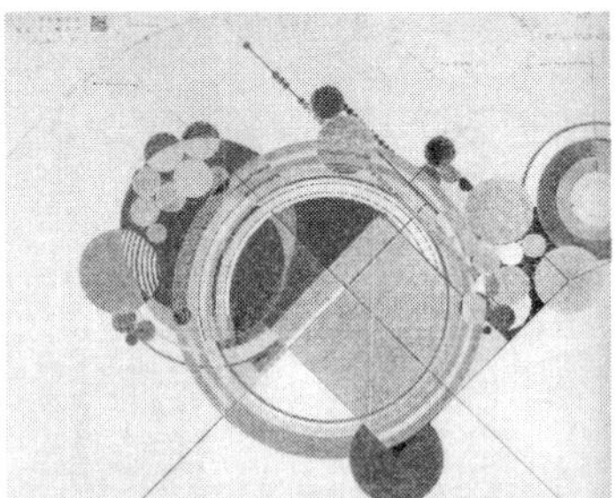
데이비드 주택 평면도 거실 카펫의 문양을 확대한 문양

주택 공간의 개념으로 사용된 원의 조합으로 디자인된 카펫이 거실바닥을 장식하고 있고 그의 주택 계획의 필수 구성요소인 그랜드 피아노가 보인다. (초기 사진)

F. L. Wright. 'March Balloons.' 1955. 색연필로 종기 위에 그려진 것이며 크기는 28 1/4 x 24 1/2" (71.8 x 62.2 cm).

것 같다. 그리고 시간이 지난 후에 보관된 계획안들을 잘 응용하여 재생(?)시키는 능력도 탁월한 것으로 보인다. 이 책에서 설명할 조긴 부머(Jorgin Boomer, AZ.) 주택도 기존에 계획해 두었던 계획안을 다시금 응용하여 사용한 사례 중의 하나이다.

여러 번 이야기하는 것이지만 본 주택의 전체적인 공간 개념은 크기가 다른 다양한 원들이 상호 간에 겹쳐 있기도 하고 종속되기도 하고 서로 접해있는 것으로 구성되어 있다. 카펫은 푸에로 리코(Puerro Rico)출신인 V' Soske가 직접 손으로 짰다고 한다. 맨 처음에는 F. L. 라이트가 청사진 도면 위에 직접 그린 것처럼(첨부된 스케치 도면 참고) 거실 바닥에 똑 같은 디자인으로 가공된 카펫을 깔았다(거실 사진 참고). 이 조합된 원의 디자인을 좀 더 구체적이고 실제적으로 그린 사람은 1946년에 탈리에신 견습공으로 들어온 중국 출신의 링 포(Ling Po)[2]라고 한다. 예술적인 감각이 뛰어났을 뿐 아니라 F. L. 라이트의 총애를 받고 있었던 링 포의 경우 문양에 관련된 창의적인 아이디어를 많이 가지고 있어 F. L. 라이트가 링 포에게 많은 부분을 의지했다고 한다.

링 포와 F. L. 라이트가 같이 작업에 관하여 이야기하는 모습

2) 링 포(Ling Po, 1917. 4. 28~2014. 4. 28.) F. L. 라이트의 화가 겸 견습생이었다. 그는 구겐하임 박물관 인테리어, 렌커트 전기 회사, 애리조나 주 국회의사당의 F. L. 라이트 렌더링 작업을 했다. 1946년에 그는 F. L. 라이트의 전설적인 탈리신 펠로우십에 가입했다. F. L. 라이트와 윌리엄 웨슬리 피터스를 도와 F. L. 라이트의 V. C. 모리스 기프트 샵(샌프란시스코, 1948) 디자인을 위한 작업 도면을 돕는다.

진입 램프가 외부를 감싸고 있는 주택의 외관

현관으로 진입하기 위하여 올라가는 램프가 주택을 휘감고 있는 듯한 모습－멀리 보이는 건물은 관리 동이다.

동쪽방향(관리동)에서 바라본 데이비드 라이트 주택의 외관모습

이 주택은 앞에서 이야기했듯이 기하학의 가장 기본적인 원을 주택의 주된 공간 개념으로 사용하였다. 외관에서 쉽게 알 수 있듯이 다른 주택들과 달리 기하학의 가장 기본적인 원을 많이 사용했음을 쉽게 알 수 있다. 사실 F. L. 라이트는 프레리(Prairie)와 유소니언(Usonian) 시대까지 대부분 직선과 일정한 각을 가진 모듈에 의한 공간 개념을 일반적인 주택 계획에 사용하였다. 그러나 1950년 전후로 접어들면서 원형을 건축 공간과 형태 개념으로 주택 뿐 아니라 일반 건축물에도 많이 적용하였다. 이 주택 역시 전체적인 외관 및 평면도의 형태는 원을 주로 사용하였을 뿐 아니라 주택을 감싸는 듯한 원형 램프, 그리고 주택 외부의 창문 역시 원 또는 반원을 사용하여 디자인하였다. 그리고 기하학적인 원형 외에도 나선형 램프가 주택을 감싸듯 휘감고 위쪽을 향하여 올라가는 형태는 1925년 실현되지 못한 프로젝트인 고든 스트롱 오토모바일(Gordon Strong Automobile, 1925)프로젝트에 사용한 건축적 구성요소를 처음으로 주택에 실현한 것이라 할 수 있다.

Gordon Strong Automobile 프로젝트의 스케치 (1925)

Gordon Strong Automobile 프로젝트 모형 사진 (1925)

Frank Lloyd Wright Quarterly magazine 2018, 가을호 - 표지 앞에 'UNBUILT' 라는 단어가 보인다.

왼쪽부터 카우프만 시니어, 카우프만 쥬니어, 와이프 릴리앤(1940), 낙수장 진입다리 난간에서 찍은 사진

고든 스트롱 자동차 프로젝트를 구체화하기 위한 F. L. 라이트의 건축적 개념은 건물이 위치한 능선까지 접근할 수 있는 방법 즉 이동성과 조경의 문제가 가장 중요하게 다루어졌다고 한다. 이 프로젝트는 F. L. 라이트에게 있어 건축공간을 완전히 형성하기 위한 수단으로서 원형 기하학을 탐구한 첫 번째 프로젝트였다. 그리고 원형의 복잡한 형태를 묘사하는데 어려움을 인정했다. 고든 스트롱 자동차 프로젝트 이후에도 에드가 J. 카우프만(Edgar Jonas Kaufman, 1885~1955)을 위한 SELF-SERVICE GARAGE(Pittsburgh, Pennsylvania, 1949)를 원형으로 계획한 프로젝트가 있었다. 아마도 이런 원형과 나선형을 응용한 프로젝트가 뉴욕의 구겐하임 미술관의 건축개념의 기본이 되었을 것으로 생각한다. 다시 말해 데이비드 주택을 비롯하여 구겐하임 미술관이 완성되기까지 여러 프로젝트에서 원형을 이용한 나선형 프로젝트를 경험하고 여기에서 축적된 노하우의 결과가 구겐하임 미술관에서 빛을 보게 된 것은 아닐까 하는 생각도 하게 된다.

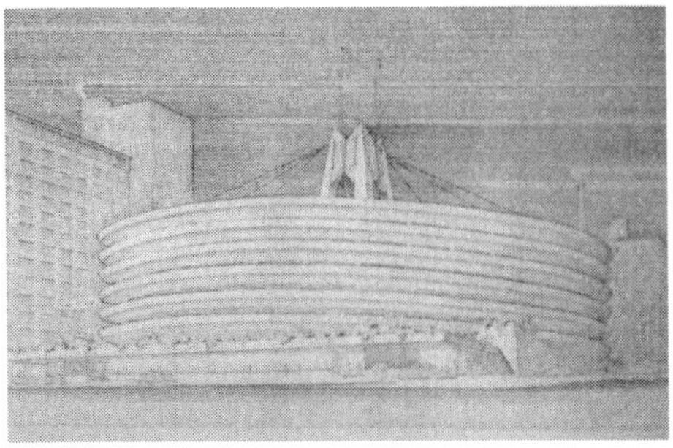 

Edgar J. Kaufman을 위한 SELF-SERVICE GARAGE(피츠버그, 펜실베니아, 1949)프로젝트 스케치

에드가 J. 카우프만은 누구인가? 여러분도 잘 알고 있는 낙수장의 건축주로 피츠버그에서 백화점을 운영하는 사업가이다. 자신의 아들인 에드거 카우프만 jr.(1910-1989)가 F. L. 라이트에게 건축을 배운 것이 인연이 되어 낙수장이라는 명작품을 탄생시킨 것이라고 한다. 고든 스트롱(1869~1954)역시 상당한 재산을 가진 시카고의 사업가였다. 1902년 여행을 하는 동안 그는 경직된 풍경 속에서 황야의 느낌으로 블루 리지 산맥(Blue Ridge Mountains)의 고독한 돌출부인 슈가로프 산(Sugarloaf Mountain, Maryland)에 마음을 사로잡히게 된다. 그리고 그는 산 자체와 미개척지 환경 모두를 종합할 수 있는 대지를 얻기 시작했다. 1924년 여름 동안 그는 F. L. 라이트를 만나 자신의 생각을 발전시킬 수 있는 가능성과 이에 따르는 계획에 관하여 논의했다. 그리고 그 해 9월까지 F. L. 라이트와 같이 야심찬 계획으로 진행할 것을 결정하게 된다. 그는 F. L. 라이트에게 이 프로젝트에 관해 설명했다. 그 내용은 간단하게 요약하면—그는 주로 워싱턴과 볼티모어에서 '짧은 거리의 자동차 여행을 위한 목적'으로 사용될 '슈가로프 산 정상에 멋진 건축물'을 세우기를 원했던 것이었다. 그리고 산꼭대기에서 바라보는 경관의 즐거움을 한층 더 높여줄 건축물을 원한다고 말했으며, "미(美)적인 요소뿐만 아니라 스릴의 요소"도 모두 경험의 일부가 될 수 있도록 프로젝트를 완성시키고 싶다고 했다. 그는 또한 그 구조가 영구적이고 신뢰할 수 있는 그리고 기념비적인 건축물이 될 수 있도록 멋진 외관을 언급하면서 "스트라이크, 인상적, 지속적"이라는 단어로 외관을 표현하였다고 한다.

이와 같은 나선형 형태의 건축 디자인 수법을 데이비드 주택과 같은 주택 건축에 적용하기 전인 1940년에 이미 공공건축물 또는 상업적 건축물에 사용된 또 다른 사례가 있다. 가장 대표적인 건축물이 V.C. Morris Gift Shop(San Francisco, California, 1948)과 Guggenheim Museum(New York, 1959)뿐만 아니라 데이비 주택 이후에는 Anderton Court Shops(San Francisco, California, 1952, 나선형 램프를 적용하여 설계하였다.) 구겐하임 미술관과 Anderton Court Shops은 애리조나와 인접한 캘리포니아 지역인 만큼 애리조나 건축 답사 일정에 포함시킨다면 충분히 둘러 볼 수 있는 건축물이다. 저자 역시 캘리포니아 건축답사 중에 둘러 본 곳이기도 하다. 특히 Anderton Court Shops(1952)은 캘리포니아에서도 가장 유명하고 여러분들도 잘 알고 있고 패션과 명품가게가 즐비한 베버리 힐즈 쇼핑 거리에 위치하고 있다. 여기를 방문하게 되면 Anderton Court Shops 외에 보너스로 베버리 힐즈(Beverly Hills) 거리 분위기도 느끼고 건물도 구경한다면 또 다른 재미를 느낄 수 있을 것이다. Anderton Court Shops은 나선형이기는 하지만 완전한 원형이 아니고 여러 각으로 꺾이면서 상층으로 올라가는 나선형 램프로 이루어진 건물(사진)이다. 그런데 저자가 느낀 베버리 힐즈 거리는 크게 기대하고 갈 필요는 없다는 것이다. 조금은 이른 아침이라 그런지 모르겠지만 거리는 한산했다. 상상하고 생각했던 것보다 높은 건물도 없을 뿐 아니라 명품 가게들의 규모도 작았다. 건물 높이는 3층 전후의 건물 뿐이고 도로 폭도 좁아 저자가 생각한 규모와 화려함이 아니었기 때문에 큰 감동은 없었다. 아니 솔직히 실망이었다.

V.C Morris Gift Shop(San Francisco, California, 1948) (좌 : 정면, 우 : 내부) 캘리포니아 주 샌프란시스코에 있는 모리스 기프트 숍은 정문에 창문이 없고 단순한 벽돌로 된 벽 안쪽으로 원형 내막을 숨기고 있다. 입구 아치 왼쪽에 있는 수직으로 형성된 그릴은 다른 모든 벽돌을 제거하여 만든 것으로 조명장치가 설치되어 있다.

Anderton Court Shops(San Francisco, California, 1952) 좌 : 외관의 나선형 램프를 주 입면의 건축적 구성요소로 사용하고 있음을 볼 수 있다. 우 : 내부에서 연속된 램프의 모습

다시 데이비드 주택으로 돌아와서, 외벽은 대부분 잘 다듬어진 직사각형의 콘크리트 블록을 사용하여 건축되었다. 비록 사용된 콘크리트 블록이 캘리포니아에 F. L. 라이트가 설계한 주택에 사용한 정사각형의 텍스타일 블록은 아니지만(라이트가 설계한 대부분의 캘리로니아 주택은 데이비드 라이트가 시공했다.) 건축 기법에 있어 데이비드가 캘리포니아 블록 주택에서 경험한 시공 방법이 얼마만큼 세련되었는지를 잘 보여주고 있는 것 같았다. 그리고 사진에서 보이는 것과 같이 외부에 노출된 나무 창문틀과 콘크리트 블록 외에 아무런 재료를 사용하지 않았기 때문에 전체적인 느낌은 회색 블록으로 인하여 주택이 매우 무겁게 느껴졌다. 반면에 콘크리트 블록 조적 구조의 거친 재질감이 사막의 거친 모래 바람에 대항하고 있듯이 주택 외부에 그대로 살아 있는 것이 주택 외관의 특징으로 느껴졌다. 주택의 전체적인 평면도 형태는 주택 내부 거실에 깔려있는 카펫(앞의 사진 참조)의 문양처럼 다양한 크기의 원형이 서로 구속하듯 겹쳐지면서 평면도의 윤곽을 만들어 내고 있다. 특히 외벽을 따라 2층 현관으로 연결되는 램프와 현관 앞에서 지붕까지 올라 갈 수 있는 나선형 계단이 나란히 연결되어 주택 전체를 보호하듯 감싸고 있는 느낌 때문인지 1953년 7월 초 〈Homes and Gardens〉이라는 잡지에서는 이 주택을 콘크리트 블록으로 만들어진 훌륭한 '코일 형태의 주택' 이라 평가하였다. 그리고 블록을 사용하여 곡선형 평면도를 가진 이 주택의 주인은 건축주이면서 시공자 역할까지 1인 2역을 담당했을 뿐 아니라 당시 콘크리트 제조 기계를 직접 취급한 F. L. 라이트의 아들인 데이비드

라이트였다. 그리고 대문에서 1층의 기둥까지 연결된 낮은 담장은 대문에서 들어오는 방문객의 동선을 유도하는 기능을 겸하고 있었다.

이 주택은 대문에서 낮은 담장을 따라(제일 앞 페이지 사진에서 주택 피로티까지 연결되는 낮은 담장이 보인다.) 1층 피로티를 지나 2층으로 올라가는 원형 램프로 유도하여 주택의 현관으로 진입할 수 있는 동선으로 연결된다. F. L. 라이트는 주요 공간인 거실을 대지에서 들어 올려놓았고, 침실과 여러 공간들로 이루어진 가장 중심이 되는 커다란 원을 중앙에 배치했다. 이 공간을 중심으로 주위에 무리를 지어 작은 원형을 조합하여 각 실들을 배치하고 있다. 카펫의 디자인을 보면 마치 우주의 여러 위성들이 태양을 중심으로 공전하는 궤도를 그린 것처럼 보인다. 따라서 거실에 도달하면 거실의 원호를 그리면서 이루어진 창을 통해 주변의 나뭇가지 너머에 있는 캐멜백 산(Camelback Mountain)까지 전망이 거실로 들어온다. 반면에 1층은 그늘진 정원과 시원한 바람이 부는 2층과는 또 다른 공간을 만들어 내고 있다. 특히 2층 현관 우측으로 연결된 램프를 통하여 지붕까지 올라가면 주변의 경관을 파노라마처럼 감상할 수 있는 보너스까지 얻을 수 있다. 1층 피로티에는 아몬드 모양의 수영장(평면도에도 pool로 표기되어 있지만 수영장이라고 보기에는 좁아보인다.)이 있고 방문객의 동선을 유도하는 원형 판석들이 2층으로 올라가는 램프까지 이어져 있어 자연스럽게 동선을 유도하고 있다. 뿐만 아니라 1층에서 2층으로 연결하는 램프 아래 공간에는 다양한 물건을 넣어 둘 수 있는 창고(도면 참조)도 만들어져 있다. 여기에서 램프 외벽은 지면에서 수직으로 올라가는 것이 아니라 Harold Price Sr. House(애리조나, 1954)의 중정에 시공된 역삼각형 기둥처럼 조금씩 넓어지는 방식으로 콘크리트 블록이 시공되어 있었다. 이 부분은 앞에서 잠깐 언급한 로버트 르웰린 라이트 주

지붕 위－북 · 동 방향의 전경－Camelback Mountain

지붕 위－동쪽 방향의 전경－Camelback Mountain

침실이 호를 그리며 길게 뻗어 있는 동남 방향의 전경

1층에서 2층으로 가는 램프 벽을 위쪽으로 조금씩 내어 쌓기 한 모습

데이비 라이트 주택이 중정의 모습—둥근 판석이 방문객의 동선을 유도한다.

택에서 2층 부엌부분으로 올라가면서 좁하지는 이미지와 비슷하다. 여러분도 한 번 비교해보기 바란다.

외부 벽은 반경 77피트(약 R=2.3m)에 이르고 있으며 10°의 원형 모듈에 따라서 배치되어 있다. 그리고 상층부 식당이 있는 거실은 원형 고리의 대부분을 차지하고 있으며, 3개의 침실은 호를 그리며 길게 뻗어 있다. 창문들은 직사각형 창문 형태로 계획되었고, 거실과 부엌과 같이 서향으로 배치된 공간의 경우는 지붕 처마 바로 아래 최소화된 반원형 창문을 계획하여 서향의 따가운 햇볕을 최대한 감소시키고 원형이라는 개념으로 주택 형태와 조형성을 통일시키고 있다. 그리고 1층에서 2층 부엌까지 이어진 원형 공간과 주인 침실의 원형 벽난로가 1층으로 내려가면서 조금씩 넓어져 1층에 필요한 넓이의 공간을 확보할 수 있도록 계획한 것도 눈여겨 볼만하다. 1층 피로티 공간을 받치고 있는 기둥과 천정 부분(2층 바닥 슬라브)은 2층까지 연결되는 여러 배관을 숨길 수 있는 공간으로 계획되었다. 그래서 땅 밑에서 연결된 배관들이 기둥 내부로 연결되어 1층 천장을 따라 2층의 다른 공간까지 연결되고 있었다. 방문 당시에는 1층 피로티 공간의 천장 재료(실링 마감재)를 모두 제거한 상태라 피로티 천장으로 지나가는 설비 라인을 볼 수 있었다.

기둥에서 나온 설비 라인이 1층 피로티 천장 부분에 숨겨져 2층으로 연결된다.

1층 피로티에서 동선을 유도하는 둥근 판석들이 보인다.

주택 내부로 들어갈 때는 언제가 가슴이 벅차다.

매번 F. L. 라이트 주택을 방문하면서 주택 내부를 볼 수 있다는 것은 언제나 가슴이 벅찬 순간들이다. 특히 주인 몰래 촬영하는 것이 아니라 당당하게 허락을 받고 마음 편히 주택 내부 공간을 느낄 수 있다는 것은 어떤 순간과도 바꿀 수 없는 벅찬 시간이다. 지금 글을 쓰면서도 그때를 생각하면 나도 모르게 가슴이 설렌다. 지금부터 이어지는 설명은 이 단원 마지막 부분에 첨부된 도면과 같이 비교하면서 읽으면 이해가 빠를 것이다. 1층에서 2층으로 진입하기 위해서는 주 램프를 사용해야 한다. 그리고 램프 외에 2층으로 올라가는 방법이 하나 더 있다.(여러분 도면을 보고 한 번 찾아보기 바란다. 정답은 조금 뒤에 알려 주겠다.)—그런데 램프로 올라가기 전에 바로 좌측에 화장실이 있다. 우리나라의 전형적인 농촌 주택의 경우 화장실을 실내에도 있고 실외에도 있는 것처럼…, 넓고 넓은 외부 공간에서 활동한 사람을 위한 배려인지 모르겠지만 외부에 화장실이 마련되어 있었다. 이 화장실은 지층의 수영장 바로 옆에 위치하고 있으며, 2층의 주인 침실의 벽난로와 아래로 하나의 기둥처럼 이어져 있다. 그 모양은 지층 부분의 원호가 크고 올라갈수록 좁아지는 둥근 기둥 형태이다. 착각하면 시멘트 블록이 마치 첨성대처럼 보인다. 그리고 다른 부분은 모두 문양

비어있는 수영장과 첨성대같은 둥근 기둥-지층 부분은 화장실이고 윗층은 주인 침실의 벽난로이다.

지층에서 2층으로 올라가는 램프의 중간지점에서 현관을 바라본 모습-오른쪽 끝부분에 지붕으로 올라가는 램프가 보인다.

외부에서 바라본 복도 창문-제일 아래에는 문양이 디자인된 블록을 띠처럼 감싸듯 마무리하고 있다.

지붕으로 올라가는 램프에서 아래 현관 방향으로 바라본 모습

이 없는 직사각형 시멘트 블록을 사용하고 있지만 거실과 침실의 복도 외벽 아래에는 문양이 디자인된 사각형 블록을 띠처럼 감싸듯 마무리하고 있다.

그리고 램프를 통하여 현관 앞에 도착하면 현관 바로 우측 벽 아래에는 화단으로 사용되었던 낮은 깊이의 물웅덩이가 있다. 지금은 배수 시설로 사용하고 있는지 수전이 설치되어 있고 배수 구멍도 뚫려 있다. 배수 시설 바로 옆으로는 지붕으로 올라갈 수 있는 램프가 있다.(사진) 이 램프로 올라가면 다른 주택에서 느낄 수 없었던 또 다른 풍경을 볼 수 있다. 이 나선형 램프를 올라가면서 주택을 감싸고 있는 360°의 주변 자연환경을 파노라마 경관처럼 즐길 수 있다는 것이다. 그것도 램프를 올라감에 따라 시야의 방향이 달라지고 높이의 변화에 따라 달라지는 주변 경관을 감상할 수 있는 또 다른 재미를 느낄 수 있다. 혹시 저자가 VR(Virtual Reality)기기를 쓰고 움직이고 있는 것은 아닐까 하는 의문이 들 정도였다. 아참, 앞에서 질문한, 램프로 2층 현관까지 올라가는 방법 외에 2층으로 올라가는 방법은? 여러분 찾았습니까? 정답은, 1층 피로티 공간의 다용도실 내의 계단을 통하여 2층 부엌까지 올라가는 방법(사진)이다. 여러분도 미국 영화를 보면 대부분 주부가 노란 종이봉투에 여러 먹거리를

1층 피로티 다용도실에서 2층 부엌으로 올라가는 폭이 좁은 원형 계단

거실에서 북 · 동 방향으로 바라본 전경과 2층 프레임이 보인다.

들고 곧바로 부엌으로 들어오는 장면을 많이 보았을 겁니다. 미국 문화 중 하나는 우리처럼 주거 지역 주변에 소규모 상가(분산 상가)들이 많이 있어 필요할 때마다 조금씩 먹거리를 구입하는 것이 아니라 상업시설(가게들)들이 주거 단지와 떨어져 한 곳에 모여 있다. 그래서 상업 시설까지 여러 번 가는 번거로움을 없애기 위해 한 번에 많은 분량의 먹거리를 구입해야 하기 때문에 당연히 자동차 문화가 발달할 수밖에 없다. 그리고 이런 많은 식료품을 들고 거실을 통하여 부엌으로 가기보다 주택 내의 자동차 주차장에서 부엌문을 통하여 곧바로 부엌으로 들어갈 수 있도록 계획하여 생활의 편리함을 추구하고 있다.

그러나 우리나라는 2019년 기준 약 61%가 아파트에서 거주하고 있기때문에 이런 문화를 이해하기 힘든 부분도 있다. 데이비드 주택은 현관으로 들어가면 거실 공간과 마주하게 된다. 내부 벽은 아무런 재료를 사용하지 않았고 외벽에 사용한 콘크리트 블록이 그대로 노출되어 있다. 단지 천장에만 필리핀 마호가니 나무로 지붕의 경사에 따라 비스듬히 마감 처리했을 뿐이다. 그리고 거실에서 북 · 동 방향의 창호는 거실 뒷면에 설치된 창문(우리나라 아파트 발코니 창과 같이 문의 역할까지 겸함)처럼 바닥에서 천장 높이까지 이루어진 창문이 아니라 바닥에서 약 1.0m까지 블록으로 쌓은 다음 그 높이에서 천장까지 설치된 직사각형 창문이 원호를 따라 가로로 이어져 설치되어 있어 마치 연속된 액자 프레임처럼 느껴졌다. 이런 느낌의 창문은 큰 원호의 복도를 따라 설치되어 있을 뿐 아니라 제일 마지막에 계획된 주인 침실의 벽면에서도 반원에 해당하는 길이만큼 연속 창문으로 마무리되어 있다. 특히 주인 침실은 거실보다 긴 원호에 설치된 창호를 통하여 외부 경관이 주인 침실로 들어온다.

주인 침실 벽면의 원호를 따라 설치된 창호들이 액자 프레임 같이 느껴지고 외부 경관이 내부로 들어온다.

북 · 동 방향으로 향한 거실 창호를 1층 외부에서 바라본 모습

거실에서는 1층의 출입구 경사로 입구 옆에 있는 아몬드 모양처럼 생긴 수영장을 내려다 볼 수 있다. 솔직히 콘크리트의 소규모 웅덩이에 물을 모아 둔 곳을 연못이라고 해야 할지, 수영장이라고 해야 할지 잘 몰라 수영장이라 표현했다. 연못은 '연꽃'과 '못'이 합쳐져 연꽃이 있는 못을 '연못'이라고 하기 때문에…, 주택 주변으로 나무 한그루 없고 넓은 대지에 주택만이 있으니 물이 얼마나 귀하게 생각될지 느낄 수 있었는데, 주택과 대지에 비해 너무 작은 규모라 더운 날씨가 시원하기보다 조금 답답한 느낌을 받기도 했다. 답답한 느낌에 "만들려면 속 시원하게 만들어야지 정말!" 저자 혼자 중얼거렸다. 12월에 방문했다면서 이런 혼잣말을 한 이유는 12월의 날씨가 얼마나 더웠으면 이런 말이 나왔을까? 아마 주택을 방문할 당시의 더운 날씨를 시원하게 느낄 정도가 아니라는 의미로 이해해주면 좋을 것 같다.

현관으로 들어가서 텅 비어있는 거실을 마주하는 순간의 느낌은 당연히 F. L. 라이트의 트랜드 마크인 그랜드 피아노가 있어야 하는데…, 라는 아쉬움이 있었다. 방문 당시에는 공사 중이라 거실에는 아무런 마감이 없는(카펫도 없었다.) 시멘트 바닥, F. L. 라이트가 디자인 한 가구도 아닌 기성품의 임시 탁자와 플라스틱 의자만이 거실을 지키고 있을 뿐이었다. 저자가 상상한 F. L. 라이트의 가구로 인테리어가 완성된 분위기 있는 공간은 느낄 수 없었다. 사실 공사 전의 예전 모습에는 저자가 상상한 모습 그대로이었음을 옛 사진을 통해서 알 수 있었다. 옛 사진에는 동양화가 그려진 병풍도 있었다. 이것은 F. L. 라이트가 동경 국제호텔을 설계하면서 일본에 머무는 동안 동양의 멋을 느낄 수 있는 다양한 소품에 많은 관심을 가지고 일본에서 직접 구매하여 미국으로 가져온 것이 많이 있었기 때문이다. 현재 탈리에신 이스트에는 부처님 조상상에서부터 작고 큰 도자기 등 동양적 풍미를 느낄 수 있는 소품들이 많이 전시되어 있다.

예전의 거실 모습—카펫이 깔린 바닥과 뒤쪽으로 동양화가 그려진 병풍 그리고 마호가니 나무로 만든 천정과 직접 디자인한 의자와 탁자가 보인다.

거실 뒤쪽 공간의 모습—외부 마감과 동일한 외벽모습, 바닥은 그의 트렌드 색인 체로키 레드로 마감되어 있다. 옛날 사진과 비교된다.

또한 거실에서부터 주 침실까지는 곡선의 복도로 연결되어 있는데 이는 장방형 평면을 구부려 만든 파이 형태로 이루어져 있다. 그리고 이렇게 침심과 주 침실로 이어지는 복도에 원호로 계획된 창문은 다양한 조망을 제공하고 있다. 또한 원호를 따라 맞춤 가구처럼 창문틀 아랫부분을 수납공간으로 계획하였다. 평면 자체가 기하학적인 원형으로 이루어져 있기 때문에 직선을 기준으로 한 기성품 가구가 맞지 않는 것은 당연한 일이다. 이렇게 F. L. 라이트는 자신이 설계한 주택 내에 배치되는 가구는 본인이 직접 디자인 한 경우가 많았다. 이는 자신의 설계 의도대로 주택의 거주인들이 생활해 주기를 원했던 것은 아닐까 하는 생각을 하게 된다. 이 주택에서 사용한 통일된 곡선은 그 이후에 완공된 구겐하임 미술관에도 훌륭하게 응용되었다고 한다.

주택의 전체적인 공간 구성은 각 실로 구분된 공간들이 전체 공간을 구성하고 있는 하나의 세포라면 이 세포들이 조합되어 하나의 공간으로 완성되고 있다는 느낌을 받았다. 그 만큼 훌륭한 조합이며 구성이었다. 이 주택처럼 외부 경사로가 아닌 중앙

원호 형태로 이루어진 침실 복도의 모습

침실 복도에서 주인침실의 방문이 보인다. 마호가니 원목과 시멘트 블록이 조화를 이루고 있다.

의 나선 경사로는 주택 내의 실용적인 공간 활용 때문에 주택에서는 거의 사용하지 않았지만 구겐하임 미술관의 완만한 나선 경사로에서는 공간의 활용적인 측면에서 완성도 높게 표현되고 있다. 그는 후반기 건축에서 동심원이나 방사선을 만드는데 사용한 하나의 중심점과 함께 곡선의 점적인 면에 집착해 온 것 같다. 이러한 엄격한 디자인에 대한 그의 생각은 일관적이며, 그 자체만으로 변형된 형태를 보여준다. 건물 전체 형태가 원형으로 휘감아져 표현됨으로써 내부 정원과 외부 공간으로 트이는 색다른 느낌을 조망으로 보여주고 있으며, 대지에 놓인 주택이 피난처로서의 역할과 더불어 조망에 대한 시선을 잘 포용하고 있음을 볼 수 있다.[3]

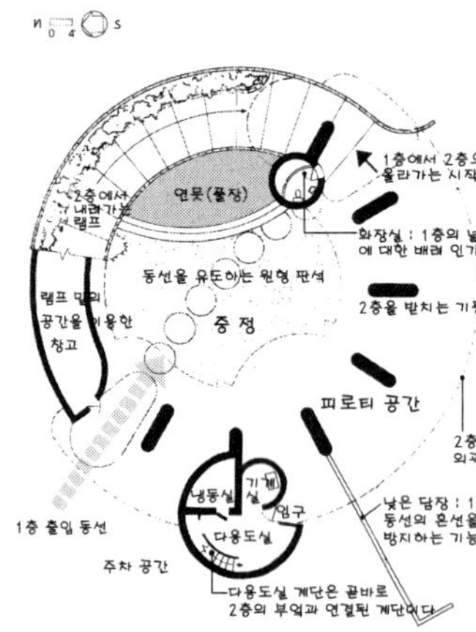

1층 평면도

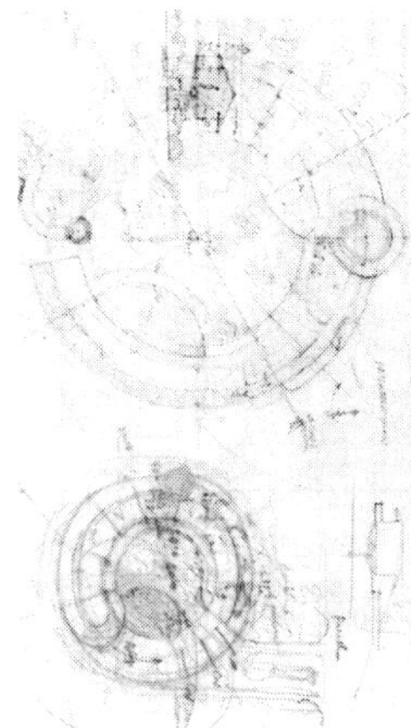

데이비 라이트 주택 스케치

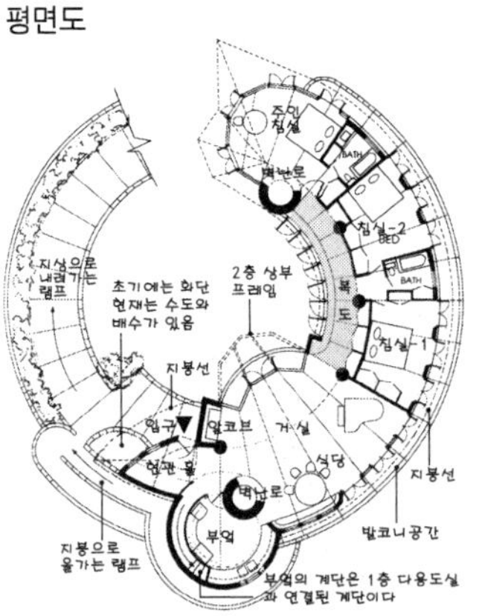

2층 평면도

데이비 라이트 주택의 입면 스케치

3) 오동해, F. L. Wright의 Usonian House를 통한 평면구성과 외부공간의 관계에 관한 연구, 전남대학교 산업대학원, 석사논문, 2009 pp.70~71

직접 주택을 방문할 당시에는 거실 바닥에 주택의 개념이 담겨져 있는 원형 디자인 카펫이 없었다. 평면 배치는 침실 외벽이 남향으로 배치된 반면에 거실은 북·동향으로 배치되었고 복도 면은 뜨거운 햇볕이 들어오는 남향을 피하고 북향으로 많은 창문을 계획하여 시원한 공기를 내부로 유입할 수 있도록 하였다.

2층 외벽 대부분이 유리를 사용하고 있지만 직접 햇빛을 받아들이기보다 간접 반사광을 통하여 빛을 내부로 유입하는 건축개념을 실현하고 있는 주택이었다. 그리고 이런 나선형과 같은 곡면 벽은 직선의 벽이 목적지를 향한 축으로서의 역할을 하는 것과 달리 구심력이 작용하게 된다. 그래서 원의 중심으로 향한 몸 쏠림 현상 뿐 아니라 긴장감과 곡면 방향으로 강한 운동감이 발생하게 되면서 외부로부터 자신의 영역성을 확실히 인지시킨다. 이것은 사막의 거친 환경에서 자신의 영역을 보호하기 위한 형태적 반영일 뿐 아니라 1940년 후반에 상업 건축의 공간 개념이 F. L. 라이트의 주택 건축에 공간적 변형으로 응용되어 이전의 주택 공간과 달리 변화하고 있음을 보여주는 좋은 사례라고 할 수 있다. 그래서 애리조나의 〈Homes and Gardens〉에서 낭만적인 주택 디자인이라 소개한 것이라고 생각한다.

원형의 창문이 있는 부엌의 내부 공간

거실의 벽난로와 좌측으로 열린 부엌문이 보인다.

벽난로 우측으로 현관홀과 알코브가 보인다.

평면도에서 침실-1의 내부 모습

6. 레이몬드 칼슨 주택
(Raymond Carlson House, 1950)

Raymond Carlson House

- 위 치 : 1123 W. Palo Verde Dr. Phonenix Arizona
- 건 립 : 1950년

F. L. 라이트 주택의 홈 투어 자원봉사자들을 위한 투어 행사가 이루어지고 있는 모습.

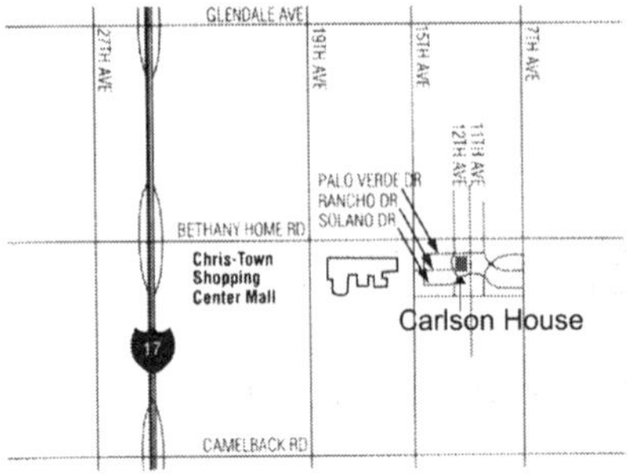

Carlson House 접근 도로와 주택 위치도

레이몬드 칼슨 주택의 야경 모습

방문하고 사진 촬영하는데 110만원 달라고 하니!

이 주택은 맨 앞부분에서 언급한 것처럼 사전에 방문 문의를 편지로 보냈고 편지에 대한 답장을 받은 주택이다. 그러나 답장으로 온 E-mail을 보고 깜짝 놀랐다. 주택 내부를 촬영하기 위해서는 1,000달러(당시 환율로 약 110만원)를 내야 한다는 답장을 받고 처음부터 방문을 포기한 주택이다. 그래서 주택 방문을 포기하고 독자 여러분에게 좀 더 사실적인 정보를 제공하기 위하여 다양한 사이트를 둘러보았지만 사이트에 올라온 사진마저 판매하고 있었다. (http://www.alamy.com/stock-photo-raymond-carlson-house-1123-west-palo- verde-drive-phoenix-arizona-1950-4671775.html)와 ebay(https://www.ebay.com/ itm/202647536499) 사이트에서는 사진도 적게는 약 5달러에서 200달러에 이르는 가격으로 판매하고 있었다. 다른 라이트 주택들에 비해 특별한 주택도 아닌데 왜 이렇게 비싸게 구는지 정말 모를 일이다.

또한 여기에 있는 Carlson 주택 관련 사진은 구글의 이미지 파일을 참조하였음을 밝혀 둔다. 그리고 구글 이미지 사진에서 칼슨 주택과 관련된 질 좋은 이미지를 구하기란 매우 어려웠다. 또한 구글 어스(Google earth)에서 3D 보기로 주택 주변을 검색하여 가장 좋은 뷰(view)를 찾아보았지만 담장과 대문으로 주택이 둘러싸여져 있었다. 그 뿐 아니라 주택 주변으로는 울창한 나무들이 주택의 형태를 엄호(掩護)하고 있어 감히 주택의 형태를 촬영한다는 것은 거의 불가능했다. 칼슨 주택이 위치하고 있는 곳은 위성사진에서와 같이 많은 주택들이 모여 있는 전형적인 주택 단지 내에 위치하고 있다. 그러나 유독 이 주택만이 많은 나무로 둘러싸여져 있다는 느낌을 받았다. 주택 내에 감추어야 할 것이 많이 있다는 의미인지? 모를 일이다. 사실 담장 사이로 또는 담장이 없어 쉽게 주택을 볼 수 있다면 어느 누가 굳이 비싼 비용을 치르고 촬

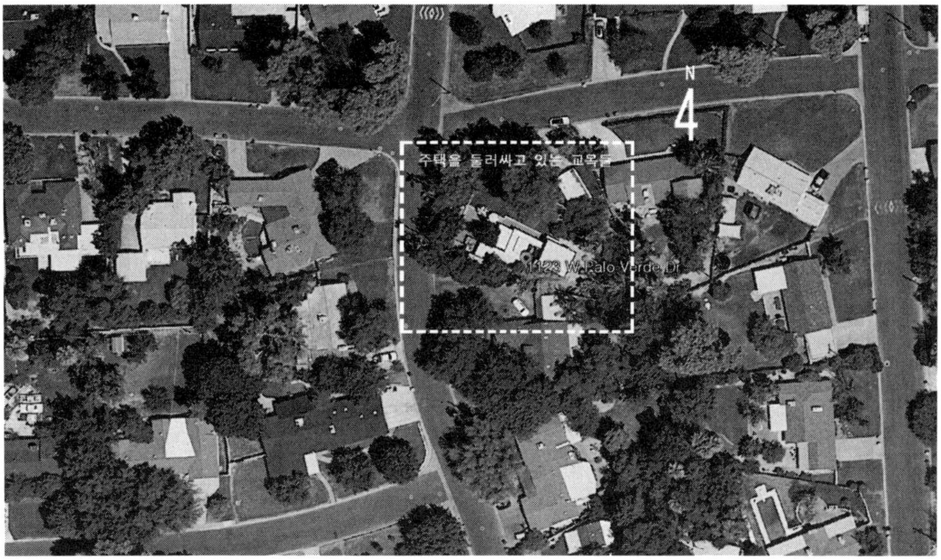

주택을 감싸고 있는 교목들 때문에 주변에서는 주택 형태를 볼 수 없다.

정문 모습이지만 담장으로 가려져 지붕만 살짝 보인다.

담장을 둘러싼 나무로 인하여 주택을 전혀 볼 수 없다.

영을 하려고 하겠는가! 그래서 여러 사이트에서 주택에 관한 사진도 쉽게 구할 수 없는 것 같다.

또한 이 주택에 관한 정보를 얻기 위하여 여러 관련 사이트를 찾아보니 그 사이트에서도 "만약 여러분이 방문 전에 예약을 하지 못해 내부를 볼 수 있도록 초대받지 못했다면, 여러분은 Carlson 주택과 관련된 어떤 것도 볼 수 없을 것이다."라고 언급하면서 굳이 주택을 찾아오는데 시간을 낭비하지 말라는 당부의 말까지 부가적으로 언급하고 있었다. 이 주택을 보기 위하여 미국까지 간 저자로서는 사진 촬영에 100만원 넘는 돈을 달라는 주인이 너무 야속하기도 했다. 그리고 저자도 많은 라이트 주택을 방문하고 주인을 만나 이야기했지만 이렇게 공개적으로 돈을 요구하는 경우는 없었다.

여러분도 알겠지만 구글을 통하여 F. L. 라이트 관련 사이트를 찾다보면 많은 사이트들이 있음을 알 수 있다. 또한 저자 뿐만 아니라 세계에서 얼마나 많은 사람들이 라이트 주택을 찾아다니고 있는지…, 비록 “나는 처음 방문했는데…,” 라고 생각할 수 있겠지만 ‘얼마나 많은 사람들이 주인을 찾아오고 연락을 하였을까’ 하는 생각을 하면 주인 마음을 조금이나마 이해하게 된다. 그러나 저자의 생각과 달리 이 주택은 의외로 매년 F. L. 라이트 주택의 홈 투어 자원 봉사자들을 위한 투어 행사를 주최하기도 하고 이들을 위한 파티 장소로 이 주택을 제공하기도 한다고 한다. 이 주택의 전경 사진에 많은 사람이 서로 이야기 하는 모습은 아마도 홈 투어 자원 봉사자들의 파티 장면일 것이다.

Raymond Carlson은 누구인가?

이 주택은 피닉스 Sunview 지구에 지어진 주택으로 최초의 주인은 주택 이름에서 알 수 있듯이 ‘Raymond Carlson’이라는 사람이다. 그는 1906년에 콜로라도(Colorado) 리드빌(Leadville)에서 광부의 아들로 태어났다. 그때 그의 아버지가 건강을 위하여 따뜻한 애리조나로 왔다. 그리고 그는 1929년 스텐포드 대학교를 졸업하고 애리조나 고속도로 공사(Arizona Highway department)에서 일을 시작했고, 마침내 애리조나 고속도로 잡지(the Arizona Highways Magazine)의 편집장까지 역임하였다. 그리고 이 잡지는 1956년 2월호에 탈리에신 웨스트의 모습을 표지에 담아 출판하기도 했고(사진 참고) 수년간 F. L. 라이트의 건축 작품들에 관한 내용을 출판하는데도 많은 도움을 주었고 1971년에 퇴직한 것으로 기록되어 있다.

1989년 2월 ‘피닉스의 홈과 가든’ 잡지의 표지에 실린 칼슨 주택의 모습

탈리에신 웨스트가 특집으로 실린 애리조나 하이웨이 잡지(1956. 2 / Vol. 32, No.2)표지

현재 인터넷에서도 잡지를 볼 수 있다.(https://www.arizonahighways.com) 다시 말해 이 주택은 여러 해 동안 정성을 다해 F. L. 라이트 작품에 관한 내용을 출판해주고 아낌없이 후원해준 애리조나 하이웨이 편집장인 Raymond Carlson과 그의 부인을 위하여 F. L. 라이트가 설계해준 주택이다. 이들은 F. L. 라이트와 아주 가까운 친구 사이였고 주말에는 탈리에신 웨스트(Taliesin West)에서 저녁 식사를 위해 정기적으로 방문하기도 했다. 그리고 F. L. 라이트는 칼슨 부부에게 주택설계 비용보다 더 비싼 피아노를 선물할 정도로 친하게 지냈다고 한다.

우리나라에도 훌륭한 많은 건축가들이 있다. 그러나 모두들 힘들게 사무소를 운영하고 있는 상황에서 건축주를 잘 만나서 건축가 자신이 생각하고 있었던 건축적 개념과 디자인을 자신의 설계 과정으로 실현시킨다는 것은 정말 행운 중에 행운이라 생각한다. 대부분 건축가는 건축주의 요구 사항과 건설과정에서 발생될 수 있는 자금 부족으로 건축가가 가지고 있는 건축적 개념을 100% 실현시키지 못하고 설계 과정 중에 건축가의 의지를 접어버리는 경우가 매우 흔하다. 이런 면에서 F. L. 라이트는 아무리 어려운 상황이라도 건축주에 대한 생각보다 자신의 고집대로 자신의 건축 개념을 실현시킨 경우가 많이 있었다. 이는 건축가가 자신의 작품에 대한 확실한 건축적 신념도 있어야 하겠지만 이를 뒷받침하는 실력도 있어야 한다는 것을 보여주는 것 같다.

도대체 어떤 주택이기에…

본 주택은 유소니언 스타일의 주택으로 일자형 평면계획에 4×4피트(약 1.2m×1.2m)의 유닛 그리드 모듈을 사용하였다. 그리고 주택을 둘러싸고 있는 외벽에는 유닛의 모듈에 맞추어 유리창(문)도 계획되어 있다. 이 주택은 1970년 남쪽 코너에 게스트 하우스가 증축되었을 뿐 아니라 2005년경에는 약 100만 달러의 비용을 들여 대대적인 개·보수 리노베이션이 이루어졌다. 그리고 2005년 전에는 최초 건축주인 Carlson이 죽은 후 1980년에 탈리에신 소속 건축가인 찰스 쉬프너(Charles Schiffner)가 노후화된 주요 구조물을 재건축하기도 했다. 주택의 플레임들은 건축 초기부터 하늘색으로 계획되어 있었기 때문에 더운 애리조나 날씨를 시원하게 만들어 주고 있다.

찰스 쉬프너(Charles Schiffner, 1948 ~)가 이 주택의 재건축을 맡은 이유는 비록 쉬프너가 F. L. 라이트가 사망 한 후에 결성된 탈리에신 연합 건축가에 소속된 건축가였지만 F. L. 라이트의 도제자로 인정받고 있었다는 점이다. 특히 쉬프너는 이들 건축가 중에서 미래에 주거 생활이 어떻게 변화할지 주거 공간에 관한 연구를 담당하고 있었기 때문이었을 것이다. 이런 이유 때문인지 쉬프너는 1970년 후반에 애리조나의 아와투케(Ahwatukee in Phoenix)에 미래의 집(The House of the Future)을 설계하였다. 이 주택은 혁신적인 기술과 홈 오토메이션이 특징인 미래의 집으로 디자인되었다. 이 주택은 오늘날 소위 스마트 홈의 길을 닦는 데 도움을 주었고 종종 최초의 마이크로프로세스 제어 하우스라고 불린다고 한다.

Carlson 주택의 초기 스케치에도 주택 외형 프레임이 하늘색으로 채색되어 있다.

주택 외벽은 애리조나의 뜨거운 햇볕이 들어올 수 있는 동 · 남 방향으로는 솔리드한 벽으로 처리하고 남 · 서 방향 역시 일부를 소파와 솔리드한 벽으로 처리하여 햇빛을 피하고 있다. 반면에 북 · 서쪽으로 유리창을 계획하여 전망과 간접적으로 빛을 내부로 유입하고 있다. 이 또한 애리조나의 뜨거운 햇볕을 피하기 위한 계획이라 판단된다. 비록 향이 반대이고 시멘트벽으로 시공되었고 반지하층(건축법에는 '반지하' 라는 용어가 없다. 건축법 제2조(정의) 5. "지하층" 이란 건축물의 바닥이 지표면 아래에 있는 층으로서 바닥에서 지표면까지 평균 높이가 해당 층 높이의 2분의 1 이상인 것을 말한다. 여기에 해당하지 않으면 지상층으로 분류한다.)도 있지만 고측창을 이용하여 필요한 햇빛이 주택으로 유입되고 있기 때문에 온종일 조명 없이 충분한 밝기를 유지할 수 있도록 계획되어 있다.

Carlson 주택은 나무 기둥과 세메스토(cemesto)보드를 사용하였는데 이는 이 책에 기술하고 있는 Arthur Pieper House(1952)에 사용한 것과 비슷한 것이다. 세메스토(cemesto)보드는 사탕수수에서 추출된 일종의 섬유질 등과 같은 것을 합성한 물질로 보드 양쪽에는 석면과 시멘트를 첨가한 것이다. 이 재료의 특징은 무게가 가볍고 물과 불에도 강하게 견디는 성질을 가지고 있다. 이런 재료는 애리조나처럼 무더운 여름 날씨에 매우 적합한 것으로 강한 햇빛을 막아주고 또한 밀실한 두께로 이루어지지 않아 재료에 공기가 잘 통하니 내부로 시원한 바람을 제공할 수 있는 장점이 있다. 한마디로 애리조나 지역 기후를 고려한 건축 재료를 사용하고 있음을 알 수 있다. 본 책에서 설명하고 있는 해롤드 프라이스 주니어(Harold Price, Sr., 1954) 주택의 지붕에 사용한 재료도 세메스토 보드라고 할 수 있다.

Carlson 주택의 내부 공간 둘러보기

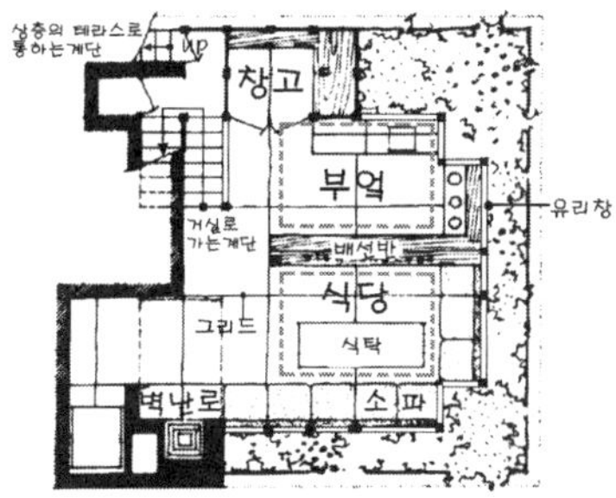

주택의 반지하(1층 평면도)에 계획된 부엌과 식당의 사진, 오른쪽 평면도와 비교하기 바란다.

여러분의 이해를 돕기 위하여 식당과 부엌이 있는 반지하 형식의 1층 내부 사진과 평면도를 첨부하였다. 첨부된 1층 평면도는 다음에 나오는 2층 평면도에서 주인 침실과 인접한 침실의 바로 아래 공간으로 전체 평면도 면적의 약 1/3 정도 넓이로 계획되어 있다. 부엌과 식당 사이에 만들어진 배선반을 기준으로 두 공간이 확실히 구분되어 있다. 특히 1층 평면도 제일 좌측 위쪽 모서리 부분에 계획된 계단은 부엌에서 반 층 정도 올라가면 2층의 외부 테라스로 연결되는 계단과 2층 내부의 거실 공간으로 연결되는 계단으로 구분되어 있다. 2층 거실로 올라가는 계단은 3층 서재까지 연결되는 계단이다. 1층 평면도를 보면 알겠지만 1층에 있는 벽난로는 2층까지 수직으로 연통이 연결되어 있어 2층 거실까지 난방 효과가 있을 것으로 생각한다. 하지만 3층의 경우에는 벽난로 연통이 외부로 노출되도록 계획되어 3층 서재에는 난방 효과를 기대할 수 없다. 즉, 1층과 2층의 내부 공간을 통과한 연통은 3층에서는 외기에 접하도록 계획되어 있어 3층 연통의 경우에는 연기를 배출하는 기능이지 난방 기능은 없다. (3층 평면도 참조)

눈치가 빠른 사람은 알았겠지만 2층 평면도 계획에는 외부에서 실내로 들어가는 동선이 2개로 분리되고 있다. 하나는 외부에서 거실로 들어가는 동선이며, 나머지

하나는 외부에서 반지하의 부엌으로 들어가는 계단 동선이다. 부엌 동선은 다른 주택에서도 이야기했지만, 미국인의 생활습관을 반영한 계획이다. 2층 공간은 2개의 침실 공간과 부속 공간(화장실, 수납)이 전체 공간의 1/3 정도의 면적이고 나머지 2/3의 면적이 거실 공간으로 계획되어 있다. 그리고 2개의 침실은 거실 공간에서 4칸의 계단으로 올라간 위치에 계획되어 있어 거실과 침실 공간은 비록 같은 층에 계획되어 있지만, 계단 높이에 의해 두 영역으로 확연히 구분되는 공간으로 계획되어 있다. 이렇게 2층에서 침실이 계단으로 올라가야 하는 높이로 계획된 것은 거실(공적 공간)과 침실(사적 공간)을 구분하기 위한 것도 있겠지만 1층의 식당과 부엌이 반지하 형식으로 이루어져 있기 때문에 침실 아래의 식당과 부엌의 부족한 층높이를 확보하기 위하여 바로 위층에 있는 침실 공간의 바닥 높이를 높일 수밖에 없는 상황이라 이해해야 할 것이다.

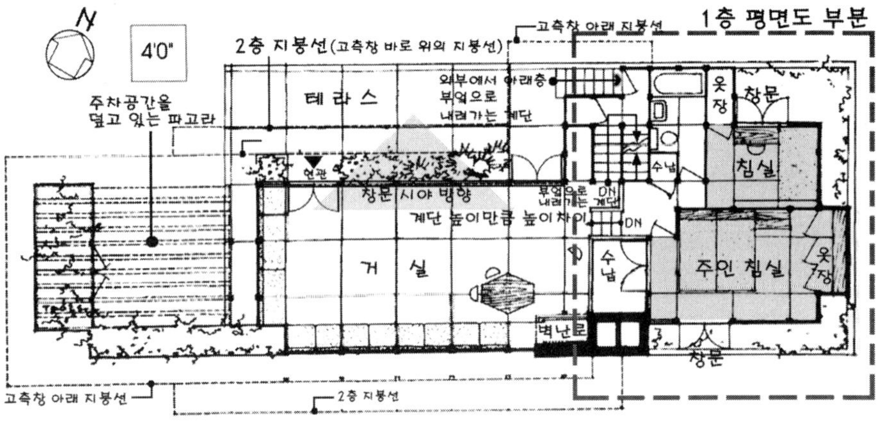

2층 평면도-침실 공간에 비해 넓은 거실 그리고 거실과 높이 차이로 침실 공간이 확연히 구분되고 있다.

1층 거실에서 주차공간이 있는 파고라 방향으로 바라본 모습

2층 평면도에서 주인침실의 전경

1층의 평면도와 내부 사진에서는 외부 테라스에서 식당으로 내려오는 계단과 거실에서 식당으로 내려오는 계단, 그리고 2층 평면도에서는 침실에서 거실과의 바닥 높이 차이를 극복하기 위한 4단의 계단이 보인다. 2층의 남쪽 벽면은 거의 시멘트벽과 보드판에 의해 뜨거운 애리조나 햇볕을 막고 벽면에는 북쪽을 바라볼 수 있도록 소파를 배치하였다. 반면에 북쪽 벽은 전면 유리창으로 계획하여 북쪽의 반사광을 유입하고 전면 유리창을 통하여 외부의 풍광을 내부로 유입하고 있다. 그리고 남측 일부에 설치된 측창(clerestory)은 2층 처마 바로 밑 부분에 2층 거실 공간을 둘러싸듯 설치되어 있어 2층 처마가 사막의 뜨거운 햇볕을 막아주고 이 측창을 통하여 간접적인 햇빛과 거실 내의 더운 공기를 자연 환기하는 기능을 겸하도록 계획되어 있다.

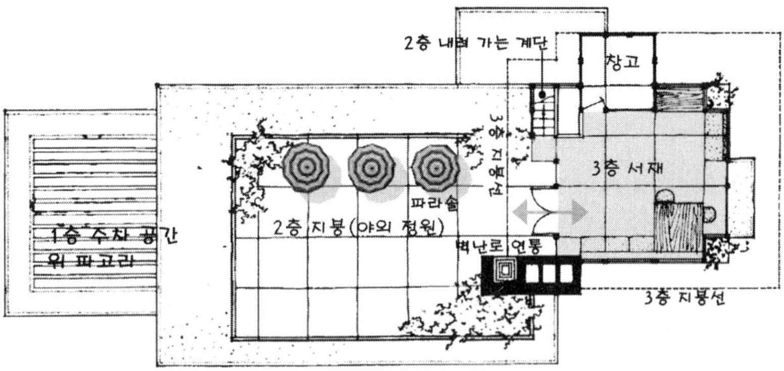

3층 평면도- 2층 지붕에는 휴식과 담소를 나눌 수 있는 야외공간이 마련되어 있다.

3층 평면도에서 서재는 칼슨 씨의 사무실로 이용되었던 공간이다. 2층의 침실 공간 바로 위층으로 2층에서 올라오는 계단과 곧 바로 연결되어 있다. 3층의 야외 정원(2층 지붕)으로 나가기 위해서는 3층 서재를 통하여 연결될 수 있도록 계획되어 있다. 특히 2층 지붕의 야외 정원에는 이 단원 제일 앞 페이지의 주택 전경에서도 볼 수 있듯이 파라솔 등을 설치하여 서재에서의 지루함을 떨칠 수 있는 공간 또는 여러 사람이 담소를 나눌 수 있는 공간으로 계획되어 있다. 그리고 앞에서도 언급되었지만 2층까지 올라온 벽난로는 3층에서는 서재 공간에서 벗어나 외부로 연결되어 벽난로의 배기 기능만 하고 있지만, 야외 정원에서 담소를 나누면서 배기 연통 주변 공간을 따뜻하게 만들 수 있는 기능도 가능할 것으로 판단된다.

이 주택을 기술하면서 의문점이 생긴 부분이 있는데 그것은 애리조나 대부분 주택에 계획된 벽난로이다. 저자가 방문한 12월에도 정말 따뜻한 날씨였기에 벽난로가 거의 필요 없을 것 같은데…라는 생각을 하게 되었다. 여러분도 알고 있듯이 F. L. 라이트 건축의 프레리 스타일에서 벽난로가 모든 주택 평면도의 중심적 역할을 담당하고 있다. 그리고 벽난로는 F. L. 라이트의 주택 계획에서 빠질 수 없는 하나의 트렌드 같은 공간을 만들어 내는 주요 건축 구성 요소로 취급되고 있다. 그래서 애리조나 주택 대부분 주택 공간 계획에서 내부 공간의 중심적 역할을 담당하는 기능으로 벽난로를 부가적으로 설치한 것은 아닐까 하는 생각도 하게 된다. 그리고 미국에서는 바닥 난방을 하지 않기 때문에 난방을 위한 유일한 방법이 벽난로 사용이 아닌가 하는 생각도 하게 된다. 이런 궁금증 때문에 애리조나 주의 연간 기후를 살펴보았다. 위키피디아(wikipedia)에 의하면 애리조나 남부는 세계에서 일조량이 가장 많은 지역이다. 주도인 피닉스의 일조 시간은 연간 3,870시간에 달하지만, 연간 강수량이 200mm에 불과하다. 애리조나 남 · 서부에 위치한 유마(Yuma-애리조나 주 남서부, 콜로라도 강 연안지역)는 무려 연간 4,015시간의 일조 시간으로 세계 1위를 자랑한다. 그러나 1년 강수량이 겨우 85mm밖에 안 되기 때문에 뜨거운 여름과 따뜻한 겨울 날씨로도 유명하다. 애리조나의 주도(州道)인 피닉스의 7월 평균 최고 기온은 41.2℃이고, 역대 최고 기온은 50℃이다. 역대 최고 기온은 레이크 하바수 시티(Lake Havasu City)에서 2003년 7월 기록된 53℃이다. 겨울도 따뜻한 편인데, 2012년 1월 1일 피닉스 지역 낮 최고 기온은 섭씨 26도였다. 비록 이렇게 좋은 기후를 가지고 있지만, 애리조나는 사막 기후인 만큼 주 · 야 온도 차이가 심하다. 서론에서 이야기했듯이 플래그스태프(Flagstaff-그랜드 캐니언을 가기위해 거쳐 가는 도시)시(市)는 겨울의 최저 온도가 섭씨 영하 8도까지도 내려간다. 이런 기후가 애리조나 주택에 벽난로를 설치해야 하는 이유가 아닐까 하는 생각을 하게 되었다.

그렇다고 해서 벽난로를 순전히 날씨와 연관시켜 판단한다는 것도 무리가 있다. 불이라는 것은 인류의 필수적인 삶을 충족시키는 중요한 요소로서 인류 역사는 불과 함께 발전했다고 해도 과언이 아니다. 이처럼 불은 난방을 위한 중요 요소로 발전되었다고는 하지만 선사시대부터 공간의 중심을 형성하는 요소이며 구성원들 간의 커뮤니티를 형성하고 동질성을 부여하는 중요한 장소를 만들어 내는 주요 요소이기도 했다. 그뿐만 아니라 벽난로는 이러한 실용적인 필요를 충족시키고 오감을 자극하고 사고를 확장케 하는 심미적인 매력을 가지고 있어 가족의 화목과 평화를 상징하는 심장과 같은 역할을 하였다. 이렇게 단순한 의미에서 불을 해석하지 않고 불이 담고 있는 다양한 의미에서 F. L. 라이트는 벽난로를 주택 계획의 중요한 요소로 계획한 것은 아닐까 하는 생각을 하게 된다.

7. 벤자민 아델만 주택
(Benjamin Adelman House, 1952)

Benjamin Adelman House

● 위 치 : 5808 N. 30th Phonenix Arizona

● 건 립 : 1952년

벤자민 아델만 주택(1952) - 회색 콘크리트 블록으로 시공된 외관의 모습, 정면으로 보이는 붉은 창살 유리창이 있는 건물이 초기에 계획된 주 건물이고, 우측에 콘크리트 블록 벽면만 보이는 측면 건물은 80년대 후반에 증축된 건물이다.

큰 점선 안쪽의 작은 점선 내의 건물이 초기 주택 건물이고 나머지는 80년대 후반에 증축된 건물이다. (평면도와 겹쳐 놓은 사진 참조) 그리고 이 주택 바로 북쪽에 부머 주택이 위치하고 있다.(부머 하우스 사진 참조)

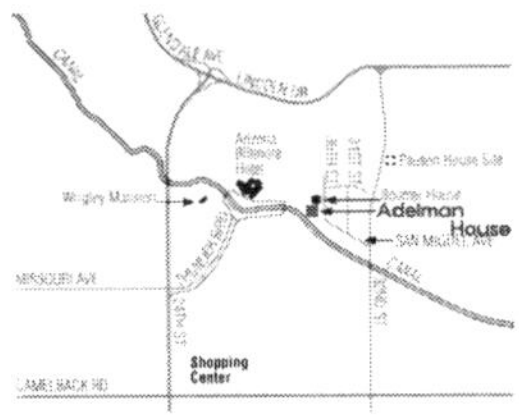

Adelman House
접근 도로와 위치도

F. L. 라이트는 벤자민 아델만을 어떻게 알았을까?

벤자민 아델만은 미(美)북부 지역인 위스콘신 주(州)의 밀워키(Milwaukee)지역에서 대규모 세탁과 드라이클리닝 사업으로 성공한 사업가이다. 여러분도 알고 있겠지만 위스콘신 주는 탈리에신 이스트가 위치한 곳이며 F. L. 라이트의 고향이다. F. L. 라이트 역시 추운 겨울 동안 작업하기 곤란한 위스콘신을 떠나 따뜻한 애리조나로 왔듯이 벤자민 아델만 역시 따뜻한 겨울을 보내기 위한 주택으로 지은 것이다. F. L. 라이트와 벤자민 아델만의 관계를 알 수 있는 내용은 저자의 노력 부족으로 찾을 수 없었지만, F. L. 라이트 관련 서적을 읽어보고 추측한 결과로는 애리조나에 주택을 짓기 전에 F. L. 라이트는 벤자민 아델만을 알고 있었던 것으로 보인다. 그 이유는 벤자민 아델만이 위스콘신 주의 밀워키에 있을 당시 F. L. 라이트가 벤자민 아델만의 아들 가족을 위하여 주택을 설계해준 경험이 있기 때문이다. 그래서 애리조나의 베자민 아델만 주택은 아델만 가족을 위한 두 번째 주택으로 유소니언 오토메틱 스타일(Usonian Automatic)로 설계된 것이다. 여러 번 이야기 했듯이 F. L. 라이트의 건축 스타일은 당시 유럽에서 유행하고 있었던 고전주의를 선호하는 미국인에게는 크게 호응을 받지 못한 부분도 있었다. 그 이유를 좀 더 폭넓게 이해하려면 미국의 역사를 살펴볼 필요가 있다. 미국의 역사는 1620년 영국의 '필그림 파더스(Pilgrim Fathers)' 라고 하는 청교도들이 종교의 자유를 찾아 대서양을 건너서 미국으로 오게 된 것이 미국 역사의 시작이라 할 수 있다. 그러므로 미국의 뿌리는 기본적으로 유럽이라 할 수 있다. 한마디로 영국, 프랑스, 독일 등이 미국인들에게는 조상의 나라인 셈이다. 그래서 당시 미국의 건축 스타일은 유럽에서 유행하고 있었던 고전주의 스타일을 벗어나지 못했고, 고전주의 건축에 대한 열망을 가지고 있었다. 이런 이유로 미국에서 건축활동을 하는 많은 건축가는 유럽 건축을 배우기 위해 유럽으로 유학을 가는 경우가 많았다. 그래서 현재도 역사가 짧은 미국의 주요 공공 건축물은 대부분 고전주의 스타일로 지어진 경우를 많이 볼 수 있다. F. L. 라이트의 스승이면서 '형태는 기능을 따른다.(Form follows function)' 라는 말로 유명한 루이스 설리반(Louis H. Sullivan, 1856. 9 ~ 1924. 4)도 비록 프랑스의 아카데믹한 전통을 거부하고 자신만의 건축을 추구했다고는 하지만 그 역시 MIT를 졸업하고 파리의 에콜 드 보자르(Ecoles des beaux-arts)에서 유학을 한 유럽 유학파 미국 건축가이다. F. L. 라이트 역시 당시 시카고의 유명 건축가인 다니엘 번햄(daniel burnham, 1846 ~ 1912)으로부터 파리 보자르와 이탈리아의 로마로 유학을 보내주겠다는 제안을 받았다. 그러나 F. L. 라이트는 보자르의 보수적인 전통교육이 싫어 거절하였다고 한다.

F. L. 라이트가 건축을 시작할 초기 시대에는 퀸 앤 스타일(Queen Anne Style : 빅토리안 스타일 주택의 대표 양식이라 볼 수 있다.)이 유행했는데 이는 영국의 건축가인 리차드 노만 소우(Richard Norman Shaw, 1831~1912)가 선구자로 알려져 있다. 이 스타일은 초기 중세 시대의 '로마네스크' 건축양식에서 아이디어를 끌어왔고 대체로 그 특징은 급경사의 박공지붕, 비대칭의 평면, 동그랗게 뛰어나온 발코니, 고전적 형태의 기둥, 높은 굴뚝 등이 조합된 입면과 평면을 가진 주택 유형이라 할 수 있다.[1] 당시 미국의 퀸 앤 스타일의 주택은 자신들의 성공을 자랑하고 싶어 했던 부유한 상공인들을 중심으로 전국에 걸쳐 선풍적인 인기를 끌었던 주택 스타일이었다. 이런 스타일은 F. L. 라이트만의 스타일이 정착되기 전에 F. L. 라이트에게도 영향을 주었는지 F. L. 라이트가 초기에 설계한 여러 주택에서도 같은 특징을 찾아볼 수 있다. 그러나 이후 F. L. 라이트만의 스타일인 프레리 스타일(Prairie Style) - 1910년 와스무스 포트폴리오(wasmuth portfolio, 1910, 독일에서 출판한 F. L. 라이트 작품집)의 출판을 통하여 '프레리 스타일이 진정한

1) 로마네스크 건축양식은 유럽에서 10세기 후반에 일어나 12세기에 고딕 양식으로 발전했으며 영국에서는 노르만 건축이라고도 불린다. 이런 이유에서 인지 퀸 앤 스타일이 고딕건축의 특징을 보인다.

알버트 아델만 주택(1948, 위스콘신 주)의 모습 - 회반죽을 필요로 하지 않는 회색 콘크리트 블록과 사이프러스로 지어졌다. 지붕은 갈라진 삼나무(일종의 너와 지붕)로 덮여있고 넓은 돌출부가 있다.

최초의 아메리칸 스타일' 로 알려졌다. –로 변화하면서 기존의 높은 경사진 박공지붕에서 수평선을 강조하는 평지붕, 높은 굴뚝 등과 같이 퀸 앤 스타일에서 완전히 벗어난 F. L. 라이트만의 건축 스타일로 자리 잡는다. 그래서 유럽에 뿌리를 둔 미국인에게 기존의 고전주의 스타일에서 벗어난 F. L. 라이트의 주택 형태가 그들에게는 호불호(好不好)를 분명히 구분 짓는 F. L. 라이트만의 디자인이라 할 수 있었다. 이런 이유 때문인지 F. L. 라이트에게 한번 디자인을 맡긴 건축주는 대부분 F. L. 라이트를 다시 찾아 자신의 건물 또는 주택 설계를 의뢰하는 경우가 많았다. 벤자민 아델만 주택 역시 벤자민 가족들이 F. L. 라이트에게 두 번째로 설계를 의뢰한 이유도 이런 이유 때문일 것이다. 다시 말해 이 주택을 짓기 전 1948년에 위스콘신 주 밀워키의 폭스 포인트(Fox Point)에서 벤자민 아델만의 아들인 알버트 아델만(Albert(Ollie and Edie) Adelman, 1948)가족을 위하여 F. L. 라이트가 주택을 설계해주었다. 알버트 올리(Ollie) 아델만은 아내 에디(Edie)와 세 명의 어린 아들(린, 게리, 크레이그)이 있었는데, 알버트 아델만이 F. L. 라이트에게 폭스 포인트에 자신의 가족을 위한 집을 설계해 달라고 부탁한 것이다. 아마도 이를 인연으로 애리조나에 알버트 아델만의 아버지인 벤자민 아델만이 자신을 위한 주택 설계를 다시 의뢰하게 된 것이다.

많은 부분이 증축된 벤자민 아델만 주택의 변화 과정

관련 서적에 따르면 애리조나에서 벤자민 아델만을 만난 것은 빌트모어 호텔에서 친구들과 카드놀이를 위하여 모인 자리에서 다시 만났다고 한다. 어떻게 보면 우연이라고 할 수 있겠지만, 모르는 사람끼리 카드놀이를 한다는 것은 어색했을 것이고, 서로 알고 있는 사이였기 때문에 카드놀이에 초대되지 않았을까 하는 추측을 해본다. 분명 벤자민 아델만은 자신의 아들 집을 설계할 때 F. L. 라이트를 알고 있었던 사이였기 때문에 구면으로 만난 것으로 보인다. 이것이 인연이 되어 다시 벤자민 아델만 주택을 설계한 것도 있겠지만 때마침 벤자민 아델만이 애리조나에 겨울용 주택을 마련하려는 시기와 겹친 우연의 일일 수도 있을 것이다. 처음에는 주택을 지을 대지에 애리조나의 원주민이었던 인디언에 의해 지어진 주택이 있었다고 한다. 그리고 F. L. 라이트는 이 대지에 다시 주 건물과 부속 건물로 두 개의 건물로 나누어 계획하였다.

초기 계획안(평면도 참조)에서는 주 건물에 거실과 부엌, 식당, 안방이 있었고 북쪽에 위치한 부속 건물에는 3개의 게스트 룸과 두 개의 침실로 계획되었다고 관련서적〈FRANK LLOYD WRIGHT FIELD GUIDE, Northwestern University Press, Thomas A. Heinz, 2005. p.77〉에 기술되어 있었다. 그러나 〈THE FRANK LLOYD WRIGHT COMPANION, The University of Chicago Press, William Allin Storrer. p.366〉에 실린 초기 평면도에서는 주 건물 내의 공간 계획은 〈FIELD GUIDE〉 것과 같았지만 부속 건물의 공간 계획은 조금 다른 부분을 볼 수 있었다. 부속 건물 평면

1955년의 모습으로 동쪽에서 주택을 찍은 사진

1968년 내부정원의 모습으로 지금과 확연히 다른 모습

1979년 남쪽에서 주출입구를 촬영한 모습

1996년 북쪽 부분이 증축된 후 촬영된 모습으로 창살의 색이 회색에서 붉은색으로 바뀌었다.

도에는 일하는 사람의 침실과 게스트 룸 1개 그리고 접객 공간 겸 침실로 사용하고 있는 Sitting room(굳이 한국어로 번역하면 '거실' 정도라고 할 수 있을 것이다.)으로 계획되어 있어 일부 변경된 부분을 볼 수 있었다. 초기 평면도 계획을 살펴보면 주 현관에서 들어오자마자 좌측에 주인 침실(주인 침실은 실내의 깊은 곳에 위치하는 것이 일반적이다.)이 있다는 것이 좀 낯설게 느껴지는 부분도 있다. 부엌은 다른 F. L. 라이트 주택 작품과 같이 벽난로 뒤에 가려져 있고 식당 공간과는 벽으로 완전히 구분되어 있다. 외부에서 부엌으로 곧바로 통하는 출입문을 만들어 미국의 생활문화(대부분 주택에서 주차장과 부엌을 연결하는 동선 계획은 일반적이다.-앞에서도 이야기한 적이 있다.)를 그대로 적용하여 표현하고 있다. 그리고 게스트들의 독립적인 공간을 위하여 외부에서 부속 건물인 게스트 룸으로 직접 연결되는 별도의 출입문도 계획되어 있다.

그리고 평면도에서 두 동의 건물은 블록 담장과 테라스 공간으로 연결되어 있다. 담장 안쪽(내부 정원)과 외부에는 조그마한 잔디 광장을 이루고 있지만, 위성사진의 배치도와 평면도를 비교해보면 현저히 변화된 모습을 볼 수 있다. 현재 아델만 주택은 불행하게도 증축 등으로 인하여 F. L. 라이트가 디자인한 초기의 주택 모습이 거의 사라진 상태라고 할 수 있다. (첨부된 평면도는 F. L. 라이트가 계획한 초기 계획안이다.) 제일 앞 페이지의 위성사진은 구글 어스의 배치도인데 바로 위쪽으로 인접한 북쪽에는 부머 주택(Jorgin Boomer 주택 참조)이 위치하고 있다. 그리고 큰 점선 안쪽에 작은 점선 부분이 초기 평면도의 건물(평면도)이라면 나머지는 모두 80년대 후반에 증축된 건물이라 할 수 있다.

벤자민 아델반 주택의 초기 평면도(THE FRANK LLOYD WRIGHT COMPANION 참고)

본 주택은 주 건물과 부속 건물로 분리되어 있는데 면적은 주 건물이 약 700피트제곱(약 65㎡, 20평)으로 이루어져 있고 부속 건물인 게스트 룸이 약 500피트제곱(약 46㎡, 14평)로 이루어져 있어 두 건물 모두 합하여 1,200피트제곱(111㎡, 34평)정도이다. 그리고 현재 구글 어스(Google Earth, 2020. 1)에 나오는 위성사진과 평면도를 비교하면 확연히 F. L. 라이트 책에 실린 초기 평면도보다 많은 부분이 증축된 된 것을 알 수 있다. 현재 이 주택의 면적은 3,360피트제곱(312㎡, 94평)으로 증가(위성사진에서 보이는 별동의 주차장 건물도 포함)하였다. 이는 1980년대 후반에 Fred Bloch Assoc. AIA의 소속 건축가에 의해 증축되면서 면적이 증가하였기 때문이다. 이 증축으로 인하여 F. L. 라이트가 처음 설계한 주택에서 많은 변형이 이루어졌기 때문에 가끔 F. L. 라이트의 주택이 아닌 것으로 평가받기도 한다. 이처럼 평가하는 이유로는 1952년부터 F. L. 라이트와 같이 작업한 아놀드 로이(Arnold Roy)는 아델만 하우스가 너무 심하게 개조되어 더 이상 F. L. 라이트 주택 작품이라고 부르지 않는다. – "*It has been so bastardized that I no longer call it a Frank Lloyd Wright house.*" – 라고 말했다. 그러나 로이는 부가적인 설명으로 "아델반 주택은 F. L. 라이트의 초기 건축 개념이 남아 있는 만큼 여전히 볼만한 가치가 있다."라고 이야기하고 있다. 그렇지만 이 주택에는 F. L. 라이트 이름과 '역사적 주택' 이라는 명판이 붙어있다.

외벽의 붉은 창호는 외벽에 사용한 콘크리트 블록의 모듈에 맞추어 계획된 이유 때문인지 콘크리트 블록 크기와 비슷한 사각형의 창살로 나누어져 있다. 또한, 초기에 흰색으로 이루어진 창살을 그대로 살려보는 의도도 있었을 것으로 판단된다. 그

동판에 F. L. 라이트의 이름과 미국에서 인정한 '역사적인 주택' 이라고 쓰여 있다.

F. L. 라이트(중앙)와 그의 가장 조력자이면서 F. L. 라이트의 사위인 윌리암 웨스레이 피터스(William Wesley Peters, 왼쪽)와 유진 마셀링크(Eugene Masselink, 오른쪽)

벤자민 아델만 주택의 거실에 목재로 만든 천정 틀과 벽난로 위에 유진 마셀링크(Eugene Masselink)가 디자인한 기하학 문양의 벽 모습

리고 이 많은 창호를 통하여 모든 침실에서 외부의 다양한 경치를 즐길 수 있다. 그리고 주택 거실의 벽난로 위에는 다양한 기하학 형태로 그려진 벽화가 있다. 이 벽화는 F. L. 라이트의 비서이기도 한 유진 마셀링크(Eugene Masselink, 1910~1962)가 디자인한 것으로 마셀링크는 탈리에신 펠로쉽을 위하여 많은 벽화를 디자인하기도 했다. 나중에 이야기할 해롤드 프라이스 주니어 주택(Harold Price, Sr., 1954)의 중정에 설치된 창호에 디자인된 문양도 유진 마셀링크가 디자인한 것이다.

F. L. 라이트는 이 주택을 계획하면서 미시건(Michigan) 주에 위치하고 있는 유소니언 스타일의 블록주택인 에릭과 팻 프랫(Eric and Pat Pratt, 1948) 주택 등에서 경험한 내용을 개선한 주택으로 계획하려고 노력했다고 한다. 그리고 벤자민 아델만 주택은 콘크리트 보를 기준으로 목재를 사용하여 만든 천장틀을 얹어놓는 방식으로 지붕을 시공하였다. 이런 형식은 본 책에 기술된 애리조나의 Pieper 주택에서도 사용되었다고 한다. Pieper 주택이나 아델만 주택의 지붕이 모두 평지붕으로 시공되어 비슷한 부분이 있음을 알 수 있을 것이다. 그리고 평면도와 같이 두 건물을 테라스(walkway)로 이어주는 건물형식은 F. L. 라이트의 Robert and Elizabeth Muirhead Farmhouse(1950, Hampshire, illinois)의 건물에서 사용된 주택 개념을 다시금 적용 한 것이라 할 수 있다. 이 주택에 사용된 블록은 1×2피트(약 30×60 ㎝)블록을 사용하여 2피트 모듈 시스템이 적용되었다.

Robert and Elizabeth Muirhead Farmhouse의 외관 모습- 좌우 두 건물 사이에 유리로 된 walkway가 보인다.

유소니언 주택과 벤자민 아델만 주택의 관계

1936년부터 F. L. 라이트는 '유소니언(Usonian)' 이라고 불리는 일련의 주택을 본격적으로 개발하기 시작한다. 벤자민 아델만 하우스도 〈The Natural House〉에 발표되면서 F. L. 라이트가 디자인한 최초의 'Usonian Automatic House' 로 소개하고 있다. 이 주택 역시 유소니언 주택에서 목표로 하는 것 중의 하나인 주택 시공비용을 최소화한 주택 사례로 알려져 있다.

First Edition

Third Edition

THE NATURAL HOUSE: 네츄럴 하우스는 여러 에디션으로 출판되었다. (Published by Horizon Press, New York) 책의 크기는 8.25×10.25인치로 총 223페이지고 이루어져 있다.

이 책에서는 자연과 조화된 주택에 관련된 116개의 사진, 계획, 스케치 등으로 묘사된 내용이 많이 소개되고 있다. 그리고 적당한 가격으로 충분히 지을 수 있는 다양한 주택(유소니언)들을 소개하고 있다. 또한 F. L. 라이트는 세계적으로 유명한 '유소니언' 주택에 관한 이야기를 텍스트와 삽화로, 그것들이 원래의 구상에서부터 최종 실행까지 어떻게 발전해 가는지를 상세하게 보여주고 있다. 특히 그는 '유소니언 오토메틱' 주택에 대한 단계적 묘사를 이 책에서 기술하면서 그 놀라운 집이 어떤 단계로 지어지는지를 사진과 함께 상세히 소개하고 있다.

이처럼 유소니언 주택이란? 1936년 당시 미국 경제가 어려운 상황에서 프레리 주택 평면 유형을 좀 더 단순화한 것이다. 그리고 다양한 형태의 주택을 디자인하게 되면서 누구나 쉽게 지을 수 있는 주택이라는 점을 강조하고 이를 '유소니언(Usonian)' 이라 부르게 된다. 유소니언 평면 스타일은 프레리 스타일에서 기본적인 공간만으로 구성된 것으로 미국의 민주적 이상을 최대한 잘 표현한 것이라는 평가를 받고 있다. 이런 의미에서 일부 유소니언을 '개혁된 미국사회' 라는 의미로 해석하는 평론가도 있다. 또 다른 이들은 'Usonia' 라는 단어는 새뮤얼 버틀러(Samuel Butler, 영국 작가)가 미국을 지칭하는 단어로 '일치' 를 의미하는 Union에서 파생되었다고 해석하는 이도 있다. 또 다른 의미로는 United States Of North America를 줄인 말로써 i는 음절상 발음하기 편리하게 추가된 것으로 봐도 좋을 것이다. 이 단어의 의미는 미국 북부 지역과 다른 지역 주택들과 구분하기 위한 것이며 또한 민주국가인 미국 국민에서 경제적인 부담을 줄이면서 아름답고 질 높은 주택들을 보급

하겠다는 F. L. 라이트의 생각을 표현한 단어이기도 하다. 이는 미국의 대공황을 겪으면서 모든 국민에게 '높은 질의 주거를 저렴한 가격에 제공' 하고자 하는 생각에서 이루어진 것이다.[2] 그래서 시공하기 쉽고 이해하기 쉬운 단순한 평면 유형을 가질 수 있는 주택을 디자인하게 된다. 이런 의미에서 이 시기(1937~1959)에 설계된 주택들을 '유소니언(Usonian)' 주택이라 부른다. 그래서 대부분 문헌에서는 F. L. 라이트의 건축 스타일을 구분할 때 '프레리' 와 '유소니언 스타일' 로 구분한다. 프레리 스타일(Prairie Style : 1899~1910)의 건축 기간을 그의 제1의 황금시기로 구분하는데 이 시기의 마지막 작품이 '로비 하우스(Robie House, 1909, 1963년 국가 사적으로 지정)' 라 할 수 있다. 유소니언 스타일(Usonian Style : 1939~1959)의 건축 기간을 제2의 황금시기라고 구분하기도 하는데 이 시기에 그의 주택 작품 대부분이 설계되었다고 해도 과언이 아닐 정도로 많은 주택을 설계했다. 프레리와 유소니언 스타일의 중간 기간인 1910~1939년 사이에는 몇몇 프로젝트를 하긴 했지만, F. L. 라이트에게는 개인적으로 복잡한 일과 미국의 경제적 불황이 겹치면서 많은 프로젝트를 할 수 없었던 '암흑시기' 로 구분하기도 한다. 그렇다고 해서 F. L. 라이트가 아무 일도 하지 않고 있을 사람이 아니다. 비록 후대 건축인들이 F. L. 라이트의 삶을 구분하여 '암흑시기' 라고 했지만, 우리에게 알려진 Midway Gardens(1913, Chicago －1929년 철거되었음), Imperial Hotel(1915, Tokyo－현재는 나고야의 메이지무라[3]에 옮겨져 있음)과 같은 대형 프로젝트를 수행했을 뿐 아니라 Frederick C. Bogk 주택(1916, Milwaukee, 위스콘신 주), Barnsdall Hollyhock 주택(1917, Los Angeles-유네스코 문화유산)등 규모가 큰 유명 작품을 많이 남겼다.

이와 같은 맥락에서 1950년대 초 그는 저렴한 콘크리트 블록으로 만들어진 유소니언식 주택을 표현하기 위해 처음으로 '유소니언 자동 시스템(Usonian Automatic system)' 이라는 용어를 사용하게 된다. 여기서 잠깐, Usonian Automatic system으로 설

2) "The Frank Lloyd Wright Companion" William Allin Storrer, The University of Chicago Press, 1993 p.241

3) 박물관 메이지무라(博物館明治村(はくぶつかん めいじむら))는 일본 아이치현 이누야마시에 있는 야외 박물관으로 메이지 시대(1868~1912)를 개념으로 한 테마파크로 1965년 개관하였다. 메이지 시대의 건축물 등을 이축하여 공개하며 메이지 시대의 역사적 자료도 수집하고 사회 문화의 향상에 기여하는 것을 목적으로 만들어진 곳이다. 일반적으로 '메이지무라' 라고 한다.

계된 주택들을 소개하면, ① 벤자민 아델반주택(1951 Arizona)과 ② Pieper House(1952, Arizona), 그리고 ③ Gerald B. Tonkens House(1954, Ohio), ④ Dr. Toufic H. and Mildred Kalil House(1955, New Hampshire), ⑤ Turkel House(1955, Michigan), ⑥ Elizabeth and William B. Tracy House(1955, Washington), ⑦ Bette Pappas House(1955, Missouri) 이외에도 많은 주택이 있다. 그러나 여기에서 언급된 주택들은 유소니언이라는 미국 북부에만 국한된 것이 아니라 남부의 애리조나, 중부의 미주리, 그리고 북부의 미시건, 워싱턴, 오하이오 주 미국의 여러 주에 분포되어 있다. 이런 유닛 블록을 이용한 오토메틱 시스템이라는 의미는 미국 북부에만 한정된 주택을 의미하는 것이 아니라 사용 재료를 직접 성형하여 저렴한 비용으로 자신이 원하는 형태로 주택을 지을 수 있다는 의미로 폭넓게 해석하는 것이 좋을 것 같다. 그리고 이렇게 성형된 유닛 블록을 대량으로 사용했다는 것은 F. L. 라이트가 추구한 유기적인 건축이 아니라 기계주의와 기능주의에 가까운 방식으로 그의 스타일이 바뀌어 가고 있음을 보여주는 사례라고 할 수 있다.

그럼에도 불구하고 F. L. 라이트는 동시대의 근대 건축가인 르-꼬르뷔제의 기계주의를 반대하는 입장이었다. 반면에 F. L. 라이트 스스로 모듈형 블록(유닛 블록)을 사용하여 좀 더 시스템화된 시공 방법을 추구하게 되면서 그의 작품 역시 기계주의적 방식으로 변해가고 있었다. 즉 모듈화된 블록을 대량으로 제작 생산한다는 것은 이제까지 F. L. 라이트의 건축 개념인 '유기적인 건축' 과 '프레리' 라는 자연을 기반으로 하는 건축 개념에서 벗어난 것이라고 이야기하는 사람들도 있다. 그렇지만 모듈화된 블록이라는 새로운 재료를 사용하게 되면서 F. L. 라이트 스스로 기계주의를 받아들이고 있었던 것이다. 그가 주장한 유기적인 건축 외에도 가끔 F. L. 라이트의 사상을 논할 때 빼놓을 수 없는 것으로는 동양사상, 특히 일본 문화에 관한 관심 그리고 기계 문명에 대한 태도이다. 20세기 초반 진보적인 사상을 가진 시카고의 예술가들이 모이던 헐 하우스(Hull House)에서 1909년 발포한 〈기계의 예술과 기술(The Art and Craft of the Machine)〉이라는 글에서 "기계라는 문명의 수단을 가장 편리하게 이용하는 것이 예술가(건축가)의 중요한 의무"라고 주장한 이후 그는 일생을 통해 기계 문명을 배척하기보다는 적극적으로 활용해야 한다고 믿었다. 이런 의미에서 '유소니언 오토메틱 시스템' 이라는 시공 방식이 어느 짧은 시간에 고안된 것이 아닌 것으로 생각된다. 그러나 저자처럼 선불리 생각하는 사람들은 '유소니언' 이라는 주택은 미국의 경제 공황 시기에 F. L. 라이트가 자신이 처한 경제적 상황을 이겨나갈 수 있는 하나의 방법으로 고안된 것이거나 또는 시대의 흐름에 맞춘 시기적절한 건축 방식으로 고안된 것이라고 단순하게 생각하는 사람들도 있을 것이다. 그러나 이러한 방식은 단순히 당시의 어려운 경제적 상황을 극복하자는 의식에서 나온 것이 아니라 F. L. 라이트가 예전부터 생각하고 있었던 사회・경제적인 상황 파악과 F. L. 라이트만이 가지고 있는 건축적인 사고(思考)에 실행력이 합쳐지면서 이루어낸 결과는 아닐까 하는 생각도 해본다.

아무튼, 모듈화된 블록은 다양한 방법과 다양한 형태로 저렴한 주택을 건축주가 원하는 형태로—레고처럼—조립할 수 있다는 장점이 있었다. 이런 의미에서 모듈화된 블록을 사용하여 시공된 주택들을 '유소니언 오토메틱 시스템(Usonian Automatic system)' 주택이라는 용어로 정의하고 있다. 그리고 이러한 블록을 이용한 주택의 경우 좀 더 시공이 쉽게 이루어질 수 있고 또한 시공이 쉽게 이루어지는 만큼 시공비용을 절감할 수 있다는 의미가 있었기 때문에 '유소니언 주택'은 F. L. 라이트 제2의 건축 황금기를 가져다준 것으로 생각한다.

8. 아서 피퍼 주택
(Arthur Pieper House, 1952)

Arthur Pieper House

- 위 치 : 6442 East Cheney Road, Paradise Valley Phoenix Arizona
- 건 립 : 1952년

보라색 지붕 테두리가 눈에 띄는 Arthur Pieper 주택 전경, 전면의 평지붕 건물이 거실과 부엌이 있는 공간으로 초기에 유리블록으로 시공된 벽을 모두 제거하여 완전히 변경된 외관의 모습이다.

위성사진(구글 어스)으로 본 주택 배치 현황 - 초기 주택의 모습에서 많은 공간이 추가로 증축된 현재의 모습. (후반부의 초기 평면도와 비교)

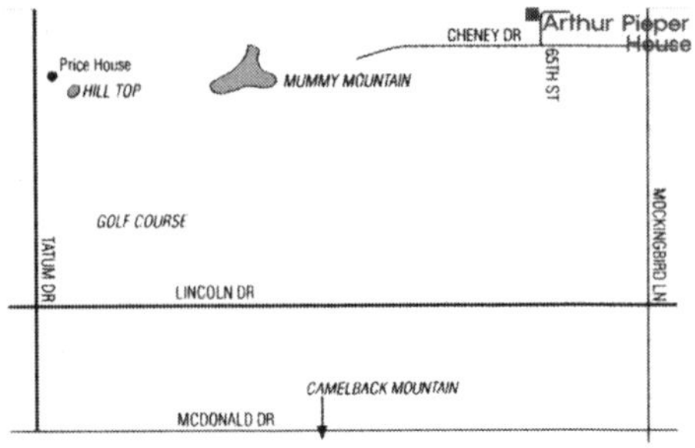

Arthur Pieper House 접근 도로와 위치도

성형으로 알아보지 못하는 Arthur Pieper 주택

요즘 일부 사람들에게 쌍꺼풀 수술 정도는 성형도 아니고 단순한 시술 정도로 여겨지고 있다. 심지어 남녀노소를 가리지 않고 누구나 하는 것으로 우리 일상생활에서 흔한 이야기가 되었다. 이는 사람들에게만 적용되는 것이 아니다. 주택도 오래되면 내부 시설들이 제대로 작동하지 않고 묵은 때로 인하여 위생상 불결한 경우가 많이 생기기 때문에 당연히 성형(renovation) 또는 페이스-오프(face off)가 필요하다. 피퍼(Pieper) 주택의 경우도 1996년 일부 변경이라기보다 페이스-오프 수준에 가까운 리노베이션으로 초기 모습과 비교하면 완전히 다른 모습으로 변해버린 주택 중의 하나이다.

개략적으로 변경된 정도를 이야기하면 외벽은 완전히 교체되었다. 식당 공간은 확장되었고, 최초 유소니언 일자형 평면에 부속 건축물이 추가로 증축된 모습이다. 이는 앞 페이지에 있는 구글 어스의 주택 배치 사진과 이 주택 소개 마지막 부분에 첨부된 주택 평면도를 비교하면 얼마나 많은 부분이 변경되었는지를 알 수 있을 것이다. 위성사진에서 바라본 주택의 모습은 여러 개의 사각형

입구 부분에서 바라본 주택의 모습

이 서로 겹쳐진 모습이지만 최초의 평면도는 단순히 일자형으로 계획된 전형적인 유소니언 평면으로 계획된 주택의 모습이었다.

즉, 이 주택은 한 마디로 일부 성형이 아닌 대수술로 인하여 얼굴 전체를 바꿔버린 것이라고 해도 과언이 아닐 정도로 너무나 다른 얼굴로 변해버렸다. 완전히 페이스-오프한 것이다. 저자도 참고 문헌을 보고 찾아갔지만 "이 집이 정말 Arthur Pieper 주택이 맞아?" 아무리 봐도 아닌데? 라는 의구심을 가질 정도로 많은 부분이 변해버렸다. 아니 얼굴을 전혀 알아보지 못할 정도로, 완전히 다른 사람으로 느껴졌다. 초기 주택 모습과 너무나 많이 변한 이유 때문인지는 모르겠지만 〈F. L. Wright in Arizona(Lawrence W. Cheek, 2006)〉에 기록된 Arthur Pieper 주택에 관해 기술한 내용을 살펴보면 '이 주택은 F. L. 라이트가 설계한 초기 주택에서 너무나 많은 부분이 변경되어 오늘날 F. L. 라이트의 주택으로 보기에는 어려운 주택이다.' (원문 : The Pieper house has been altered so much that it hardly counts as Wright' s work today.) 라고 기술하고 있다.

앞에서도 잠깐 언급하였듯이 본인도 이 주택을 찾아갔을 때… 어어~ ? 이상한데, 분명히 주소는 맞는데…, 몇 번이고 참고 서적과 주택 외부를 어슬렁어슬렁 거리면서 주택을 둘러보았다. 그나마 의구심을 가지고 주택을 둘러보게 만든 이유는 F. L. 라이트 주택의 디자인 구성요소인 입구 부분에 있는 화반 때문이다. 주택 외부 또는 현관 앞부분에 F. L. 라이트 특유의 어색한(?) 화반이 - 빌트모아 호텔에서 설명한 내용–놓여 있는 모습에서 F. L. 라이트 작품의 분위기를 조금 느꼈기 때문일 것이다. 이렇게 입구 앞부분에 둥근 화반을 배치하는 수법은 F. L. 라이트의 초기 프레리 스타일 건축에서 많이 볼 수 있었던 F. L. 라이트만의 디자인 특징이라고 빌트모어 호

Arthur pieper 주택을 둘러싸고 있는 낮은 담장 입구 양쪽에 설치된 어색한 화반의 모습과 오렌지 나무(애리조나에는 오렌지 나무가 많다.)

Arthur Pieper 주택 주변에는 다른 주택을 볼 수 없다. 주변 경관은 선인장으로 사막의 분위를 확실히 느낄 수 있는 분위기이다.

텔 설명에서 이야기한 적이 있다. 특히 탈리에신 웨스트(애리조나) 입구에는 이와 같은 화반의 모양을 크게 확대하여 수반 형식으로 만들어 F. L. 라이트만의 건축적 특성을 분명하게 보여주고 있다.

그러나 마음 한구석에는 F. L. 라이트 주택이 아닐 수 있다는 생각이 들었기 때문에 사진 촬영도 거의 하지 않고 이제까지 F. L. 라이트의 주택을 보고 느낌 감각으로 주택의 이곳저곳 기웃기웃하면서 F. L. 라이트 주택 작품이라는 스모킹 건(Smoking Gun : 확실한 증거)을 찾아보았다. 답사 전에 미리 주택에 관한 관련 내용을 어느 정도 숙지하고 왔다면 이런 의심을 하지 않았을 것인데…, 라는 생각도 해봤지만 이미 지나간 시간일 뿐이었다. 이런 생각도 단지 저자 스스로 위안으로 삼는 핑계일 수는 있겠지만, 주택 답사 전에는 여행 일정과 주택 주인에게 방문편지를 보내는 등 일정 조정으로 많은 시간을 소비했기 때문에 가장 중요하게 생각되는 답사할 주택에 관한 사전 공부가 충분하지 못했다. 핑계 아닌 핑계이겠지만 후회도 된다.

일단 외관을 사진 촬영한 후 내부 촬영을 위해 유리로 만들어진 현관을 통해 내부를 살폈다. 실내에 전등이 켜있는 사실을 알고 사람이 있을 것이라 예상했다. 그리고 이 주택이 정말 F. L. 라이트가 설계한 주택인지를 확인하기 위하여 용기 내어 현관 벨을 눌렀다. 내부에서 사람이 나오고, 주택의 사실 여부를 확인하려 하자 내 말이 끝나기도 전에 집주인은 "모른다." "No, 아니다."라는 명쾌한 말만 되풀이하곤 문을 닫아버렸다. 문전박대(門前薄待)라는 말이 순간적으로 머리를 뚫고 지나갔다. 너무 순간적이라 잠시 멍하니 서 있었다. 그리고 순간적으로 여러 생각이 겹쳤지만, 곰곰이 생각해보니 주인의 태도를 이해할 것 같았다. 이 주택뿐 아니라 몇 년 전에 F. L. 라이트 작품 중 프레리 스타일의 대표작품이라 할 수 있는 윌리암 헐만 윈슬로 주택(William Herman Winslow House, Illinois, 1893)을 찾아갔을 때도 집주인이 집 근처에도 접근하지 못하게 노발대발(怒發大發)하는 바람에 거의 쫓겨나듯 도망쳐 나온 경험이 있었기 때문에 주인의 마음을 잘 이해할 수 있었다. 나 뿐만 아니라 세계 곳곳에서 건축을 공부하든 하지 않던 F. L. 라이트 추종자들이 얼마나 집주인을 귀찮게 하였을까? 하는 생각에…, 다음 일정도 있고, 또 미국에 살고있는 상황도 아니기 때문에 대충 외관만 촬영하고 다음 주택을 찾아 이동했다. 이후 현지에서 〈F. L. Wright in Arizona[1]〉 책을 구매하고 읽은 후에야 이 주택이 리노베이션으로 완전히 변해버린

1) LAWRENCE W. CHEEK, RIO NUEVO PUBLISHERS, TUCSOW, ARIZONA, 2006

사실을 알게 되었다. 그래도 외부라도 둘러보고 몇 장의 사진을 촬영한 것에 만족할 수밖에 없었다.

귀국 후 관련 자료와 참고 문헌을 뒤척이고 관련 내용을 정리하면서 Arthur Pieper 주택의 초기 모습을 보는 순간 알게 된 개인적인 소견을 조금이나마 소개하겠다. 1996년에 촬영한 Arthur Pieper 주택을 보면 Turkel House(Michigan, Detroit, 1955)과 같은 형태의 유리블록(액자와 같은 콘크리트 격자에 유리를 끼운 형태) 사용하여 시공된 것을 알 수 있었다. 시기적으로 Arthur Pieper 주택이 1952년에 건설되었고 Turkel House가 1955년에 준공한 것을 보면 Arthur Pieper 주택에서 유리블록으로 시공한 경험이 더욱더 발전되어 Turkel House에 적용되었을 것으로 판단된다. 또한, 참고 문헌에 의하면 이 주택은 유소니언 주택의 모듈화 주택 샘플로 지어진 것으로 잘 알려져 있다. 외관에는 두께 3인치(약 7.6cm) 블록을 사용하였지만, 지붕은 목조 골조를 사용하여 만든 것이라 사막 기후에 적절하지 않았는지 Arthur Lawton에 의해 식당에 에어컨디션이 추가로 공사 되는 등 변화가 시작되면서 성형 중독에 걸린 것으로 보인다.

여기에서 저자로서 이해되지 않는 부분도 있다. Turkel 주택은 미시건 주(美 북부)에 위치하고 있다. 과장하여 이야기하면 미시건 주는 6개월 겨울에 6개월 여름인 곳이다. 반면에 Arthur Pieper 주택은 12개월 따뜻한 애리조나 주(美 남부)에 위치하고 있다는 사실이다. 겨울철 난방 등을 고려한다면 Arthur Pieper 주택의 유리블록 벽을 솔리드(Solid)한 벽으로 바꾸기보다는 겨울이 있는 미시건 주의 Turkel 주택의 벽을 바꾸어야 했을 것이다. 그러나 이런 이유에는 저자가 모르는 여러 문제가 있을 것이다. 저자의 개인적인 생각이지만, Turkel 주택은 주택을 둘러싸는 담장과 대문이 있고 대문에서 어느 정도 거리가 떨어져 있다. 그리고 주택으로 접근할 수 있는 유일한 방법은 대문을 통한 동선 뿐이다. 때문에 유리블록으로 외벽을 처리해도 담장으로부터 사생활을 보호받을 수 있는 반면에 Arthur Pieper 주택은 담장이 없고 F. L. 라이트 주택이라는 소문으로 많은 사람이 유리블록으로 내부를 볼 수 있는 가능성이 있었기 때문에 사생활 보호 차원에서 변경했을 것이라는 생각도 해본다.

Arthur Pieper 주택의 외부 공간은 위성사진에서 볼 수 있는 것과 같이 별도의 조경을 위한 흔적이 보이지 않았다. 주택 바로 인접한 부분에만 조금 손을 본 흔적이 있지만, 그 외 주변 경관(사진)을 보면 사막 경관 그대로의 모습을 볼 수 있다. 특히

1996년에 촬영한 Arthur Pieper 주택 모습-좌측의 담장은 현재 없고 최근 사진과 비교하면 거실의 전면 유리블록 벽도 솔리드한 벽으로 변했음을 알 수 있다. 현재 모습과는 완전히 다른 외관의 모습

Arthur Pieper 주택과 같이 외벽에 유리블록을 사용한 Turkel House의 외관 모습 (미시건, 디트로이트, 1955)

애리조나의 뜨거운 햇볕을 피할 수 있는 큰 나무는 전혀 없었다. 여기에서 잠깐, 우리나라 전통 가옥에서도 주택에 바로 인접하여 주택보다 높은 나무는 심지 않았다고 한다. 나무 그늘은 둘째 치고, 혹시 태풍 등으로 나무가 넘어지는 경우 주택에 커다란 위험이 될 수 있기 때문이다. 또한, 나뭇잎 등이 지붕에 떨어져 지붕의 물홈통을 막아 지붕 안으로 물이 들어가는 불상사가 생길 수 있기 때문에 주택보다 큰 나무는 주택에 인접하여 심는 것을 피하는 경우가 일반적이라고 한다. 그리고 마당 한가운데에도 나무를 심지 않았다고 한다. 이는 마당을 뜻하는 '口(구)' 에 '木(목)' 을 심는 경우 '困(부족할 곤, 곤궁할 곤)' 이 되어 집안의 경제적인 형편이 나빠질 것이라는 구전이 있기 때문이다. 꼭 믿어달라는 이야기는 아니다. 세상은 변하고 있는 만큼 그냥 구전이니 참고하면 된다.

Arthur Pieper는 누구인가?

Arthur Pieper는 당시 애리조나 주에 위치하고 있는 탈리에신 웨스트에서 건축을 배웠던 F. L. 라이트의 제자였다. 후에 F. L. 라이트와 올가바나(Olgivanna)사이에 태어난 로바나 라이트(Lovanna Wright)와 결혼을 했지만, 후에 이혼하게 된다. 이 주택의 초기 모습은 사진에서 보이는 것과 같이 모듈화된 3인치 블록이 주요 골조로 사용되었음을 알 수 있다. 이는 Arthur Pieper와 그의 부인 로바나 라이트가 콘크리트를 틀에 부어 블록을 만들었고 이것을 가늘고 긴 철사를 사용하여 니트를 짜듯이 묶어가면서 쌓아 올린 것이라 한다. 두 사람의 힘으로 어려웠는지 탈리에신 웨스트에서 같이 건축을 공부하고 블록 하우스 시공 경험을 많이 가지고 있는 찰스 몬투스(Charles

Montooth[2])에게 도움을 요청하기도 했다. 찰스 몬투스는 1945에 탈리에신 웨스터에 입학했고 F. L. 라이트와 함께 많은 주택을 시공했다. 대표적으로 애리조나의 데이비드 라이트 주택(David Wright, AZ. 1950)도 데이비드와 같이 완성한 주택이다. 그 외에도 벤자민 아델만 주택(Benjamin Adelman, AZ.), 부머(Boomer, AZ.)주택, 해롤드 프라이스 시니어 주택(Harold Price Sr., AZ.) 등 애리조나에 시공한 콘크리트 블록 주택 대부분을 시공한 경험을 가지고 있었다. 그리고 저자의 생각으로는 빌트모어 호텔에서 설명한 빌트모어 블록 쌓기에서 경험한 방식이 적용된 것은 아닐까 하는 생각도 해본다. 현재 Arthur Pieper 주택은 2013년 8월 기준으로 Paul and Charleen Strieich가 소유주로 되어 있다.

F. L.라이트 88세 생일 축하 사진으로 가운데가 로바나(Lovanna) 라이트이고 오른쪽이 부인 올기반나(Olgivanna)이다.

주택에 사용된 3인치 두께의 블록은

F. L. 라이트가 시공 초기에 Arthur Pieper 주택의 외장 재료로 사용한 것은 텍스타일 블록의 일종으로 두께가 3인치(약 7.6㎝, 1inch≒2.54㎝)인 콘크리트 블록이다. 참고 문헌에서는 오토메틱 유소니언 주택(Automatic Usonian House)이라 소개하고 있다. 간단히 설명하면, '주택도 기계화로 생산된 건설재료(외장의 격자 콘크리트 블록 등)를 가지고 건축주가 직접(do it yourself=D.I.Y) 레고처럼 원하는 형태로 주택을 지을 수 있다.' 라는 것을 증명해 보인 본보기 주택 정도로 풀이하는 것이 적절할 것으로 생각된다. 앞의 벤자민 아델만 주택에서도 이야기한 것으로 기억한다.

그리고 여기에 사용된 블록은 미리 만들어져 옮겨진 것도 있지만 모서리에 사용된 블록의 경우에는 직접 현장에서 콘크리트로 성형했다고 한다. 각 블록과 블록 사이에는 블록의 높이를 유지하고 블록 간의 접착부에 강도를 높이기 위해 보강재로 일종의 철사와 같은 재료를 사용하고 있다. 반면에 지붕은 콘크리트를 사용하지 않고 목재 틀에 의해 구성된 골조에는 석면에 시멘트를 바른 보드(Cemesto board)를 사용하

2) Charles Montooth는 1945년부터 1952년까지 F. L. 라이트의 학생이었다. 그 후 1952년부터 1954년까지 F. L. 라이트의 동료가 되어 애리조나의 모든 일을 감독했다. 1962년부터 2014년 그가 세상을 떠날 때까지 찰스는 F. L. 라이트 재단의 주요 멤버로 남아 있었고, 말년에는 재단과 탈리에신 보존 위원회의 이사회에서 활동했다.

리노베이션을 위하여 철거된 콘크리트 유리블록

리노베이션을 위하여 철거된 모서리 콘크리트 유리블록

철거되기 전의 모서리 외벽과 내부 복도 그리고 거실 외벽의 모습(Pieper 주택 사진들은 1996년 9월에 이 집의 증축과 개조가 진행되는 동안에 찍힌 것이다) 내부 등 블록이 Turkel House과 거의 흡사하다.

Charles Ennis House(LA. 1923) 블록 사이에 철심으로 블록을 결구한 모습

철심으로 블록을 결구한 모습

였다고 한다. 그만큼 콘크리트 블록만으로 지어진 벽에 지붕의 하중을 최대한 감소시키기 위한 계획 방법이라 생각된다.

그리고 관련 서적에 의하면 본 주택에 사용한 3인치 블록은 F. L. 라이트가 실험 삼아 사용했다고 한다. 여러분도 알고 있듯이 F. L. 라이트는 이전에도 자신이 개발한 텍스타일을 사용하여 주택을 설계하곤 했다. F. L. 라이트가 사용하기 시작한 텍스타일은 많은 주택뿐 아니라 F. L. 라이트가 애리조나에 세워진 빌트모아 호텔의 자문으로 시작하여 제2의 건축 인생이 시작될 수 있게 한 것 역시 텍스타일과의 인연 때문일 것이다. 이런 텍스타일의 사용은 1923년 캘리포니아 La Miniatura(California, 1923)주택에서 처음 사용되었고 이후 캘리포니아에 여러 주택이 텍스타일을 사용하여 시공되었다. La Miniatura 주택은 F. L. 라이트가 일본에서 제국호텔 설계를 마치고 귀국한 직후에 남긴 작품이다. 주택의 주재료로 사용된 콘크리트 블록은 당시에 건설업계에서 천대받았던 재료였지만 F. L. 라이트는 과감하게 주재료로 사용하였다. 이는 새로운 재료에 대한 F. L. 라이트의 실험적 정신과 건축에 대한 그의 신념에서 나온 것은 아닐까? 그리고 그때까지 콘크리트에서 발견하지 못했던 영혼을 생생하게 되살려 냄으로써 나무처럼 부드러운 결을 가진 아름다운 주택으로 재탄생 시켰다. 그리고 이 주택이 콘크리트 블록을 사용하여 완성된 최초의 주택 작품인 만큼 시공 과정에서 많은 어려움이 있었음에도 불구하고 이후 미국의 콘크리트 블록 건축에 많은 영향을 미친 작품이기도 하다. 이후 F. L. 라이트는 이 주택의 시공 경험을 바탕으로 유사한 콘크리트 블록을 사용하여 다른 지역에도 블록 주택을 설계하게 된다. 그뿐만 아니라 하나의 부지에 F. L. 라이트 건축작품이 가장 많이 모여 있어 'F. L. 라이트 건축작품 전시장' 이라고 불리며 F. L. 라이트가 미국에서 가장 아름다운 캠퍼스라고 자평했던 플로리다 서든 칼리지(Florida Southern College)에는 색깔 유리가 첨부된 블록을 사용하여 환상적인 내부 공간을 연출하기도 했다.

이와 같은 콘크리트 블록은 시공할 때 블록과 블록 사이를 견고히 고정하고 시멘트 모르타르 외에 벽체의 구조적 내구성을 증가시키기 위하여 블록 내부에 비어 있는 구멍에 철근으로 보강하여 시공하게 된다. 이처럼 철근과 블록의 짜임새가 마치 옷을 짜듯 치밀하게 긴결되기 때문에 '텍스타일 블록' 이라 불리게 되었다. 콘크리트 블록으로 만든 주택들은 외장을 블록과 개구부만으로 환원시키고 매스를 강조했던 점에서 F. L. 라이트의 1920년대 이후 또 다른 조형의 특색을 보여주기 시작한다.

초기 주택의 평면계획

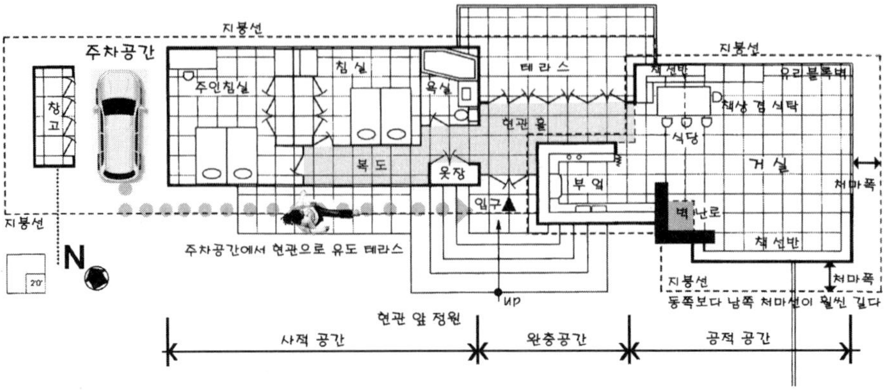

지금의 모습과 완전히 다른 Pieper 주택의 초기 평면도

이 책에 참고 도면으로 사용한 것은 현재의 Arthur Pieper 주택 평면도가 아니라 최초의 주택 평면도이다. 앞에서 제시된 위성사진의 주택 모습과 최초의 평면도를 비교하면 얼마나 많은 부분이 변형되었는지 쉽게 알 수 있을 것이다. 그래서 지금은 너무 많이 변형되고 존재하지 않는 평면도를 두고 설명한다는 것이 무슨 의미가 있을지 모르겠지만, 참고로 F. L. 라이트가 계획한 최초의 Pieper 주택 평면도를 포함시켰다. 최초로 계획된 평면도를 보고 주택의 형태를 어느 정도 예감할 수 있지 않을까 하는 기대도 있고 또 성형한 뒤에는 before와 after를 꼭 비교하고 싶어 하는 사람들의 심리를 만족시켜야 하는 의무감도 있고…, 아무튼 저자의 주관적 판단이라 이해해 주시기 바란다. 초기 평면도는 완전히 일자형으로 계획된 전형적인 유소니언 주택 평면도이다. 자세히 보면 앞에서 언급한 튜켈 주택(Turkel House, Detroit, 1955)이

현재 현관 앞의 모습, 현관을 이루고 있는 콘크리트 블록의 기둥이 보인다.

현관홀 내부에서 밖을 바라본 모습, 유리 모서리에 창살이 없어 내부 공간이 더욱더 확장된 모습으로 보인다.

'ㄴ' 자 형식으로 이루어져 있지만, 내부 공간 계획에서는 튜켈의 2층 평면도와 비슷하다. 특히 튜켈 주택의 1층 좌측에 주택 건물과 별도의 공간에 배치된 창고와 주차장 공간 계획은 Arthur Pieper 주택의 초기 평면도와 거의 똑같다.

Arthur Pieper 주택의 경우 평면도에서 보는 바와 같이 영역성 구분이 확실하고 각 실의 구분이 명쾌하게 구분된 평면계획이라 할 수 있다. 입구의 현관홀을 기준으로 좌 · 우로 부엌, 식당, 거실과 같은 공적인 영역이 하나의 영역을 이루고 침실과 같은 개인적인 영역이 또 다른 영역을 이루고 있다. 그리고 이들 두 영역을 구분하기 위하여 중간에 현관홀이 의외로 넓게 계획되어 성격이 다른 두 영역의 완충공간 역할을 하고 있다. 개조된 현관홀을 감싸는 벽이 모두 유리로 이루어져 밖에서는 내부를 볼 수 없지만, 내부에서는 외부를 볼 수 있다.(사진) 현관홀 바닥은 F. L. 라이트가 즐겨 사용하는 체로키 레드로 마무리하고 있다. 그리고 F. L. 라이트 건축에서 보이는 특유의 디테일은 유리창과 유리창이 만나는 모서리에 창살을 사용하지 않는 계획으로 내부 공간이 외부로 확장되어 현관홀이 더 넓은 공간으로 연출되고 있다. 거실의 방향은 남 · 동향으로 계획되어 있어 아침에 동쪽의 햇빛을 받아들이되 남쪽으로 갈수록 햇빛을 피하고자 지붕처마 길이가 조금씩 길어지고 있음을 알 수 있다.(평면도) 그리고 남쪽 벽에는 책 선반으로 계획하고 서쪽에는 벽난로를 계획하였다. 그런데 이 평면도에서 이해하기 힘든 부분도 있다. 앞에서 몇 번 이야기 했지만, 미국 주택 문화에서 보기 드물게 주차 공간과 부엌 공간의 동선이 너무 길다는 것이다. '아메리칸 웨이 오브 라이프(American Way of Life)' 방식이라면 주차장에서 곧바로 부엌과 연결되어야 하는데…, 이는 아마도 입구로 들어가자마자 바로 우측에 부엌이 있기 때문에 굳이 부엌으로 곧바로 통하는 별도의 문을 계획하지 않았을 것으로 생각된다. 주차장과 부엌의 동선을 곧바로 연결하려고 계획한다면 침실 영역과 부엌+거실 영역이 서로 바뀌어 주차장에서 거실과 부엌으로 연결될 수 있게 계획되어야 할 것이다. 그래서 먼 주차 공간에서 사람을 입구로 유도하기 위하여 건물 앞에 테라스 공간을 계획한 것을 아닐까(평면도 참조) 하는 생각도 해본다. 이처럼 주차장에서 부엌으로 곧바로 들어가지 않는 주택은 다음 장에 나올 조긴 부머 주택도 현관홀 바로 좌측에 부엌이 계획되어 있기 때문에 주차장에서 별도로 부엌으로 들어가는 문을 계획하지 않았다. 무엇보다도 현재 리노베이션된 평면도를 볼 수 있었다면 좀 더 명쾌한 답을 얻을 수 있지 않았을까 하는 생각도 해본다. 한편으로는 이런 동선 계획이 미국의 생활 방식에 맞지 않았기 때문에 현대 생활의 편리성을 위하여 개조의 필요성이 있지 않았을까? 하는 생각도 한다. 평면도를 참고하면 식탁의 벽 쪽으로 책 선반도 계획되어 있어 식탁이 식사를 위한 공간뿐 아니라 독서를 위한 공간으로도 사용되고 있음을 짐작할 수 있다. 이런 방식은 다른 F. L. 라이트 주택 작품에서 일반적으로 볼 수 있는 계획이다. 그런데 F. L. 라이트의 실내 인테리어 소품 중 가장 중요한 그랜드 피아노가 없어 조금 아쉽다. 여러분도 F. L. 라이트의 여러 주택 평면도를 보았겠지만, 여기에서 어느 정도 눈치를 가진 사람이라면 주택 내에 서로 성격이 다른 공간 간의 영역성을 구분하는 방법이 있다는 것을 알 것이다. 저자가 발견한 2가지 영역 구분 계획 방법을 소개하면 다음과 같다. 첫 번째 방법은 성격이 다른 두 영역 사이에 충분한 넓이의 완충공간을 계획할 수 없는 경우에는 두 영역 사이에 계단을 설치하여 영역 간에 레벨 차이를 두어 서로 다른 성격의 영역으로 구분하는 방법이다. 두 번째는 성격이 다른 두 영역 사이에 어느 정도의 넓이를 가진 완충공간이 있는 경우에는 레벨 차이 없이 완충공간을 두 영역 사이에 배치하여 두 영역이 충돌하지 않게 구분하는 계획수법이다. 이 정도는 느낌으로 알았을 것으로 보인다. 이외에도 공간과 공간 사이에 물체(책꽂이 등)를 배치하는 기법 등으로 공간을 구분하는 방법에는 여러 가지가 있을 수 있다. 아무튼, Arthur Pieper 주택의 초기 평면도는 다른 어느 평면도보다 간단명료한 유소니언 평면계획이라 할 수 있다.

9. 조긴 부머 주택
(Jorgin Boomer House, 1953)

Jorgin Boomer House

- 위 치 : 5808 N. 30th St. Phoenix Arizona
- 건 립 : 1953년

하늘을 찌를 듯한 지붕과 애리조나의 거친 기후에 걸맞은 거친 돌 그리고 시멘트로 만들어진 외벽, F. L. 라이트의 트렌드 마크인 체로키 레드의 외부 마감색과 대지 색깔(완전히 체로키 레드와 느낌이 비슷하다.)이 하나로 이루어진 것 – 이것이 F. L. 라이트가 말한 유기적인 건축이다.

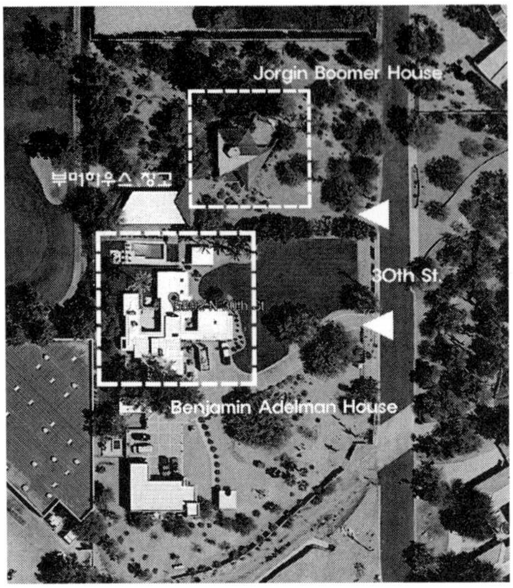

북쪽의 부머 주택과 인접한 남쪽의 벤자민 아델만 주택

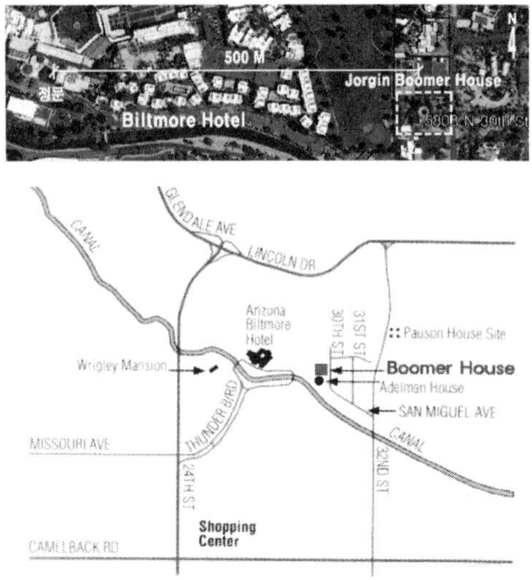

Jorgin Boomer House 접근 도로와 주택 위치도

조긴 부머 주택의 내력은…

본 주택의 최초 주인 Jorgine Slettede Boomer(1887년 8월 18일~1971년 5월 7일)는 임대 농장에서 일하는 가난한 가정에서 태어났다. 노르웨이 출신의 미국인 사업가이자 기업가로서, 세계 최대 규모의 하나로 손꼽히는 Waldorf-Astoria 호텔의 공동 소유주이면서 관리자였다. 조긴 부머 주택은 1951년에 지어진 베지민 아델만 주택(Benjamin Adelman, 1951, Phoenix, AZ.)의 바로 북쪽에 인접하여 위치하고 있기 때문에 누구나 쉽게 찾을 수 있는 주택이다. 두 사람은 서쪽으로 약 500m 정도 떨어진(사진 참조) 빌트모어 호텔에서 만나 같이 여가 시간을 보낼 정도로 친근한 관계라고 한다. 그러나 저자의 실수로 깜빡 잊고 다른 주택을 찾아간다고 벤자빈 아델만 주택은 방문하지 못했다. 저자 스스로 생각할 때마다 성격이 급하고 또한 무언가 하나에 빠져 버리면 다른 것을 순간적으로 잊어버리는 몹쓸 병이 있다. 한마디로 하나의 모니터에 여러 사이트를 띄워 놓고 멀티 작업을 하지 못한다. 시대의 흐름에 부응하는 멀티비전이 안 되는 단세포 인간이라 할 수 있다. 예를 들면 운전 중에 찾고 있는 주택이 보이면 자동차 키와 시동을 걸어 둔 채로 문도 잠그지 않고 차에서 내려 그냥 주택을 향해 달려가는 등, 지금 생각하면 내 성격에 내가 짜증 내는 스타일이다. 이런 성격 때문에 매번 부인과 아이들에게 지적을 당하면서도 성격을 고칠 수 없다. 옛말에 '사람은 고쳐 쓰는 것이 아니다.' 라는 말이 나에게 정확히 적용되는 말인 것 같다. 반백

년 이상을 살아온 성격을 어떻게 하루아침에 바꿀 수 있겠는가?

벤지민 아델만 주택을 방문하지 못한 이유를 이야기하자면 여기에는 사정이 있었다. 나의 급한 성질과 약속은 꼭 지켜야 한다는 조급함이 겹쳐지면서 생긴 일이다. Boomer 주택을 방문하기 전에 집주인과 메일로 이미 방문 시간을 약속한 상태이고 약속 시각을 지키기 위해 얼마나 급하게 찾아왔는지 모른다. 이런 급한 마음 때문에 바로 옆집인 벤자민 아델만 주택이 있는지 없는지 확인할 여유조차 없었다. 그리고 Boomer 주택의 주인이 너무나 친절하게 주택을 설명해준 까닭에 벤자민 아델만 주택을 방문해야지 하는 마음조차 멀리 도망가고 없었다. 지나간 이야기는 그만하고 다시 조긴 부머 주택으로 돌아와서, 이 주택에서 하늘을 향해 올라간 지붕을 보는 순간 저자의 머리에는 2011년에 방문한 닥터 브래드포드와 모리스 할퍼 주택(Dr. R. Bradford and Moriss Harper Residence, 1950, 미시건)과 1950년의 미네소타(Minnesota)의 오스틴(Austin)에 소재하고 있는 엘암(elam) 주택이 모두 거실의 지붕이 하늘을 향해 치솟은 유사한 주택으로 떠 올랐다.

모리스 할퍼(Moriss Harper)주택 : 미시건호 방향으로 올라간 지붕–주택 주변을 관목으로 영역을 표시하고 주변으로 교목이 풍경을 더욱 아름답게 만들고 있다.

엘암(elam) 주택-식당과 거실 공간의 지붕이 하늘을 향해 올라간 모습.

일반적으로 F. L. 라이트가 설계한 주택이 위치한 주변 지역에서 F. L. 라이트 주택을 찾기란 어렵지 않다. 그 이유는 'F. L. 라이트의 주택답사, 스페이스 타임(2013. 10)' 에서도 언급하였지만, F. L. 라이트가 설계한 주택 디자인과 형태 자체가 당시 유행하고 있었던 미국 주택 스타일과는 뚜렷하게 구분되기 때문에 주소 부근에만 도착하면 F. L. 라이트 주택 찾기란 그리 어렵지 않다. Boomer 주택 역시 주변 주택과는 확연히 다른 모습으로 디자인된 만큼 주택 찾기가 그리 어렵지 않았다. 아마 여러분도 거친 자연석과 시멘트 혼합으로 구축된 벽 그리고 주변의 다른 주택들과 확연히 다른 모습으로 서 있는 주택을 보면 당연히 눈길이 갈 것이다. 다시 말해 당시로써 F. L. 라이트가 설계한 주택들은 주변의 주택들과 달리 독특한 외관을 가지고 있을 뿐 아니라 F. L. 라이트만의 색깔을 사용하고 있기 때문에 어디에서나 눈에 띈다. 이제까지 많은 F. L. 라이트 건축물을 찾아다니면서 직감적으로 느낄 수 있는 F. L. 라이트만의 디자인 특징이 알게 모르게 내 머릿속에 어떤 특정한 이미지로 자리하고 있기 때문일 수도 있을 것이다. 건축을 모르는 우리 애들도 나와 같이 많은 주택을 다닌 덕분인지 책도 보지 않고도 저자보다 더 빨리 F. L. 라이트 주택을 찾은 적이 한두 번이 아니다. 이런 감각은 분명 F. L. 라이트만이 가지고 있는 디자인 특징이 있기 때문일 것으로 생각한다.

이 주택은 앞 페이지의 주택 사진에서 보는 바와 같이 지붕의 형태가 독특하고 탈리에신 웨스트에서 사용한 재료와 같이 사막의 거친 돌과 시멘트를 사용한 벽을 본다면 탈리에신 웨스트와 공통적인 시공 방법을 사용한 만큼 쉽게 찾을 수 있을 것이다. 그리고 이 주택은 F. L. 라이트가 자주 언급한 '사막의 돌(desert stone)'과 돌 사이를 메꾼 시멘트로 외벽을 지탱하는 골조를 이루고 있다. 주택이 자리한 위치는 주변의 사막 경관과 함께 Boomer 주택의 존재감을 과장해 부각시킬 정도로 잘 어울리는 곳에 위치하고 있다. 이 주택은 다행스럽게도 방문 전에 집주인과 연락이 되어 탐방을 허락받은 주택이다. 그러나 나로 인하여 '한국 사람들은 약속 시각을 잘 지키지 않는다.'라는 생각을 들게 되지는 않을까 하는 걱정 때문에 정해진 시간에 방문해야 한다는 강박관념과 애리조나의 뜨거운 사막 햇볕 그리고 나의 급한 성격 때문에 조금은 다급하게 방문한 주택이기도 하다. 여기에서 다시 한번 더 변명 아닌 변명을 한다면 이런 다급한 마음과 급한 성질이 겹치면서 나타나는 시너지 효과(?) 때문에 벤자민 아델만 주택을 방문해야 한다는 것을 잊어버렸는지 모르겠다. 매번 이런 성질 때문에 가족끼리 여행할 때면 뒤 자석에 애들이 타고 있는지 확인도 하지 않고 출발한 적이 한두 번이 아니다. 이 때문에 부인한테 얼마나 많은 잔소리와 핀잔을 들었는지 모른다.

앞에서 언급하였듯이 이 주택은 방문하기 전에 순조롭게 연락이 이루어진 주택이라 쉽게 주택 방문이 이루어질 것으로 생각했는데 막상 약속 시간에 맞추어 도착 후에 주택 현관 벨을 아무리 눌러도 인기척이 없었다. 주택 모습은 사진과 같이 1층을 지탱하고 있는 외벽이 거친 돌과 시멘트로 단단하게 처리되어 있었기 때문에 현관이 아니면 내부로 들어갈 수 없는 주택이었다. "좀 천천히 가자" 라는 부인 잔소리를 들어가면서 약속 시각을 맞춰 도착했지만, 벨을 눌러도 주인이 나오지 않아 포기할까 하는 마음도 있었지만, 방문한 김에 할 수 있는 한 주택 외관을 먼저 촬영하기 시작했다. 촬영하면서도 약속을 시키기 위해 급한 마음으로 서둘러 달려온 나 자신에게 조금 성질도 났지만, 도리가 없었다. 이곳저곳을 둘러보고 정원을 둘러싸고 있는 담장 넘어 사람의 인기척이 있는지 확인도 하면서 연락한 주인이 없는 것을 아쉬워하고 있을 때쯤에 주인이 현관으로 나왔다. 순간 주인에게 달려가 'Are you the owner?' 라고 묻기도 전에 예의 없이 "벨 소리를 듣지 못했습니까? 몇 번을 눌렀는데…" 라는 저자의 질문에 대답은 단순했다. 잠깐 잠들었고, 그리고 집안을 정리하기 위하여 청소기를 사용하는 바람에 현관 벨 소리를 듣지 못했다고 했다. 그리고 조금은 미안했는지 매우 정중하게 집안을 안내했다. 그리고 집주인은 '~ house is mess ~' 라는 단어를 사용하면서 "집 안이 엉망이니 이해해 달라"는 말을 몇 번씩 반복했다. 그러나 저자는 집안 정리 상태에는 관심이 없었다. 그저 주인 허락하에 마음 놓고 내부를 촬영할 수 있다는 기쁨 때문에 그저 고맙기만 했다.

그런데 여러분도 평면도나 주택 형태를 보고 어느 정도 짐작을 했겠지만, 이 주택은 일반적인 가족을 위한 주택이라기보다 조긴 부머(Jorgine Boomer) 한 사람을 위하여 F. L. 라이트가 1953년 설계한 주택이다. 조긴 부머는 1947년에 그녀의 남편(Lucius Boomer)이 비행기 사고로 죽은 후에 F. L. 라이트에게 이 주택 설계를 의뢰한 것이다. 부머 부부는 1918년부터 1940년대 말까지가 그들의 전성기로 1929년 엠파이어 스테이트(Empire State) 빌딩을 짓기 위해 그 자리에 있었던 Waldorf-Astoria Hotel[1])을 부수기 전까지 이 호텔을 소유하고 있을 정도로 큰 부자였다. 이뿐만 아니라 맨해튼의 파크 에벤뉴의 Waldorf-Astoria는 1949년에 힐튼 호텔이 되기도 했다. 그리고 이 주택은 저자가 방문한 후인 2016년 3월 15일에 미국의 국가 유적지(National Register of Historic Places, 등록 번호:16000071)로 지정되었다.

1) 월도프 아스토리아은 뉴욕에 있는 고급 호텔이며 뉴욕의 역사적인 랜드 마크 건물이다. 같은 이름을 가진 첫 번째는 Waldorf Hotel과 Astoria Hotel과 같이 두 단계로 지어졌습니다. 1893년에 개장 한 Henry J. Hardenbergh가 디자인 한 5번 가에는 Astor 가족호텔로 건설되었다. 그러나 1929 년에 엠파이어 스테이트 빌딩을 건설하기 위해 철거되었다.

거주하면서 생활하기에는 어딘가 2% 부족한 주택 형태

이 주택의 연면적은 1, 2층 합하여 약 1,400피트제곱(약 130㎡, 39평)이다. 1층에는 부엌과 거실, 2층에는 침실 1개와 조그마한 서재로 이루어진 평면도(평면도 참조)에서 직접 몸으로 느낀 면적은 130㎡보다 좁게 느껴졌다. 그 이유는 1층의 층높이가 생각보다 낮았기 때문에 1층이 생각보다 넓게 느껴지지 않았고 2층 또한 침실과 서재, 화장실만으로 이루어져 있어서 저자가 생각한 130㎡ 정도의 넓이로 느껴지지 않았다. 그리고 면적에 대한 의구심 때문에 관련 서적을 여러 번 확인했지만 130㎡라 기술되어 있었다. 1층이 약 20평, 2층이 약 20평으로 나누어 생각하면 어느 정도 이해는 되지만, 솔직히 2층 단독주택의 연면적이 130㎡라면 그렇게 넓은 면적은 아니다. 그렇지만 부머의 세컨드 주택이라는 점을 고려한다면 넓은 면적이라 생각된다. 그리고 당시 거주 인원이 1명이라고 생각한다면 좁다는 의미보다는 넓다는 의미로 표현해야 하지 않을까 하는 생각도 한다. 아마도 면적에 비해 좁게 느껴진 이유는 우선 2층으로 올라가는 계단이 좁았고 또한 층고가 낮았기 때문에 몸으로 느끼는 면적이 생각보다 좁다고 느껴지는 것은 아닐까 하는 생각도 하게 된다. 그러나 첨부된 위성사진과 같이 부머 주택의 창고 면적까지 합하면 아마도 약 200㎡은 될 것 같았다. 의외로 창고의 층고는 높았고 훨씬 넓게 느껴졌다. 저자가 넓은 면적이라고 표현한 이유는 앞에서도 이야기했지만, 사람이 상시 거주하기 위한 주택도 아니고 또한 당시의 거주 인원도 부머 부인 1명으로 한정되어 있기 때문이다. 주택 역시 애리조나에 F. L. 라이트가 설계한 대부분의 주택과 동일하게 북향으로 배치되어 있다. 그리고 애리조나의 칼슨 주택과 같이 남쪽 1층 부분은 사막의 거친 돌과 시멘트를 혼합한 거친 재질감과 햇빛에 의해 만들어지는 명암이 합쳐지면서 재료의 거칠고 튼튼한 특성이 명확하게 나타나고 있었다. 특히 이런 거친 재질감은 햇빛으로 인하여 건축물에 강력한 생명력을 불어넣고 있었다. 사막 주변에서 생산된 거친 자연석과 시멘트로 구성된 두꺼운 외벽은 1층의 내부 공간을 튼튼하게 둘러싸면서 거친 사막 기후에 견고히 견딜 수 있게 설계되어 있음을 충분히 알 수 있었다. 1층 공간에서 거실 창은 다른 애리조나 주택들과 같이 남향으로 배치하지 않고 동향으로 배치되어 있어 따뜻한 아침 햇살을 받아들이기에는 아주 유리하게 계획되어 있다. 2층에 배치된 침실은 따가운 남향의 직접적인 햇볕은 피하고 북 · 동향으로 전면에는 맑고 투명한 유리로 계획하여 외부의 자연경관을 그대로 내부로 유입하고 있다. 간단하게 이야기하면 뜨거운 남향을 피하고 북향의 간접 광으로 내부 공간을 밝히고 외부의 경관을 내부로 자연스럽게 유입하도록 계획되어 있다. 앞에서 설명하였듯이 거실과 부엌 공간으로 이루어진 1층 공간의 외벽은 북쪽의 거실 창을 제외하고 대부분 사막의 거친 돌과 시멘트로 두껍고 솔리드하게 처리되어 있어 창문은 거의 없다. 다르게 이야기하면 1층에 창문이 많지 않고 두꺼운 외벽으로 둘러싸여 뜨거운 햇볕을 차단하고 있었기 때문에 어두운 분위기도 있었지만 햇빛이 들어올 수 없는 탓인지 내부공간에서 시원한 느낌도 들었다. 반면에 내부 벽면이 외벽에 사용한 거친 돌과 시멘트 그대로의 모습으로 외부공간을 완전히 차단하고 있었기 때문에 답답한 공간으로 느껴졌다. 지금 생각하면 이런 분위기 때문에 1층이 실제 면적보다 좁게 느껴졌을 수도 있을 것으로 생각한다. 반면에 외관상으로는 외벽 재료의 거친 느낌과 하늘로 치솟는 지붕으로 인하여 사막의 뜨거운 햇볕을 피하고 내부 공간은 외부에서 느껴지는 것과 달리 시원한 분위기를 만들어 내고 있었다.

외형상으로 하늘을 향해 시원스럽게 솟아오른 지붕 그리고 날카로운 예각으로 이루어진 지붕 모습은 사막에 있는 주택으로서 외관상 또는 전체적인 형태적 건축 개념이 무척이나 흥미로운 주택이였다. 한편으로는 주택 형태에 대해 "왜 이렇게 디자인했을까?" 하는 의구심을 만들어 내는 주택이기도 했다. 여러분은 주택 외관 사진을 보고 어떤 느낌을 받았습니까? 저자 역시 첫 시야에 들어온 조긴 부머 주택의 형태적 개념에서 맨 처음 느낀 것은 비록 애리조나 사막에 지어진 주택이지만 일반적인 시각에서 판단한다면 산(山)기슭에 지어진 산장이나 해변가에 지어지는 리조트의 휴가용 주택 개념으로 디자인된 주택이라는 느낌이 강하게 든 주택이였다. 그리고 당시 F. L. 라이트가 설계한 대부분의 유소니언 주택들은 평지붕 아니면 낮은 박공지붕에 긴 캐노피가 있는 디자인 개념을 주로 사용하고 있었다. 이런 사실을 알고 있는 저자로서는 F. L. 라이트가 설계한 일반적인 주택 스타일과는 조금 어울리지 않는 듯한 느낌도 있었다. 요즘 하는 말로 주거 용도로 사용하기 위한 순수 주택으로서는 뭔가 2% 부족한 느낌을 받았다고나 할까? 그리고 나중에 알게 된 사실이지만 이 주택이 휴식을 위하여 해변에 세워지기로 이전에 계획된 주택인 것을 알게 되었을 때는 저자 스스로 "내 눈은 못 속이지"라고 하면서 어깨를 지켜 올리고 나 스스로의 자만감(自慢感)에 빠져보기도 했다. 사실 이 주택은 맨 처음 캘리포니아 해변에 비치 하우스(첨부된 스케치 참조)로 디자인된 것이었지만 실현되지 못한 주택 디자인이었다. 때마침 부머 스스로 자신이 마음먹은 대로 설계가 되지 않자, F. L. 라이트를 찾

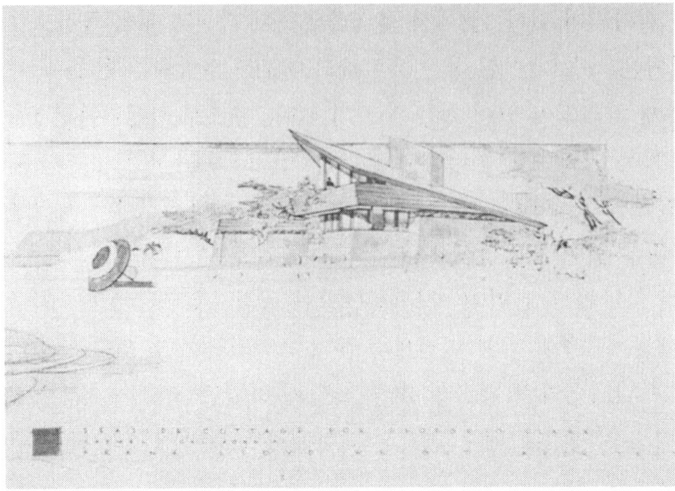

George O. Clark, Carmel, California 해변가의 주택 스케치—주택의 배경이 사막이 아니라 해변(그림 뒤쪽에 해변이 보인다.)임을 보여주는 스케치.

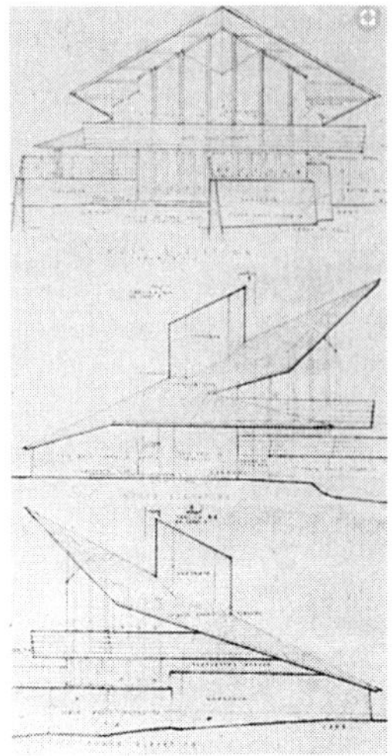

정면도와 측면도 계획도

아갔고 F. L. 라이트는 1951년에 George Clark를 위하여 캘리포니아에 설계한 이 주택을 기다렸다는 듯이 부머에게 보여주고 일부분을 수정하여 현재의 부머 주택으로 실현한 작품이기도 하다.

여기에서 잠깐, F. L. 라이트에 관해 조금이라도 알고 계시는 분은 한 번쯤 반문을 제기할 수 있는 의문점이 있을 것이다. 이제까지 알고 있었던 F. L. 라이트는 집을 짓기 전에 주변의 환경 · 기후 등 대지에 관련된 여러 건축적 요소를 분석하고 이것을 종합하여 대지에 위치하게 될 건축 개념을 디자인으로 승화시키는 일명 유기적 건축을 추구한 건축가로 알려져 있다는 사실은 누구나 잘 알고 있다. 그뿐만 아니라 프레리(Prairie, 대평원)처럼 자연을 자신의 작품에 그대로 반영하는 건축가로 유명한데…, 어떻게 이럴 수가 있을까? 그리고 누구에게 물어봐도 사막과 해변은 상반된 자연환경 개념이라는 사실을 알고 있음에도 불구하고 해변에 짓기로 한 주택 설계도를 애리조나 사막 환경에 그대로 적용했다는 것을 믿을 수 없었다. 그런데 이상하게도 외관상 형태가 사막이라는 주변 환경에 거북스럽게 느껴지지 않는 이유가 무엇인지 알 수 없었다. 외벽은 탈리에신 웨스트와 같이 사막 주변에서 구할 수 있는 '사막의 돌(desert stone)' 이고 돌과 돌 사이를 메꾼 거친 시멘트 마감으로 외벽을 지탱하고 있었다. 의외로 주택이 자리한 위치는 주변의 사막 경관과 함께 조긴 부머 주택의 존재감과 너무나 잘 어울려 보였다. 저자 혼자만의 생각일까?

이 주택을 정면에서 보았을 때 느껴지는 전체적인 외관의 모습은 하늘을 찌르는 듯한 꼭짓점과 뾰족한 예각 삼각형의 기하학 형태를 가진 여러 지붕이 층층이 레이어를 이루면서 겹쳐진 모습이 먼저 눈에 들어올 것이다. 그리고 굴뚝은 여러 층으로 구성된 뾰족한 기하학의 지붕들을 서로 흩어지지 않게 꼭 잡아 주고 있다. 이 굴뚝은 F. L. 라이트의 프레리 주택에서 평면의 중심에 자리한 것이 굴뚝(벽난로)이었듯이 이 주택에서도 벽난로를 중심으로 군집된 지붕들 중심에 우뚝 솟아 있어 주택 전체의 구심점 역할을 담당하고 있었다. 비록 사용된 재료와 굴뚝의 입면상 두께 때문에 굴뚝이 조금 둔탁하고 거칠게 느껴질 수도 있다. 그러나 굴뚝 제일 위쪽의 마무리가 일반적인 수평선으로 처리되지 않고 지붕의 경사와 같은 방향으로 경사지게 처리되어 경사진 지붕과 맥을 같이 하고 있음을 알 수 있었다. 이런 경사는 이 주택의 배경을 이루고 있는 산(북쪽으로 피스테와 피크가 위치-애리조나 피닉스에서 하이킹 코스로 유명한 곳이다.)의 경사와 거의 흡사했다. 스케치에서도 지붕 경사와 굴뚝의 마무리 경사가 거의 일치하고 있음을 확인할 수 있다. 또한, 거친 자연석으로 시공되어 있는 외벽은 애리조나의 뜨거운 사막의 햇볕을 받아 더욱 강한 재료적 질감으로 표현되고 있었다. 이처럼 입면에서 경사진 사선을 이용한 작품은 이제까지 F. L. 라이트 작품에서 주로 볼 수 있는 수직과 수평선으로 구성된 주택 형식에서 벗어난 것으로 이 주택이 다른 주택들과 비교되는 부분이라 할 수 있다. 그리고 이 주택의 또 다른 특징은 내부 공간이 외부 공간을 향해 해방되는 듯한 메시지를 보여주는 공간 설계 수법을 사용하고 있었다. 다시 말해 2층 침실 공간에 외부와 접하는 외벽의 경우 전면이 맑고 투명한 유리창으로 시공되어 외부에 넓게 펼쳐진 사막의 멋진 풍광을 내부로 적극적으로 유입하고 있다는 사실이다. 또한, 이 주택은 다른 애리조나 주택들뿐 아니라 탈리에신 웨스트와 같이 1층 부분은 든든한 자연석과 시멘트로 거친 마감의 이미지를 보이면서 지면으로부터 상층부를 든든하게 받치는 지지대 역할을 하고 있었다. 반면에 2층 침실 공간의 천장은 바깥쪽으로 높고 경사지게 계획하여 애리조나의 더운 공기를 천장으로 모이게 하는 자연 순환방식으로 애리조나의 더위를 이겨내고 있었다. 이는 앞에서 언급하였듯이 캘리포니아 해변의 더운 날씨와 애리조나의 더운 날씨를 이겨낼 수 있도록 천장을 높게 계획하여 자연적 공기 순환을 유도했을 것이라는 저자만의 주관적인 해석인데 여러분은 어떻게 생각하십니까? 사실 F. L. 라이트는 에어컨과 같은 기계적 냉방장치를 싫어했으니 말이다. 사실 더운 열대

Unitarian Meeting House 외관(1947)

Unitarian Meeting House가 국가 지정 역사적 랜드마크로 지정되었음을 알리는 동판

지방일수록 지붕을 높게 계획하는 것이 일반적이다. 저자 역시 설계사무소에서 베트남 현지에서 주택 단지를 설계한 경험이 있었는데 이곳의 주택들은 단열재를 사용하지 않는 것은 당연하고 주택의 전면 폭이 좁고 천장의 높이를 높게 설계한 후 천장의 환기를 위하여 실링팬을 설치한 경험이 있기 때문이다.

주택의 공간적인 내용을 떠나 이 주택에서 눈에 띄는 특이한 모습이 하나 있었다. 그것은 현관 앞에서 미국에서도 보기 힘든, 아마 미국의 오래된 영화에서나 볼 수 있는 아주 오래된 자동차가 주차되어 있다는 것이다. 주인 말에 의하면 아직 본인이 직접 타고 다닌다고 하는데…, 그 자동차 모습이 신기한 듯 같이 방문한 아들과 딸은 주택보다 자동차(앞의 표지 사진 오른쪽에 흰 자동차 - 아마도 1960~70년대의 캐딜락 플릿 우드 엘도라도 종류인 것으로 보였다.)에 더 많은 관심을 보이기도 했다.

이 주택의 지붕과 관련하여 F. L. 라이트 작품 중에 추가적으로 이야기하고 싶은 건축물이 있다. 본인이 2011년 위스콘신(Wisconsin)에 위치하고 있는 F. L. 라이트 건축을 찾아다닐 때 방문한 Unitarian Meeting House(1947)가 문득 떠올랐다. 비록 영문으로는 House라는 명칭을 사용하고 있지만, Unitarian Meeting House는 주택 건물이 아니고 교회 건물이다. 이 건물이 생각난 이유는 건물 전면에서 하늘을 향해 솟아오른 지붕의 형태가 조긴 부머 주택과 너무나 흡사했기 때문이다. 현재 이 건물은 교회와 탈리에신 건축가에 의해 교육관이 증축되어 규모가 확대되어 있다. 그리고 얼핏 보면 전면 유리창을 구성하고 있는 창살과 삼각형 지붕 형태가 일본 장군의 투구와 비슷한 이미지로 느껴지고 있다. F. L. 라이트는 일본 제국 호텔을 설계하면서 약 4년이라는 오랜 기간 일본에서 생활했다. 그리고 일본에서 생활하는 동안 일본과 동양에 많은 관심을 가지고 일본 문화를 많이 접했을 것으로 생각된다. 특히 일본에 머물면서 한국형 온돌시스템을 접한 이야기는 여러 관련 서적에 소개된 적도 있다. 그러나 F. L. 라이트는 1893년 시카고에서 자신의 스튜디오를 운영하고 있을 때 시카고 만국박람회가 열렸는데 여기에 출품된 일본의 목판화인 우키요에(浮世繪)[2]와 전통건축을 비롯한 동양 문화를 접하게 되는데, 그중에서 감명을 받은 것은 우키요에로써, 일본 방문 때마다 이것들을 수집하고 1912년에는 〈일본 판화〉라는 저서를 출판할 정도였다. 그리고 일본에서 동양과 관련된 다양한 물품을 미국으로 가지고 와서 자신의 주택 또는 작업실 공간에 인테리어 용품으로 사용하기도 했다. 데이비드 라이트 주택 거실에도 동양 병풍이 있었고 탈리에신 이스트에는 병풍뿐 아니라 다양한 크기의 동양 소품으로 실내를 장식하고 있다. 또한, 불상들도 낙수장 뿐 아니라 F. L. 라이트의 여러 주택작품에서 소품으로 많이 사용되었다. 부머 주택 현관홀에도 크지는 않았지만, 동양에서 가져온 족자가 걸려 있었다. 이런 상황을 알고 있다면 일본 장군의 투구를 연상하는 것은 당연하지 않을까? 하는 생각도 해본다.

낙수장 발코니에 있는 부처님 두상

탈리에신 웨스트의 실내 부처 동상 및 소품들

튜켈 주택(디트로이트) 정원의 부처님 두상

다른 이야기일 수는 있겠지만, 우리나라에서도 이와 비슷한 이야기가 있다. 우리나라 건축가 故김수근(1931~1986)에 의해 1965~1967년의 공사 기간을 거쳐 1970년부터 사용하였던 국립부여박물관(지금은 사용하지 않음)이 바로 그 건물이다. 전체적인 외관이 일본인 장수의 투구와 이미지가 비슷하다는 이야기와 일본의 신사(神社) 건물과 유사하다고 여겨 당시 한국 건축의 정통성 표현(70~80년대)이 건축계의 화두로 다루어지고 있을 시기에 왜색 시비 논란의 중심이 된 대표적인 건물이다. 그

2) 우키요에는 에도시대 초기에서 막부 말기까지 교토를 중심으로 서민의 풍속과 생활, 자연풍경 등을 칼과 바렌(馬連: 판목에 먹을 칠해 종이를 덮고 문지르는 도구)으로 판목 위에 재현한 것이다.

故 김수근 건축가가 설계한 舊(구)부여 국립박물관의 외관의 모습-여러분은 어떻게 생각하십니까?

당시 우리나라 건축계의 두 거장은 김수근과 김중업이였다. 그러나 故김중업도 김수근의 부여박물관을 보고 우리나라의 정통성에서 벗어난 것으로 비판하였다고 한다. 이런 비판에 김수근 건축가는 어떤 건축적 개념으로 설계하였는지 알 수 없지만, 일본에서 공부한 이유가 저변에 깔려 있었기 때문에 비평의 대상이 되지 않았을까 하는 생각을 하게 된다. 현재 정통성의 논란이 많았던 이 부여 국립박물관은 새 건물을 신축하여 이전하고 지금은 사용하지 않고 있다.

마름모 공간의 주택 내부 둘러보기

본 주택에 사용된 모듈은 평면도에서 보는 바와 같이 두 개의 삼각형이 밑변을 마주하는 마름모 모듈로 이루어져 있다. 그리고 주택 내부의 공간 구획은 마름모 모듈에 의해 형성되다 보니 본 주택의 모든 실내 공간은 우리가 생각하고 있는 일반적인 사각형으로 이루어진 공간이 없다. 모든 공간이 모듈에 따라 마름모 형태의 공간으로 디자인되어 있어 일반인에게 익숙한 사각형 공간보다 공간 효율 면이나 가구의 배치 등에서는 불리한 점이 많았을 것으로 생각된다. 그러나 F. L. 라이트는 이 주택을 설계하면서 대부분 자신이 설계한 다른 주택에서와 같이 실내에 설치되는 가구 등을 자신이 직접 맞춤 가구로 디자인했기 때문에 마름모 모듈 공간이 자신에게 큰 문제가 되지 않았을 것으로 생각한다. 그래서 주택 내부에 설치한 선반이나 부엌 싱크대 등은 마름모 모듈에 맞춘 맞춤형 가구로 이루어져 있다. 그리고 화장실과 같은 공간도 평면도에서 보는 것과 같이 마름모로 계획됨에 따라 화장실 내의 도기 배치에도 분명 불편한 점이 있었을 것으로 생각한다. 아니 주택 내부의 모든 공간이 사각형으로 이루어져야 한다는 고정 관념에서 벗어나지 않는 한 사각형 외의 공간에서 생활한다는 것은 당연히 불편한 공간으로 여겨질 수밖에 없다. 특히 반백 년 이상 사각형 공간에 익숙한 저자로서는 주택 내의 모든 공간을 마름모로 계획한 것을 이해한다는 것은 어쩐지 힘에 버겁다.

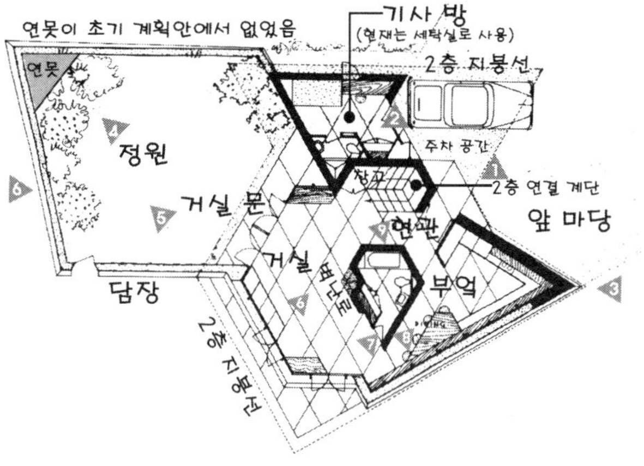

1층 평면도 : 부엌, 화장실, 계단, 기사 방 등 모든 것이 마름모 모듈에 의해 계획되었다.

평면도 2번 - 초기 계획에서는 기사를 위한 침실 공간이 현재는 세탁실로 사용되고 있다.

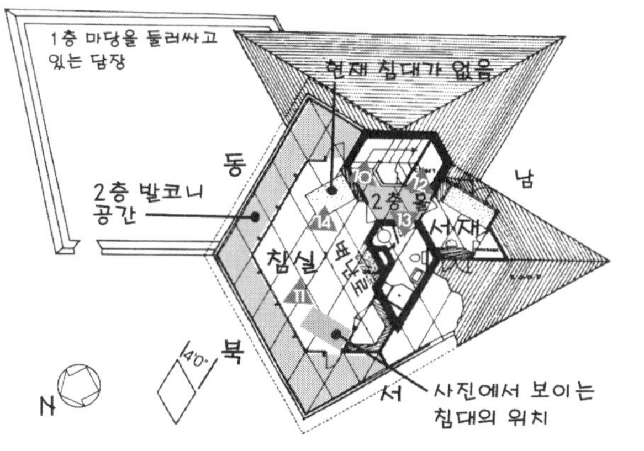

2층 평면도 : 2층 유리벽 앞에 발코니 공간이 있고 평면도에서 침대의 위치는 반대쪽으로 위치가 변경되었다. 평면도 중앙에는 벽난로가 위치하고 있다.

평면도 10번 - 2층에서 계단을 내려 본 모습

제일 앞의 입면 사진에서 보는 것과 같이 굴뚝을 중심으로 2층 규모로 계획된 주택임에도 1층 지붕, 2층 지붕 2개가 아니라 여러 겹의 지붕이 층층이 레이어를 이루고 있음을 확인할 수 있다. 주택의 1층 부분을 감싸고 있는 외장 마감 재료는 약간의 나무 사이딩이 피복으로 사용되었다. 그리고 대부분 재료가 탈리에신 웨스트에서 볼 수 있는 '사막의 돌(desert stone)'과 시멘트를 거칠게 다루어 사용하고 있으며, 창호의 면적은 거의 찾아볼 수 없을 정도이다.

평면도 3번－부엌 쪽 외관에 체로키 레드의 색을 칠한 나무 사이딩의 모습

평면도 1번－사막의 돌로 이루어진 외벽과 중앙에 현관이 보이고 여러 겹의 지붕을 볼 수 있다.

즉 사막에서 구할 수 있고 어느 정도 부피를 가지고 있는 돌에 시멘트 모르타르를 혼합하여 시공한 벽이라 할 수 있다. 지붕틀은 모두 목재이고 지붕 마감 재료는 너와집에서 볼 수 있는 것과 같이 나무껍질을 사용하고 있었다. 노출된 목재 보(beam)들이 조금은 어색해 보이지만 정확하고 하늘을 향해 뾰족하게 각도를 가진 지붕 선을 이루고 있다. 이 지붕 선은 피닉스에 넓게 펼쳐진 대지 후면에 위치하고 있는 산(山)의 경사에 대응하는 듯 했다.

12번 - 2층 서재 모습, 사막의 거친돌과 시멘트 마감과 마름모 모듈에 의한 모서리가 보인다.

평면도 9번. 2층으로 올라가는 계단과 우측에 현관이 보인다. 현관 옆에는 동양화 족자가 보인다.

평면도 11번－2층 주인 침실 모습(평면도에서 침대 위치가 변경)

평면도 14번－2층 주인 침실의 모습 －전면 유리창에서 아래의 하얀색은 햇빛 가리개이다.

2층으로 올라가는 내부 계단 폭은 저자 혼자 올라가기에도 조금 좁은 듯 느껴졌다. 이 때문에 올라가는 사람은 자연스럽게 허리를 살짝 굽히게 되고 또한 조심스럽게 올라가야만 했다. 그러나 2층 계단 홀을 지나 침실에 도달했을 때 저자 앞에 펼쳐진 주인 침실은 극적인 공간으로 다가왔다. 북 · 동쪽에 면하고 있는 뱃머리처럼 생긴 2층 유리창은 바닥에서 지붕의 경사면 제일 높은 부분까지 통유리로 연결되어 있었다. 그렇다고 해서 2층 유리창이 일반적 오피스 건물과 같이 안전 난간도 없이 1층의 벽면과 곧바로 연결되어 있어, 유리창 가깝게 서 있는 경우 위험한 느낌을 주는 것이 아니라 2층 전면 유리창 앞에는 발코니(2층 평면도)가 계획되어 있어 2층에서 생활하는 사람에게 시각적 · 심리적 안전감을 주고 있다. 2층의 전체 평면도는 마름모 형태이고 침실의 동 · 북면으로 접하는 유리창이 서로 둔각을 이루면서 만나고 유리와 유리가 일정한 각을 가지고 만나는 부분에는 창살을 사용하지 않고 유리끼리 맞춤[3]으로 이어지도록 계획하였다. 이렇게 유리창이 여러 각도로 꺾이는 부분에 창살을 사용하지 않는 것은 F. L. 라이트 유리창 계획의 특징 중에 하나이다. 심지어 유리창 가장자리마저 창살을 사용하지 않고 외벽의 시멘트 벽체 내부로 유리를 삽입하여 유리창으로 계획하는 경우도 많이 있다. 대표적인 사례로 위스콘신 탈리에신 이스트, 해롤드 프라이스 시니어 주택, 낙수장 등 다수의 작품이 있는데, 위스콘신 탈리에신 이스트나 낙수장의 경우에는 외벽에 창살을 사용하지 않고 오목 볼록한 외벽의 돌 모양을 따라 유리를 다듬어 처리한 경우(사진 참고)가 곳곳에 있었다. 이처럼 유리창이 꺾이는 모서리 부분에 창살을 사용하지 않는 시공 방식은 모서리에 창살을 사용

외벽의 오목 볼록한 벽면을 따라 창살 없이 유리를 다듬질하여 처리한 경우-탈리에신 이스트-1

외벽의 오목볼록한 벽면을 따라 창살없이 유리를 다듬질하여 처리한 경우-탈리에신 이스트-2

3) 우리나라 목조건축에서 '맞춤' 이란 일정한 각을 가지고 이어지는 것을 의미하고 '이음' 이란 두 개의 부재가 180도 (둔각 또는 예각도 없이) 수평으로 이어지는 것으로 의미한다.

한 공간보다 내부 공간이 외부 공간으로 확장되는 느낌을 줄 수 있어 내부 공간을 훨씬 넓게 보일 수 있는 장점을 가지고있다. 이 느낌 때문에 2층의 침실 공간이 외부 공간으로 확장되어 넓게 보일 뿐 아니라 침실 공간이 외부의 풍광을 안고 있는 듯 멋진 공간으로 다가왔다.

2층 발코니 부분 - 2층 목재 프레임과 같은 간격으로 연결된 창문 프레임 - 그리고 둔각으로 꺾이는 부분에 창문 프레임이 없고 유리와 유리로만 이어져 있다.

평면도 6번 –정원 담장 밖에서 바로 본 보습

2층 침실의 목재 천장과 프레임이 그대로 노출되어 있는 모습 그리고 목재 프레임 두께만큼 전등이 설치되어 있다.

평면도 5번–정원에서 거실 방향을 바라본 모습

평면도 4번–정원의 낮은 담장(1.5m정도)과 연못 모습-정원의 바닥 색도 외장 재료와 같은 체로키 레드를 사용하고 있다.

평면도 7번–1층 화장실의 모습–내벽이 외벽재료와 같다.

평면도 8번—1층 부엌의 바닥도 외부바닥과 같은 체로키레드 색으로 마감한 모습

13번—2층 화장실 모습(경사지붕이라 천장이 굉장히 높다.

10. 해롤드 프라이스 시니어 주택
(Harold Price Sr. House or Grandma House, 1954)

Harold Price Sr. House

- 위 치 : 7211 N. Tatum Paradise Valley Arizona
- 건 립 : 1954년

주택 내부에는 상상을 초월하는 공간(중정)이 있을 것이라고는 생각하지 못할 정도로 아무런 지형지물이 없는 아주 넓은 앞마당의 모습. 마당과 계단의 색은 F. L. 라이트 특유의 체로키 레드로 눈에 확 들어온다.

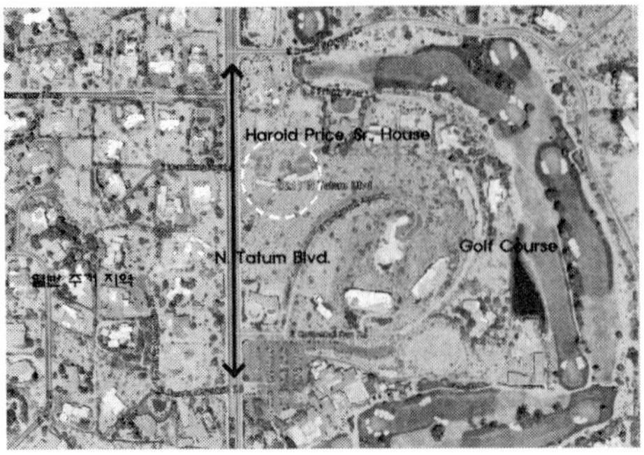

주택의 위성사진(구글 어스)—좌측의 주거 지역과 달리 점선 원 안의 주택 주변으로 다른 주택이 거의 없다.

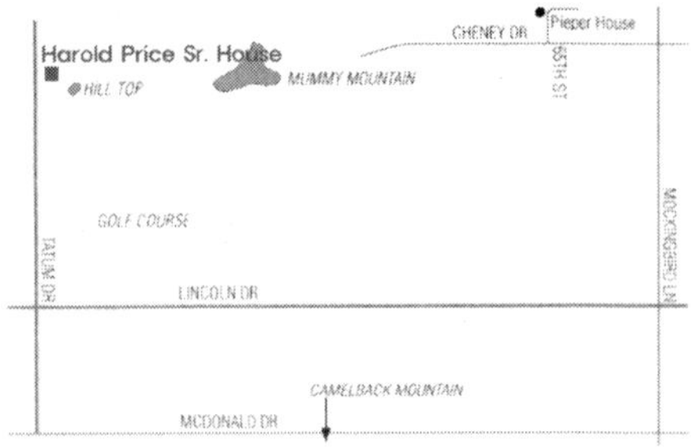

Harold Price Sr. House 접근 도로와 주택 위치도

Harold Price Sr. 주택 찾아가기

이 주택은 Lykes Norman 주택(다음 장에서 설명)과 그리 멀리 않은 곳에 위치하고 있다. North Tatum Blvd. 도로를 따라 북으로 가다 보면 오른쪽 파라다이스 벨리(Paradise Valley)언덕 아래쪽에 사막의 멋진 경관을 배경으로 대지와 한 덩어리가 되어 위치하고 있다. 비록 주변이 허허벌판인 사막 지역이지만 위성으로 찍은 사진을 보면 다른 주택과 달리 양쪽 날개를 펼치고 사막에 나지막이 내려앉은 우아한 새(鳥) 같다는 느낌을 받는다. 내려앉은 자태, 아우라(aura) 때문에 주변에는 다른 주택이 근접하지 못하고 있는 것은 아닐까 하는 생각이 들 정도이다. 그리고 F. L. 라이트 후기 작품에서 자주 볼 수 있는 곡선이나 원형과 같은 기하학적인 선은 보이지 않고 직선과 직선에 의해 형성되는 사각형 그리고 날카로운 예각을 이루는 삼각형에 의해 주택 내·외부 공간을 이루고 있음을 알 수 있다. 반면 지면에서 느껴지는 주택의 모습은 우아한 새 모습과 달리 주택 주변으로 높은 콘크리트 담장이 둘러싸고 사막의 중심부를 지키고 있는 견고한 성(城)의 모습을 연상하게끔 근엄한 모습으로 자리하고 있다. 구글 어스의 위성사진에서 보면 중앙의 도로(Tatum)를 기준으로 좌측의 일반 주거지역과 달리 해롤드(Harold) 주택이 자리한 주변은 대부분 사막 지역으로 별다른 주택을 볼 수 없기 때문에 다른 주택과 달리 빨리 눈에 들어온다. 그러나 주택이 도로면보다 높은 파라다이스 벨리 언덕에 위치하고 있을 뿐 아니라 담장은 아무도 넘보지 못하게 콘크리트 블록으로 성(城)처럼 높게 쌓아 놓았기 때문에 회색의 콘크리트 블록 담장 외에는 주택의 전체적인 형태를 도로에서 전혀 볼 수 없다. 그러니 도로만 보고 잠깐 방심하고 운전하는 사이 담장만 보고 주택을 지나칠 수 도 있다. 저자 역

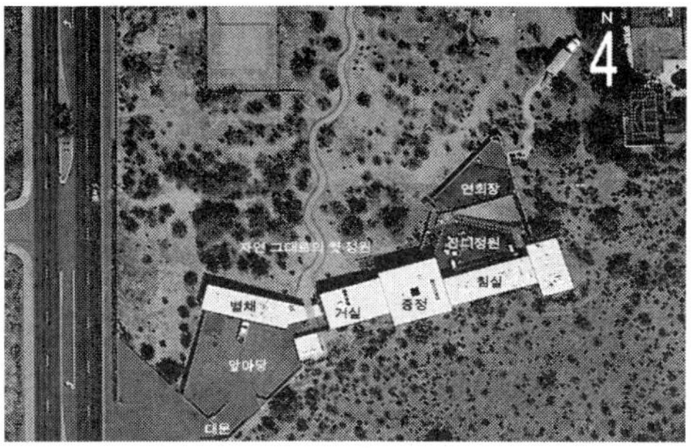

주택의 위성사진-대문 앞에 큰 공간, 그리고 대문을 지나 앞마당으로 진입한다. 이 두 공간에는 지형지물이 없어 방문객을 너무 당황스럽게 만든다.

담장 앞의 넓은 공간과 城(성)처럼 높게 쌓아올린 콘크리트 블록 담장의 모습 - 밖에서 전혀 주택의 형태를 볼 수 없다.

시 아무생각 없이 지나쳤고 도로 가운데에서 U턴으로 다시 찾아 온 주택이다. 반면 간선 도로에 면하는 대문 앞의 넓은 공간 때문에 간선 도로를 달리는 자동차를 피해 주차하기는 아주 편했다. 주차의 편안함을 느낀 이유는 애리조나 주 외의 다른 주(州)의 도심 지역에 위치한 F. L. 라이트 주택을 찾아다니면서 주택 대문 앞 공간에 주차 공간이 충분하지 않아 오랜 시간 무단주차(?)하면서 고생한 곳이 한 · 두 군데가 아닌 경험이 있기 때문이다. 대표적인 곳은 디트로이트의 튜켈 주택(Turkel House, 1955)인데 이 주택은 대문 앞에 도로와 바로 인접하여 담장이 있고 담장이 도로와 대지의 경계를 구분하고 있었기 때문에 별도의 주차 공간이 없어 고생한 곳이다.

주택의 내력과 Harold Price Sr.는 누구인가?

순간적으로, 도대체 어떤 사람이 이렇게 넓디넓은 대지에 城(성)처럼 높은 담장을 올리고 살고 있을까 하는 궁금증이 머리를 스쳐갔다. 궁금했지만 정해진 날짜에 방문해야 할 주택도 많이 있고 시간적 여유가 많지 않아, 일단 신상 파악은 접어두기로 했다. 귀국 후 작품 정리를 위하여 이리저리 관련 내용을 찾아보았지만 한국에는 이와 관련 된 내용들을 찾아보기란 그리 쉽지 않았다. 그러나 F. L. 라이트 관련 해외 서적과 인터넷에서 찾아본 내용을 정리하면서 이 주택의 주인이 F. L. 라이트와 단순한 인연이 아닌 것을 알게 되었다. 건축주 해롤드는 자신의 주택 뿐 아니라 자신의 회사 빌딩, 자신의 아들 집까지 모두 F. L. 라이트가 설계한 사실을 알게 되었다. 여기서 잠깐, 당연한 사실이지만 저자는 F. L. 라이트를 직접 만난 적도 이야기해 본 적도 없지만 이제까지 책을 통하여 만난 F. L. 라이트의 성격은 그렇게 온순한 편은 아니고 좀 괴팍하고 고집이 세다는 것을 알고 있다. 아무튼 평범하지 않은 성격의 소유자란 느낌을 받았다. 그리고 고집도 세고 자신의 건축에 대한 자부심도 강할 뿐 아니라 속세적인(?) 수완도 좋기 때문에 건축주 입장에서는 호불호가 분명한 건축가이기도 했다. 이런 성격임에도 불구하고 불미스러운 여자관계와 경제적 어려움이 있을 때마다 그를 적극적으로 도와주는 등 한마디로 F. L. 라이트를 추종하는 팬덤(fandom : 가수, 배우, 운동선수 따위의 유명인이나 특정 분야를 지나치게 좋아하는 사람이나 그 무리)이 있었던 느낌을 많이 받는다. 그리고 이런 팬덤 때문인지 F. L. 라이트에게 한 번 설계를 의뢰한 사람이라면 다음에도 또 다시 F. L. 라이트에게 설계를 의뢰하는 경우가 많이 있었다. 여러분도 알고 있겠지만 앞에서 소개한 Benjamin Adelman House(1952)도 같은 경우이다. 저자로서 이해가 가지 않는 부분은 괴팍한 성질의 소유자임에도 불구하고 F. L. 라이트 건축에 관한 한 어떤 마력을 가지고 있는지 직접 만나보지 않고는 정말 모를 일이다.

F. L. 라이트 이야기는 그만하고 집주인 해롤드에 관해 잠깐 소개하겠다. 해롤드 시니어는 1920년부터 시작하여 50세까지 용접공으로 어려운 환경에서 일을 하면서 미국에서 가장 큰 파이프라인 공사 관련 일을 하는 회사를 설립했다. 이 사업으로 많은 재산을 모아 자수성가한 사업가이다. 그리고 이미 이 주택을 설계하기 전에 해롤드 프라이스 시니어는 F. L. 라이트에게 자신의 이름이 들어간 회사 빌딩인「Price Tower(Bartlesville, Oklahoma, 1592)」를 의뢰한 경험을 가지고있다. 이 빌딩을 인연으로 지속적으로 F. L. 라이트와 인연을 맺어 오고 있었다. 프라이스 타워가 완성된 후에도 겨울이면 따뜻한 피닉스로 그의 부인과 자주 찾아왔다. 그리고 크리스마스와 방학 때면 프라이스 부부를 찾아오는 다섯 명의 손자가 있었는데, 이들도 할아버지와 할머니를 무척 좋아했다. 그래서 프라이스 부부는 "손자들이 놀러 와서 신나게 뛰어놀 수 있도록 충분히 큰 집이었으면 좋겠어요. 그리고 아이들이 햇빛이 비치는 곳에서 놀기도 하고 또 거친 사막의 환경으로부터 보호도 받을 수 있었으면 좋겠어요."라고 손자들을 위한 주택 이미지와 해롤드 프라이스 시니어가 퇴직 후 따뜻한 애리조나 겨울 날씨를 즐기면서 생활할 수 있는 주택 이미지를 F. L. 라이트에게 분명하게 이야기했다. 이에 F. L. 라이트는 손자들을 위한 노부부의 마음을 담은 주택인 만큼 주택 이름을「Grandma House(할머니 주택)」라고 부르기도 했다고 한다.

Price Tower는 F. L. 라이트에게 관심이 조금이라도 있다면 잘 알고 있는 빌딩일 것이다. F. L. 라이트가 설계한 고층 건축물 중 가장 잘 알려진 건축물이기 때문이다. 이 빌딩은 현재 Phillips 66 Petroleum Company 소유이고 지금은 호텔과 지역의 문화센터로 사용되고 있다. 그리고 해롤드의 아들인 Joe는 Price Tower의 공사 과정을 사진으로 촬영하고 세심하게 기록했다. 이런 노력 덕분에 공사를 마친 후에 F. L. 라이트의 〈The Story of the tower〉라는 책을 출판하는데 많은 도움을 주게 된다. 「Phillips 66 Petroleum Company」는 오클라호마에 본사를 두고 있는 140년 이상의 역사를 가지고 있는 석유회사이다. 현재는 정제, 중류, 화학 및 마케팅 그리고 이와 관련된 전문 분야에서 고유한 비즈니스를 가진 다양한 에너지 제조 및 물류 회사로 알려져 있다.

Price Tower : 우측 사진은 2015년 12월에 방문했을 때 촬영한 건물의 모습이다. 비록 공휴일이었지만 당직자의 친절한 안내로 건물 구석구석을 볼 수 있었던 행운을 얻기도 했다. 건물 앞에 회사를 상징하는 '66' 이라는 숫자가 보인다. 좌측은 1592년 건물 준공일에 일반인에게 공개되면서 건물 내부를 보기 위해 줄을 선 모습이다.

Price Tower 로비 벽에 유진 마셀링크(**Eugene Masselink**)가 디자인한 기하학적 문양(벤자민 알델만 주택, 프라이스 주택에서도 유진 마셀링크의 디자인 문양에 관한 이야기를 했음)

「The Story of the Tower」책

이 건물 외에도 텍사스 북쪽 오클라호마 주(2800 Silver Lake Road Bartlesville, Oklaoma)에 위치하고 있는 해롤드 프라이스의 또 다른 아들인 해롤드 주니어 주택(Harold Price Jr. 1954)도 같은 해에 F. L. 라이트가 설계한 주택이다. 이 주택 역시 본인이 2013년 12월에 방문한 적이 있을 뿐 아니라 가슴에 묻어버린(?) 주택이었기 때문에 쉽게 기억에서 잊혀지지 않는다. 프라이스 타워는 친절한 안내와 사진을 촬영할 수 있는 시간이 충분해서 이곳저곳을 자세히 볼 수 있었던 것에 반해 해롤드 주니어 주택에 얽힌 이야기를 하자면 지금도 한숨이 나온다. 이 주택을 방문할 당시에는 비도 오고 날씨도 조금 싸늘하고, 카메라 렌즈에 빗방울마저 떨어져 촬영하기 힘든 순간들이 많았다. 비가 오면 카메라를 들고 두 손으로 렌즈를 조정하여 초점을 맞추어야하기 때문에 우산을 들 수 있는 손이 없다. 그리고 촬영하는 그날은 설상가상으로 날씨까지 싸늘해서 얼마나 고생스러웠는지 모른다. 타국에서 느끼는 서러움이라고나 할까. 특히 이 주택을 찾아가기 위해 가족들이 자동차 뒷좌석에서 한 번도 쉬지 않고 차만 탄다고 투덜거리는 것조차 모른 척하고 앞만 보고 달려 왔건만 주변에는 아무것도 볼 것이 없고 주택마저 들어갈 수 없었던 상황이니, 가족에게는 정말 미안했다. 저자는 가족 생각보다 언제 이곳에 올 수 있을까? 라는 생각 때문에 여느 때와 같이 저자가 할 수 있는 것은 모든 것을 해야만 했다. 저자 역시 피곤함과 짜증을 무릅쓰고 운전했는데…, 여러분도 잘 알고 있듯이 주변에 아무것도 볼 것 없는 평지를 5~6시간씩 운전하다 보면 없는 피곤함도 절로 생긴다. 그리고 미국으로 여행 간다고 즐거워하면서 12시간 이상을 비행기 타고 왔던 가족들에게 얼마나 미안했는지 모르겠다. 그래도 미국 여행이라 가족들과 같이 왔지만 매일 다니는 곳은 F. L. 라이트 주택만 찾아다니고 있으니, 어느 누가 F. L. 라이트 주택을 찾아 가라고 강요한 것도 아닌데, 미국 여행이라 들뜬 가족들이 얼마나 심심했을지 상상해보라. 특히 아이들에게는 비슷한 집도 한 두 번이지 반복되는 주택 방문은 아이들 입장에서는 전혀 관심도 없었다. 그래서 가끔 주택을 찾아가는 길에 관광지가 있으면 잠깐이라도 들러 가족들의 기분을 치유하기도 해주었다면 조금이라도 덜 미안했을 텐데 라는 후회도 하게 된다. 다만 가는 길에 유명 음식점을 찾아 맛있는 음식을 사주었다는 것에 위안을 삼고 있을 뿐이다.

이 해롤드 주니어 주택의 경우 날씨도 좋지 않은 상황에서 주소를 보고 찾아가 정문에서 아무리 초인종을 눌러도 대답이 없었다. 급한 마음에 하는 수 없이 조금 열려 있는 대문을 열고 들어갔다. 한국이 아닌 개인주의가 확실한 미국에서 주인 몰래 주택

경계를 넘어 들어갈 때는 매번 무서운 마음도 든다. 여러분들도 알고 있겠지만 미국에서 주인 허락 없이 주택으로 들어간다는 것은 개인 영역 침해이기 때문에 심한 경우에는 총도 맞을 수 있고 개에게 물릴 수도 있기 때문에 정말 조심스럽다. 특히 최근에 코로나 19로 인하여 생활필수품을 사기보다 총기부터 사기 위하여 가게에 줄을 서고 기다리는 보도를 보면 저자가 하는 이야기가 충분히 이해될 것이다. 그리고 일반적으로 미국 사람들은 우리나라처럼 귀여운 강아지를 키우는 것이 아니라 대부분 대형견을 키우고 있기 때문에 개에 대한 두려움은 나에게 있어서 엄청난 것이다. 일단 평상시와 같이 차에 가족들을 남겨두고 - 언제든지 같이 집 구경을 하던 부인마저 비 때문에 차 속에서 기다리겠다고 하니 섭섭하기도 했다. 얼마나 귀찮았으면 그랬을까? - 마음속으로는 차 안에서 하는 일 없이 기다리는 가족을 생각해서 주택 외관만이라도 촬영하고 빨리 돌아오자 라는 마음으로 조심스럽게 들어갔는데, 대문 밖에서 볼 수 있었던 비포장도로로 조금만 들어가면 주택이 있겠지 라는 저자의 기대, 그러나 저자의 기대와는 달리 대문을 따라 비포장도로가 끝없이 연결되어 있었다. 부슬부슬 비까지 오고 있는 상황이라 보통 걸음보다 조금 빠른 속도로 달렸다. 저자의 생각으로는 분명 몇 분을 달렸지만 주택 모습은 보이지 않고 비포장도로만이 계속 연결된 것으로 기억된다. 이후 한참을 더 달리고 나니 내 앞을 가로 막고 있는 것은 주택도 아닌 아주 큰 저수지 아니 순간적으로는 호수처럼 느껴졌다. 그리고 저수지 건너편에 저자가 찾는 주택의 지붕 형태를 간신히 볼 수 있었다. 저수지의 가장자리를 따라 가려니 시간이 많이 걸릴 것 같고 그리고 거리는 생각보다 멀게 느껴졌다. 비는 오고, 날씨는 싸늘하고, 가족들은 저 멀리 자동차 안에서 기다리고 있고, 하는 수 없이 저수지 주변에 있는 나무 아래로 몸을 옮겨 비를 피한 후에 망원 렌즈로 주택을 촬영했다. 이제까지 F. L. 라이트 주택을 많이 찾아 다녀봤지만 이렇게 넓은 대지에 주택이 있는 경우는 처음이다. 그것도 대지 한가운데 엄청나게 큰 호수(저수지라는 표현이 좋을 듯)가 있으니, 가끔 친구들끼리 농담으로 "우리 집은 너무 넓어 대문을 지나 자동차로 한참을 달려야 집으로 들어갈 수 있다." 라는 이야기를 하면서도 믿어 본적이 없었는데, 그렇게 흔한 거짓말을 몸으로 직접 느껴보기는 처음이었다.

한국으로 돌아온 다음 도대체 어떤 주택인지 궁금하기도 하고, 구글 어스 위성사진으로 이 주택을 확인한 뒤에야 주택을 좀 더 쉽게 이해할 수 있었다. 위성사진에서 보는 바와 같이 대문에서 본인이 사진 촬영한 지점까지는 약 140m 정도이고 이곳에

Harold Price Jr. 주택 (Bartlesville, Oklahoma) 대문에서 비포장 도로만 보일 뿐 주택이 보이질 않는다.

Harold Price Jr. 주택(오클라호마, 1954) 전경 – 저수지에 나무가 있고 건너편에서 망원 렌즈로 주택의 모습을 촬영하였다.(2층 부분이 일부를 볼 수 있음)

서 다시 현관까지 저수지의 길을 따라 370m를 둘러 가야하니 대문에서 주택 현관까지 약 500m 이상의 거리이다. 그리고 대지의 전체 크기는 가로가 380m 세로는 280m 길이이니까, 넓이가 106,400㎡(약 32,186평)이다. 어떻게 표현을 해야 여러분이 실감나게 이해할 수 있을지 모르겠다. 다른 크기와 비교해서 설명하면 10.6에이크(acre)이고 대단위 아파트 단지가 세워질 크기의 대지넓이이다. 좀 더 실감나게 이야기하면 잠실 종합운동장이 가로, 세로 약 280m 정도이니 잠실 종합운동장 보다 넓은 대지에 달랑 집 한 채 있다고 생각하면 가장 현실적으로 감을 잡을 수 있을 것이라 생각한다.

입구에서 저수지 까지(내가 멈춘 곳) 약 140m 지점 - 대지의 크기가 약 380m×280m이다.(구글 어스)

1층 진입부 부분(멀리서 바라본 2층 건축물 일부분과는 전혀 다른 모습

두렵고 무서운 마음으로 주택 안으로 진입하기

고생한 것을 생각하면 마음만 아프니 해롤드 주니어(Jr.) 주택 이야기는 그만하자. 다시 해롤드 시니어(Sr.) 주택으로 돌아와서, 이 주택의 경우 방문 전에 편지를 보냈지만 답장을 받지 못했고 무작정 찾아간 주택이다. 막상 대문 앞에 도착하는 순간,

너무 넓은 대문 앞의 공간에서부터 조금 당황스러웠다. 대문 앞 공간과 대문 사이에 너무 높은 담장 그리고 지나가는 자동차 소리 외에는 아무것도 들리지 않고 조용했기 때문인지 왠지 모르게 주눅이 들었다. 그리고 대문 앞 벨을 눌러도 반응이 없었다. 일단 저자가 방문할 것을 예감한 듯 열려있는 대문을 통과하여 주택 마당으로 들어갔다. 순간, 저자 스스로 왜소해진 모습을 느끼면서 어딘가로 몸을 감추고 싶었지만 몸을 감출 수 있는 아무런 지형지물이 없어 저자에게 마당이라는 공간의 중압감이 너무 크게 느껴졌다. 건축적으로 좀 더 쉽게 이야기하면, 텅 빈 공간의 중심 또는 공간 어딘가에 어떤 물리적인 형태(지형지물, 地形地物)가 없다고 상상해보라. 다시 말해 로마의 성 베드로 광장 중앙에 오벨리스크가 없다고 생각하면 그 넓은 광장에서 여러분은 자신의 몸을 어디에 두어야 할지 몰라 안절부절 할 것이다. 즉 광장의 넓이에 관계없이 광장 어디엔가 어떤 조형물이 있다는 것은 그 조형물을 중심으로 눈에 보이지 않는 어느 정도의 영역성이 형성된다는 것이다. 그리고 그 물리적 조형물을 중심으로 사람들이 모여들 것이며 그 조형물이 공간의 중심적인 역할하게 된다. 한마디로 그 조형물을 중심으로 눈에 보이지 않는 의식적인 공간이 만들어진다는 것이다. 자신의 몸을 고정시킬 수 있는 공간이 형성되면 사람들로 하여금 조형물을 중심으로 모여들고 이 공간에서 안정감을 느끼게 된다. 좀 더 쉬운 사례를 들자면, 넓고 넓은 잔디밭에서 어디에 내 몸을 두어야 할지 모르는 경우 잔디밭 위에 돗자리를 깔면 돗자리가 펼쳐진 공간은 잔디밭에서 또 다른 공간으로 인식된다는 의미이다. 그리고 자연스럽게 돗자리 위에 앉으면서 신발을 벗고 무장해제 후, 자연스럽게 돗자리가 펴진 공간이 넓은 잔디밭에 있는 또 다른 자신의 공간인양 마음을 안정시킬 수 있는 심리적 공간으로 인식되는 원리라고 할 수 있다. 사진에서 보는 것과 같이 대문 앞의 높은 담장을 지나 조용하고 넓은 마당이 눈앞에 펼쳐지는 순간 자동적으로 몸과 마음이 조심스러워지고 방어적인 자세로 바뀌는 순간이었다. 정말 조심스럽게 진입하면서 몸을 숨기고 싶었지만, 넓은 마당에는 몸을 기댈 수 있는 아무런 지형지물이 없어 무서웠다. 단지 넓은 마당은 애리조나의 뜨거운 햇볕이 고스란히 노출된 상태라 저자의 두려움은 더욱더 커져갔다. 사진에서와 같이 마당의 마감재가 다 벗겨져 시멘트 바닥이 보이는 것을 보면 애리조나 햇볕이 얼마나 따가운지 짐작할 수 있을 것이다. 설상가상으로 주인의 허락도 없이 남의 집 앞마당까지 몰래 들어왔으니 심적으로 얼마나 불안한 상태인지 상상이 될 것이라 생각한다. 순간 개라도 달려들면 나는 어떻게 될지 상상하면 소름이 돋는다. 마당에서 가장 먼저 눈에 들어

대문에서 주택을 바라본 모습. 주차장은 좌측 담장에 가려져 보이지 않는다. 뜨거운 햇볕으로 마당 마감재가 벗겨진 모습

사진에서 좌측은 그냥 담장이고 우측의 블록 담장 부분은 게스트 룸 건물이다. 중앙부에 주차된 자동차가 보인다.

온 것은 좌측 별채 차고에 주차된 자동차이었다. 일단 자동차가 주차되어있다는 것은 집안에 분명 사람이 있다는 의미이기도 하다. 순간 나의 방문 의사를 영어로 어떻게 전달해야 할지 머릿속에서는 단어와 어순으로 복잡해지기 시작한다. 사실 대문을 들어갈 때 벨을 몇 번 눌러 보기도 했다. 매번 이야기하는 것이지만, 이역만리(異域萬里) 한국에서 왔는데, 겉만 보고 가자니 너무 비싼 비행기 운임이 아까워 한심한 것 같고, 마음속으로는 총을 맞을 수 있다는 두려움으로 가득 차 있었지만 조금씩 주택 내부로 전진하기 시작했다. 순간 컴퓨터 게임 속으로 저자가 들어 온 느낌을 받았다. 여러분도 잘 알고 있는 서든 어택(Sudden Attack)이라는 컴퓨터 게임이다. 모니터 어디에서 무엇이 나올지 몰라 키보드에 손을 올려놓고 화면 구석구석을 살피면서 전진하는 긴장된 모습을 상상해보라. 그리고 F. L. 라이트 주택을 방문한 많은 경험으로는 주택을 매도하기 위하여 아무도 없이 비어있는 주택에 부동산 업자들이 사람이 있다는 것을 방문자에게 강조하기 위하여 자신의 자동차를 주차해 놓는 경우도 많았다. 아무튼 반신반의하면서 서든 어택의 공격 자세로 현관을 향하여 계속 전진했다. 서든 어택에서는 총이라도 가지고 있지 지금 저자는 아무런 방어 무기도 없이 그냥 이리저리 눈치만 보면서 전진하고 있는 것이다.

일단 차고에 차가 주차되어있는 것을 보고 주택 내부에 사람이 있다는 생각을 했다. 오른쪽으로 시선을 돌려보니 게스트 룸과 캐노피로 연결된 입구의 조그마한 공간이 보였다. 입구 부분은 F. L. 라이트의 트렌드 색으로 가장 많이 사용하는 체로키 레드로 깔끔하게 마감–일종의 컬러 하드너(일반적으로 우리나라 지하 주차장 바닥에 녹색으로 마감된 것과 같은 재료)–되어 있었다. 체로키 레드로 마감된 입구 공간

좌측의 게스트 룸 건물 동과 주택으로 들어가는 입구 부분이 캐노피로 연결되어 있고 마당에서 이 공간으로 올라가는 계단이 보인다.

캐노피로 연결된 입구 공간에서 우측 좁은 통로는 중정으로 들어가는 복도이다. 중앙의 지붕 처마 아래 유리창이 있는 부분이 거실 후면의 주방 공간이다.

중정으로 들어가는 복도를 배경으로 〈Phoenix Home & Garden〉 2002년 5월 잡지 표지에 '경의로운 애리조나 건축,' 그리고 AIA(미국 건축가 협회, The American Institute of Architects)에서 선정하는 '올해의 주택' 으로 선정된 주택이라는 제목이 보인다.

에서 가장 우측으로 좁은 골목길 같은 복도가 무단 침입자의 시선을 끌어 당겼다. 이 골목길은 중정으로 통하는 복도 부분으로 〈Phoenix Home & Garden〉 2002년 5월 잡지 표지에 '경이로운 애리조나 건축,' 그리고 AIA(미국 건축가 협회, The American Institute of Architects)에서 선정하는 '올해의 주택' 으로 선정된 주택임을 알리는 장면으로 사용되기도 했다. 이 복도를 조금씩 아니 포복하는 마음으로 아주 조심스럽게 복도 시작부분에 있는 8단 높이(약 1.2m~1.4m)의 계단 방향으로 움직이면서도 서든 어택과 같이 어디에서 적군이 나올지 몰라 모니터 화면의 구석구석을 살피듯이 저자 역시 저자가 지나온 텅 비어 있는 마당을 두려움이 가득한 시선으로 구석구석 둘러보기 바빴다.

게스트 룸이 있는 건물과 거실이 있는 건물을 연결하는 캐노피 공간으로 올라가는 계단(마당에서 현관으로 올라가는 사각형 계단)으로 진입하면 조그마한 수반이 있는 공간이 나타난다.(사진 참고) 이 공간은 중정으로 진입하기 위하여 연결되는 복도 앞의 조그마한 공간이며 바닥은 대지를 의미하는 체로키 레드의 붉은 색으로 마감되어 있다. 공간 중앙에는 청동으로 만든 수반 모양의 아담한 분수를 볼 수 있는데, 이는 F. L. 라이트가 이 주택을 설계하면서 세심하게 신경을 쓴 부분이기도 하다. 즉 아무것도 없는 대문 앞 넓은 공간(사막에 비유된다면)을 거쳐 대문으로 들어가면 또 지형물이 없는 넓은 공간(마당)을 맞이하게 되는데, 이는 아마도 주택이 위치하고 있는

좌측 : 중앙에 수반(분수)이 있고 우측에는 중정으로 연결되는 복도와 진입하는 계단 그리고 부엌으로 통하는 문이 열려 있다. 우측 : 거실로 들어가는 복도 바닥은 대지를 의미하는 듯한 체로키 레드 색의 우레탄으로 깔끔하게 바닥이 마감되어 있었다.

주변의 환경을 사막으로 연출한 것은 아닐까? 풀 한 포기 없는 넓은 사막을 거쳐 첫 대면하는 아늑한 공간에 자그마한 분수는 사막의 오아시스로 연출된 것은 아닐까? 사막을 걷는 사람이 오아시스를 만남으로써 안심되고 이제까지 고생한 것이 없어지듯 저자 역시 불안에 떨고 마음을 졸이면서 넓고 넓은 마당을 지나 수반이 있는 공간으로 들어오는 순간 조금은 안심되는 기분을 느꼈다. 여기서 수반은 주택의 출입을 주저하는 사람들에게 주저함과 두려움을 조금이나마 사라지게 해주는 휴식 공간(오아시스)으로 계획한 것으로 보였다. 그리고 청동 수반으로 만들어진 분수 공간 정면의 높은 벽에 연결된 캐노피 바로 아래에 열린 문을 발견하고 무슨 공간인지 살짝 얼굴을 내밀어 확인했지만 위쪽으로 올라가는 계단만 보였다. 나중에 안 사실이지만 이 문을 통하여 곧바로 부엌으로 진입할 수 있는 계단이었다. 그리고 좌측으로 다시 연결되는 좁고 긴 체로키 레드의 긴 통로(잡지 표지에서 보이는 복도)…, 순간적으로 빨대에 의해 빨려 들어가 듯 긴 통로로 발길이 이끌려 옮겨졌다. 반면 눈길은 우측으로 개방된 사막의 풍경으로 인하여 어느덧 좁고 긴 통로를 느끼기도 전에 주택의 중정에 도달하게 된다. 어떻게 저자가 긴 통로를 거쳐 중정까지 들어오게 되었는지 의식하지 못할 정도로 저자에게는 찰나의 순간으로 느껴졌다. 좁은 통로를 순간 이동으로 느낄 정도로 빠르게 지나 도달한 중정의 확 트인 공간을 맞이하는 순간 주인 없이 들어왔다는 두려움은 어느덧 사라졌다. 모든 것을 잊고 중정 공간의 경이로운 분수와 분수 위의 하늘로 오픈된 높은 천장을 보는 순간 몸이 멈춰지면서 육체의 혼이 천장의 구멍으로 빠져나가는 듯 부동의 자세로 중정의 분수 공간을 보고 있었다. 중정으로 진입하기 전 복도 앞에 조성된 분수보다 더 큰 수반형태의 분수였다. 넋 나간 사람처럼 가만히 보고 있는 저자의 모습을 봤는지 누군가 옆구리를 쿡 찌른다. 아내였다. 얼마나 놀랬는지 모른다. 집주인 몰래 들어온 공간이라 들킬 것이 겁나 큰 소리를 내지도 못하고 너무 긴장된 순간이었다.

사막을 지키는 왕실의 중정에 들어온 것은 아닐까?

이 주택의 중정은 어린 손자들을 위한 놀이터 용도와 사교의 장으로 사용하려는 목적으로 계획된 공간이다. 또한 이 중정은 주택에서 가장 핵심적이고 경이로운 공간이면서 공적인 거실+부엌+식당(L.D.K) 공간과 사적인 침실 공간 사이에 위치하여 두 공간의 완충 공간 역할을 담당하고 있다. 그리고 이 공간은 프라이스 부부가 주문한 손자들을 위한 공간으로 F. L. 라이트가 가장 많은 관심을 가지고 계획한 공간이기도 하다. 이 공간은 내부 공간 또는 외부 공간 어느 쪽에도 속하지 않는 애매모호한 공간이면서 거실과 침실 공간 사이에 완벽한 완충 공간 역할을 하고 있다. 중정 가운데에는 현관으로 들어오기 전의 청동 수반 형태와 거의 비슷하지만 그것 보다는 훨씬 큰 수반이 자리 잡고 있다. 그러나 중정 가운데에 위치하고 있는 수반의 형태는 마당에서 복도로 진입하기 전에 마주한 수반과는 완전히 반대의 모습을 보여주고 있다. 다시 말해 현관 앞에 청동으로 만든 수반의 모습은 솥뚜껑을 덮어 놓은 형태라면 중정의 수반은 솥뚜껑을 뒤집어 놓은 상태이다. 그리고 뒤집어 놓은 수반의 오목 공간에 물이 차면 조금씩 가장자리로 넘쳐 내려가게끔 만들어 놓았다. 그리고 한쪽 벽면에는 벽난로가 있고 중앙 분수가 있는 수반 위의 천장에는 고창을 만들어 천장에서 들어오는 햇빛이 분수에 고인 물에 비치고 이 빛이 반사되어 중정 내부를 밝혀주는 아주 묘한 공간을 연출하고 있었다. 한마디로 일반 주택의 중정이라기보다 어느 사막에 있음직한 왕실의 중정으로 느껴질 정도로 규모와 느낌에서 보는 이를 압도하는 공간이었다.

중정에서 또 주목할 만한 것은 중정을 감싸고 있는 역삼각형의 기둥으로 천장을 받치고 있는 콘크리트 블록 기둥이다. 이 콘크리트 블록 기둥은 위로 올라 갈수록 블록이 3/8인치씩(약 1㎝) 계속 넓어진다. 그리고 제일 윗부분의 넓은 기둥면이 지붕을 받치는 것이 아니라 기둥 윗면의 중앙에 가느다란 스틸 지지대가 지붕을 받치고 있

수반 위 천장에서 들어오는 햇빛이 수반의 물에 반사되고 이 빛으로 거실 주변을 밝혀주고 있다. 뒤쪽 벽으로 벽난로가 보인다. 그리고 중정을 둘러싼 역삼각형의 콘크리트 블록 기둥들이 중정의 지붕을 받치고 있다.

다. 기둥 바로 아래에서 두껍고 둔탁한 블록 기둥을 따라 시선을 위쪽으로 옮기다 보면 조금은 무겁게 느껴지던 기둥 제일 윗면에는 지붕을 지지하는 스틸 파이프가 설치되어 중정의 지붕을 지지하고 있음을 알 수 있다. 그러나 블록 기둥 제일 위쪽의 면적이 아래 보다 넓기 때문에 저자에게 기둥 윗면의 스틸 파이프가 보이지 않아 중정의 지붕이 그냥 허공에 부유한 것처럼 보였다. 그래서 이 지붕을 보는 순간 저자의 마음마저 아주 가볍고 상쾌한 기분으로 변했다. 다시 말해 중정을 덮고 있는 지붕을 가느다란 스틸 파이프가 받치고 있기 때문에 지붕이 무겁게 느껴질 수 있는 중정의 전체적인 분위기를 한층 더 가볍게 연출하고 있다. 또한 이 공간으로 들어온 사람들의 마음까지 가볍게 만들고 있었다.

침실 공간과 달리 역삼각형 모양의 기둥에 의해 천장의 높이가 높게 치솟아 외형적으로 거실 건물 뿐 아니라 침실 건물과 같은 높이로 단조롭게 보일 수 있는 입면의 변화를 꾀하고 있다. 그리고 중정 천장 가운데에는 오픈된 천창(Clerestory)이 설치되어 있다. 이곳을 통하여 따스한 햇살 뿐 아니라 애리조나의 산들바람까지 유입되고 있었다. 뿐만 아니라 천창을 제외한 중정의 지붕은 따가운 햇볕을 가리어 중정 내부 공간에 그늘을 만들어 주고 있었다. 그리고 애리조나의 뜨거운 햇볕 속에서 맛 볼 수 없는 자연 바람의 시원함을 느낄 수 있도록 계획되어 있었다. 이런 느낌은 중정 가운데 위치하고 있는 수반이 분수를 만들어 냄으로써 한 층 더 증폭 시키는 역할을 하고 있었다. 한마디로 정리하면 넓은 사막과 더위에 지친 상인들이 오아시스를 만나면서 느낄 수 있는 기분을 상상한다면 중정의 공간 분위기를 충분히 이해할 수 있을 것이다. 저자의 생각으로는 만약, 중정의 기둥을 역삼각형이 아니라 밑면이 넓고 위로 올라가면서 좁아지는 기둥으로 계획했다면 중정 공간이 확대되는 느낌과 지붕은 하늘로 계속 확대되어 공간 속에 있는 이로 하여금 불안한 느낌을 줄 수 있었을 것이라 생각한다. 즉 역삼각형 기둥으로 하여금 높게 설치된 지붕에 의한 공간의 확대를 최대한 제한하는 느낌과 중정을 최대한 감싸주어 아늑한 공간으로 느낄 수 있도록 계획한 것은 아닐까 하는 생각도 해본다. 아무튼, 중정의 역삼각형 콘크리트 기둥과 기둥 사이에는 내 · 외부 공간을 확실하게 차단시키는 다양한 기하학 문양으로 디자인된 목재 여닫이창과 문이 설치되어 있다. 눈치가 빠른 사람들은 아시겠지만 이 문양을 잘 보면 어디선가 본 듯한 디자인임을 알게 될 것이다. 바로 벤자민 아델만 주택 벽난로 위를 장식하고 있는 디자인과 같은 스타일이다. 나중에 안 사실이지만 이 나무로 만든 창과 문의 기하학적 문양 역시 벤자민 아델만 주택의 벽난로 위의 장식 문양과 프라이스 타워 로비에 설치된 벽면 문양을 디자인한 F. L. 라이트의 비서였던 유진 마셀링크(Eugene Masselink)에 의해 제작된 것이다. 그러나 저자가 판단하기에 이 나무로 만든 창(窓)은 창으로써의 역할을 다하지 못하고 있었다. 창이란 외부를 볼 수 있는 투과적인 효과도 있고 또한 내 · 외부 공기를 순환시키는 두 가지 기능이 있어야 하는데 이 나무로 만든 창은 투명한 유리로 만들어진 것도 아니고 불투명하고 솔리드한 나무로 만들어진 것이기 때문에 밖을 볼 수 없다. 그러나 나무로 만든 창이 닫혀 있는 경우 밖은 볼 수 없지만 창과 지붕 사이 공간에 가림 벽이 없고 그냥 비어 있는 공간이 있기 때문에 내 · 외부 공기를 순환시킬 수는 있다. 즉 중정을 가리는 나무로 만든 창과 문은 저자가 이야기한 외부 투시와 공기 순환이라는 창문의 기능을 다하지 못하고 있음은 분명했다. 그러나 만약 이 공간을 솔리드한 나무로 만든 창과 문이 아니라 일반적인 유리로 만든 창과 문으로 계획하였다면 지금 저자가 서 있는 중정에서 느낄 수 있는 보호 받는 느낌이 아니라 유리의 투시 효과 때문에 중정을 감싸주는 느낌보다 사방이 터인 사막의 한 가운데에 외롭게 서 있는 느낌을 줄 것이라는 생각 때문에 상상하기조차 싫었다. 현장에서 내가 느낀 나무로 만든 창이 비록 투

사진 중앙 부분에 진입 복도로 연결된 출입구가 보이고 우측에는 거실과 식당으로 들어가는 유리문이 보인다.

여러 기하학 문양으로 장식된 나무로 만든 창 위로 바람이 통하고 아래로는 햇빛을 막아주고 있다.

중정 밖에서 바라본 역삼각형 기둥과 나무문 모습

중정 나무문을 열고 내부에서 밖을 바라본 모습

시의 기능은 수행하지 못하지만 중정으로 들어오는 뜨거운 애리조나의 햇볕이나 바람의 강 · 약을 조절하는 기능은 충분히 하고 있는 것으로 판단되었다. 아무튼 중정의 경이로운 공간에 폭 빠져 있는 동안 사진 촬영을 허락해줄 누군가를 찾아야 한다는 생각을 잊어버리고 있었다. 그저 중정 분위기에 넋 빠진 사람처럼 우두커니 서 있었을 뿐이었다.

순간의 무념무상(無念無想)에서 깨는 순간 어느 곳에선가 청소기 모터 소리가 들려왔다. 열심히 거실을 청소하는 누군가가 나를 보고 있다는 사실을 알고는 순간 식은땀을 흘리고 있는 저자를 발견하게 된다. 미국에서 아무런 허락도 없이 주택의 가장 중심 공간인 중정까지 남 몰래 들어와 있다는 것 자체만으로도 엄청난 범법 행위임을 잘 알고 있기 때문이다. 나를 무념무상에서 깨어나게 만든 동일 범죄자인 나의 반쪽(아내)이 순간 청소 아저씨와 대화를 주고받으면서 이제까지 저자가 한 모든 행동은 무죄임을 변명하고 있었다. 순간, 나의 반쪽이 왜 그렇게 존경스럽게 보였는지 모른다. 때마침 주택은 비어 있는 상태이고 주택 관리를 위하여 전문 청소업체에서 주택을 청소하고 있는 중이었다는 사실을 알게 되었다. 관리 아저씨의 촬영 허락 덕분에 여유롭게 집안 곳곳을 둘러 볼 수 있는 행운을 얻을 수 있었다.

잊을 수 없는 주택 공간들

이 주택의 건설 기간은 계획에서부터 준공까지 약 8개월 정도 소요되었다고 하며 공사 책임자는 해스켈 쿨웰(Haskell Culwell)이며 오클라호마의 건설업자로서 해롤드 프라이스 시니어의 Price Tower를 건설한 시공전문가인 것은 우연이 아닐 것이다. 그러나 저자가 판단하기에는 단층이고 콘크리트를 사용한 것도 아니고 8개월이면 시공 기간이 너무 길다는 생각을 한다. 이렇게 생각하는 기준은 좋은 재료나 시간이 걸릴 만큼 비싼 건축 재료를 사용 한 것 같지 않았기 때문이다. 그리고 저자가 거장 건축가의 공간 계획을 평가한다는 것 자체가 우스운 일이지만, 8개월 동안 시공이 아니라, 주택의 공간 계획을 위하여 고민했다면 믿을 정도로 공간의 구성이나 계획적인 측면에서는 거장의 솜씨를 충분히 느낄 수 있었다. 즉 외벽은 콘크리트 양생을 위하여 많은 시간을 요하는 것도 아니었고, 이미 만들어 놓은 콘크리트 블록을 쌓은 것이고 지붕은 평지붕으로 스틸 파이프를 사용하여 프레임으로 짠 후 비싸지 않은 표준자재를 사용하여 멋진 지붕을 만들었다. 각 공간의 상호 연계성을 통하여 F. L. 라이트의 공간 지배 능력을 다시금 보여주는 좋은 주택 사례라고 할 수 있을 것이다.

거실과 침실의 중간 영역인 중정으로 들어가면 알 수 있겠지만 철저하게 애리조나주의 사막 기후에 적응할 수 있도록 설계된 주택임을 눈으로 확인할 수 있다. 프라이스 부부가 5명의 손자들이 마음껏 뛰어 놀 수 있는 충분한 넓이를 요구한 만큼 이 주택은 총 10개의 방으로 이루어져 있을 정도로 큰 규모였다. 그리고 각 방에는 욕실이 계획되어 있다는 것 또한 이 주택의 특징이다. 주택 규모는 단층으로 약 5,000피트제곱(465㎡, 140평)이고 대지의 크기는 약 9에이커(36,422㎡, 11,018평)이다. 그렇기 때문에 건폐율은 1.27% 밖에 안 된다. - 1956년에 손자들이 성장하여 손자들을 위한 어린이 놀이방이 필요 없게 되자 손자들을 위한 침실을 부부 침실(안방)로 변경하기도 했다. 자신의 주택과 주니어(아들)의 주택(Harold Price Jr. House, Oklahoma)의 공통점은 주택이 위치한 대지의 넓이로 두 곳 모두 상상을 초월하고 있다는 것이다.

거실과 식당 공간 둘러보기

대문을 기준으로 평면도와 중정의 사진을 비교하여 설명하면—앞에서도 이야기했듯이 대문에서 들어와 조그마한 수반(분수)이 있는 공간에서 우측의 좁은 복도가 있고 이 복도의 좌측 벽이 부엌과 식당 그리고 거실의 외벽이다. 거실과 부엌, 식당은 중정에서 유리문으로 출입할 수 있도록 계획되어 있다. 부엌의 전체적인 분위기는 현대 주택의 부엌과 같이 고급 타일을 사용한 것도 아니고 주택 외벽과 같이 마감이 없는 콘크리트 블록으로 이루어져 있었다. 주택의 전체적인 규모와 외관의 화려함에 비해 부엌의 인테리어는 조금 실망스러웠지만 부엌 내의 공간은 밖의 기온보다 훨씬 시원하게 느껴졌다. 그리고 부엌은 중정으로 들어오기 전 조그마한 수반이 있는 공간에서 열려 있었던 문을 통하여 계단으로 곧바로 연결되어 있다. 단 수반이 있는 공간과 부엌과는 단차이가 있기 때문에 수반이 있는 공간에서 부엌과 연결되는 문을 열면 부엌으로 올라가는 계단만 보인다. 앞에서 이야기 했듯이 중정 복도로 이동하기 전에 열린 문으로 확인한 공간이기도 하다. 미국 생활방식에서 판단하면 이 문은 당연히 계획되어야 할 문이다. 우리나라처럼 분산 상가들이 주택 인근에 위치하고 있는 것도 아니기 때문에 어느 정도의 거리에 있는 대형마트에서 며칠 분에 해당되는 많은 양의 식료품을 구입하기 때문에 자동차에서 내려 마당을 거쳐 중정으로 통하여 복도를 지나 거실과 식당을 거쳐 부엌으로 가는 동선을 마당 또는 주차장에서 곧바로 부엌으로 연결하여 최대한 동선을 단축시키고 있다. 부엌에는 다양한 조리 기구들이 그대로 진열되어 있었고 찬장 및 수납가구들 역시 내구성과 가공성이 뛰어난 마호가니로 만들어져 있었다.

거실의 분위기는 거실을 덮고 있는 지붕이 거실을 둘러싸고 있는 벽에 의해 지지되는 것이 아니라 중정에 설치된 것과 같이 역삼각형 기둥 중앙에 설치된 스틸 파이프에 의해 지지되고 있다. 비록 중정과 달리 이 스틸 파이프 높이만큼 오픈된 것이 아니라 맑은 유리창으로 처리되었지만 중정에서 느낀 것처럼 지붕이 하늘에 떠 있는 것처럼 느껴져 거실 분위기도 더운 날씨를 느낄 수 없을 정도로 시원한 공간으로 다가왔다. 그리고 촬영한 사진을 이리저리 꼼꼼히 살펴봐도 이 더운 애리조나 날씨를 이겨낼 수 있는 에어컨은 거실에서 발견되지 않았다. 이것 또한 F. L. 라이트가 인공적인 냉방장치를 싫어했기 때문일 것이다.

부엌의 모습-아일랜드 선반과 다양한 부엌 가재도구가 잘 정리되어 있다.

거실 안쪽의 벽난로가 있는 부엌 벽을 등지고 중정 방향으로 바라 본 모습

거실 한 쪽 벽의 모습―지붕을 받치는 가는 철 기둥과 역삼각형 기둥 사이가 모두 맑은 유리창으로 계획되어 있어 거실 공간이 훨씬 넓고 시원하게 느껴지고 있다.

사진에서 좌측에 선반이 있는 벽은 외부에서 중정으로 통하는 복도의 벽이고, 우측에 중정 기둥과 같은 역삼각형 기둥이 있는 벽 위쪽에는 비어 있는 것이 아니고 맑은 유리로 시공되어 있다. 제일 안쪽(중앙부)의 블록벽 뒤에 부엌이 위치하고 있으며, 청록 색깔의 소파와 식탁 의자(미션 스타일)의 색깔은 내부 공간을 좀 더 시원하게 느껴지도록 하고 있다.

또한 기둥과 기둥 사이를 모두 맑은 유리창으로 계획하여 외부 공간과 내부 공간이 통하는 듯 거실이 훨씬 넓게 느껴지고 거실의 내부는 반사광 때문인지 밝았다. 내부 공간이 밝아서 맑은 유리창을 의식하지 못하게 되면서 중정에서와 같이 지붕이 기둥 위로 부유(浮遊)한 느낌을 받았다. 천장에 사용한 재료 역시 중정과 같이 텍텀[1]이라는 재료

1) 포플러 나무뿌리 흡음재로 일명 목모 보드라고 하며, 강당 벽체 등에 많이 사용한다.

거실 내부에서 본 외벽의 창문과 수납 공간 계획

거실 외벽의 콘크리트 기둥이 나열된 모습

를 자연 그대로 사용하고 있었다. 특히 거실 한 쪽 벽 역시 중정에서 사용한 역삼각형 기둥 모양을 그대로 사용하고 있어 외부에서는 기둥의 통일성과 함께 중정과 이어진 하나의 건물로 인지될 수 있도록 계획한 것 같다. 그리고 기둥과 기둥 위의 지붕을 지지하는 스틸 기둥 사이의 맑은 유리창으로는 지붕 처마 그늘에 가리어 햇빛이 곧바로 들어오지 않았다. 거실의 콘크리트 블록 기둥이 있는 반대편 벽-중정으로 연결되는 외부 복도 벽-콘크리트 블록 벽으로 조성되어 있다.

현관에서 중정으로 들어오는 복도 통로를 따라 세워진 긴 벽에는 F. L. 라이트가 주로 사용하고 있는 맞춤형 책꽂이 겸 장식장이 설치되어 있었다. 사용 재료는 F. L. 라이트가 자주 사용하는 마호가니(Mahogany)[2]로 만들었다. 그리고 벽 장식장이 조금 높은 만큼 벽 전체를 가리는 것이 아니라 장식장 사이사이로 상판을 받치는 나무기둥을 세우고 이 기둥 사이의 창문으로 햇빛이 유입되도록 계획하였다. 그리고 창문 바로 위에는 또 다시 블록 벽이 가로로 막혀있고 지붕 바로 밑에는 다시 맑은 유리 창문(고측창)으로 계획되어 있다. 이는 앞의 사진 중에 조그마한 수반공간에서 중정으로 통하는 복도면 벽이 폐쇄적인 느낌을 주는 것과 반대로 내부에서는 매우 오픈된 느낌을 주고 있다. 이는 앞의 사진에서 보이는 것과 같이 외부 중정으로 연결되는 복도에서 지붕아래 유리창은 지붕의 그림자 때문에 잘 인지되지 않을 뿐 아니라, 거실 내부의 바닥에서 지붕면의 레벨과 외부 복도바닥에서 지붕면의 레벨 차이 때문에 외부 복도면에서 느끼는 창문의 높이(훨씬 높게 느껴짐)와 거실 내부에서 느끼는 창문의 높이(낮게 느껴짐)가 달라 비록 같은 창문이지만 다른 분위기로 느껴졌다.

2) 짙은 적갈색을 띠는 원목으로 엔틱 가구에 많이 사용된다. 내구성이 좋아 오랜 시간 사용해도 뒤틀림이 발생하지 않고 방충이 잘 되어 해충에도 안전하다. 원목 자체에 윤기를 띄고 있어 고급스러움이 느껴지며, 도장 마감 후 광택이 더욱 선명해진다. 가공성이 좋아 가구재, 악기재, 장식재 등 다양한 용도로 사용된다.

거실 외부(중정으로 들어가는 복도)에서 본 외벽의 창문 디자인

창문 모서리와 외벽(콘크리트 블록)에 창살 없이 블록에 유리가 직접 접하고 있다.

이 주택 역시 F. L. 라이트 주택 계획 어디에서나 볼 수 있는 디자인 기법으로 부엌은 벽난로가 있는 벽 뒤쪽으로 감추어지게 계획하고 솔리드한 벽체로 가려 거실에서 직접 보이지 않도록 하였다. 반면에 식당은 거실 공간과 하나의 공간으로 계획하는 경우가 많았다. 식당 공간 뿐 아니라 거실 공간에서 천장이 텍텀이라는 일종의 집성보드 종류로 만들어져 있기 때문인지 전선을 배선하기 어려웠는지(전선의 과열로 나무 종류의 재료에 쉽게 옮겨 붙어 화재 발생 위험이 있었는지는 모르겠지만) 전선들을 천장 속으로 연결하지 못해 식탁 위의 천장에는 샹들리에(chandelier) 같은 멋진 전등 시설이 없었다. 다시 말해 일반적으로 거실 소파 위의 천장에는 디자인된 전등이 설치되는 것이 일반적인데 앞에서 이야기 한 이유 때문에 본 주택에는 천장에 전등을 설치한 경우는 한 곳도 없었다. 그리고 천장 겸 지붕이 경량 재료로 만들어진 만큼 무거운 샹들리에 같은 조명을 설치하는 것도 적당하지 않았을 것으로 판단된다. 전선은 벽과 기둥으로 연결된 선으로 조명에 연결시켰다. 천장에는 천장의 장식적 효과를 위하여 천장의 높낮이를 달리하는 오목 볼록한 공간을 계획하지 않고 모든 천장이 평천장으로 시공되어 있다. 이는 천장이 오목 들어갈 수 있는 천장 마감재를 사용한 것도 아니고 천장의 재료가 그대로 노출되어 있고 오목하게 만들 만한 두께도 아니기 때문에 이 주택에서는 천장에 전등을 별도로 설치한 공간을 찾아 볼 수 없다.

거실 내부는 초록색 소파와 식당 테이블 그리고 등받이가 긴 미션 스타일의 의자가 가지런히 정돈되어 있다. 여기에서 저자가 몰랐던 사실은 의자, 소파에 사용된 청록색이 F. L. 라이트가 자주 사용한 체로키 레드 계통의 색이 아닌 것은 자연을 상징하기 위한 것이 아닐까하는 생각도 했다. 그러나 모든 가구에 청록색을 사용한 연유는 Harold가 아내에 대한 사랑이 너무 극진한 나머지 아내 반지에 장식되어 있는 아름다운 청록색 보석을 보고 보석색과 같은 색으로 디자인해 줄 것을 요구하였다고 한다. 그러나 저자는 청록색이 애리조나의 뜨거운 햇볕과 황량한 사막과 같은 주변 환경에서 볼 수 없는 초록의 자연을 연상시키기 위한 것으로 알았다. 그 이유는 이제까지 애리조나에서 방문한 주택 중 초록색 잔디가 있는 주택을 보지 못했기 때문에 잔디에 대한 여운 때문이지 않을까 하는 생각도 해보았다. 여러분도 사진으로 풀 한 포기 없는 넓은 마당을 보지 않았는가! 아마도 우리의 잠재의식 속에 청녹색이란 자연에서 가장 많이 볼 수 있는 색이며 또한 안전, 평화, 휴식 등과 같은 상징적인 이미지를 가지고 있기 때문일 것이다.

침실 살짝 엿보기(Peeping)

침실은 현관에서 중정으로 들어오는 긴 통로와 중정에서 다시 벽난로 우측에 있는 좁은 통로를 통하여 연결된다. 이 침실 통로에 사용된 좌 · 우 벽의 재료는 서로 다른 것을 사용하였다. 외기와 면하는 우측 벽은 거실과 부엌의 외벽과 같은 콘크리트 블록을 사용하였고, 침실을 구획하는 좌측 내벽은 나무로 시공되었다. 이 내벽에 사용한 나무 벽은 sand-witch wall이라고 하는 것으로 3겹의 베니어판(plywood)을 겹쳐 만들었기 때문에 벽이 정말 단단하게 시공되어 있다. 여기에도 마호가니가 사용되었고 천장 역시 텍텀을 사용하여 중정이나 거실의 천장 구조와 동일하였다.

침실 복도 좌측의 내벽 재료와 우측의 시멘트 블록이 확연히 구분되어 있다.

체로키-레드의 계단이 좌측의 주인 침실과 우측의 침실을 분명히 분리하고 있다. 특히 주인 침실의 모서리 창문에 창살을 사용하지 않는 라이트 특유의 창문 디자인 수법을 사용하고 있다. 계단을 올라가면 앞쪽보다 레벨이 높은 외부 공간인 파라다이스 벨리 언덕으로 연결된다.(옥외로 통할 수 있는 통로)

침실 통로에서 침실을 구획하고 있는 목재 벽에 복도 조명을 설치하였고 복도 천장에서는 다른 곳과 같이 조명이 설치되어 있지 않다. 사진에서 보는 것과 같이 복도 우측 벽 제일 높은 측창에서 들어오는 남 · 동향의 햇빛이 워낙 풍부하기 때문에 낮에도 복도에 전등이 필요 없었다. 여기에서 특이한 점은 다른 침실과 마스터 베드룸의 사이에는 옥외로 통할 수 있는 통로가 계획되어 있다는 것이다. 이 통로는 일반 침실과 주인 침실을 완전히 구분하는 공간이며 각 침실에는 전용 화장실이 계획되어 있다. 일반 침실과 분리된 주인 침실의 경우 계획 초기에는 침실이 아니었다. 계획 초기에는 손자 · 손녀들이 놀 수 있게 계획한 실내 놀이 공간이었다. 아이들의 소음으로부터 침실 공간을 분리시키는 것은 당연한 계획 방법이었을 것이다. 그러나 손자 · 손녀들이 모두 성장하자 손자 · 손녀 놀이방을 해롤드 프라이스 주니어 부부를 위한 침실로 새롭게 단장한 것이다.

초록색 잔디와 수영장이 있는 외부 공간

평면도에서는 주택의 각 공간이 하나의 건물에 포함되어 있는 것처럼 보이지만, 이 주택은 모두 4개 건물로 구분된 것이 연결되어 완성된 주택이라 할 수 있다. 즉, 평면도에서 중정을 중심으로 제일 좌측의 부부 침실 건물, 일반 침실 건물, 그리고 중정 우측으로 거실+식당+부엌이 있는 건물, 제일 우측 현관 진입 방향에서 가장 먼저 마주치는 주차장과 게스트 룸이 있는 건물로 나눌 수 있다.

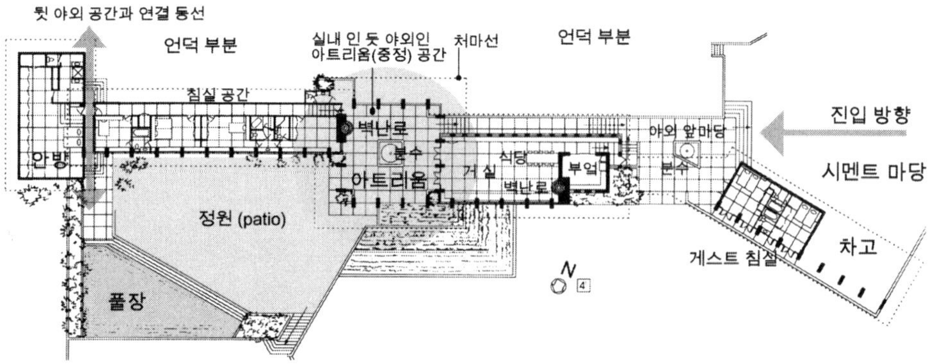

주택의 1층 평면도

그리고 평면도를 수평선처럼 배치했을 경우 중정으로 이어지는 복도가 면하는 위쪽(남동 방향)의 지면 레벨과 수영장이 있는 아래쪽(북서 방향) 지면과의 레벨은 차이가 많이 난다. 다시 말해 평면도에서 안방(마스터 베드룸)과 일반 침실을 연결하는 수평동선과 직각으로 가로지르는 두 공간 사이 통로(주인 침실과 일반 침실 사이의 통로)에는 수영장 지면에서 남 · 동 방향으로는 계단으로 연결되어 있다. 수영장이 있는 레벨에서는 침실이 있는 통로까지는 올라가는 것이고 침실이 있는 레벨에서 수영장 방향으로는 내려오는 계단이다. 일반 침실과 주인 침실이 있는 사진을 보면 계단을 통하여 침실 사이의 통로를 통하여 건물 뒤쪽으로 올라가는 만큼 평면도에서 장변을 기준으로 앞 · 뒤 지면의 레벨 차이가 많이 난다. 주택 위쪽으로 나가면 레벨이 높은 파라다이스 벨리 언덕이 있는 야외 공간이 나온다. 이쪽 레벨은 침실 레벨보다 높기 때문에 침실 복도 벽이 실제로는 남 · 동쪽 땅에 많이 묻혀있는 상태가 된다. 그래서 일반 침실과 마스터 베드룸을 가르는 통로를 통하여 남 · 동쪽으로 올라가면 레벨이 높은 지면(파라다이스 벨리 언덕)으로 올라가게 되므로 주택의 지붕을 모두 볼 수 있고 사방으로 터인 주변 경관을 한 눈에 볼 수 있다. 그러나 북서(주택 앞쪽 공간)에 위치하고 있는 수영장 위치는 침실 공간보다 레벨이 비록 낮지만 이곳에서도 시야를 돌려보면 북 · 서 방향의 주변 경관을 감상 할 수 있다. 즉 주택이 자리한 대지가 남 · 동에서 북 · 서 방향으로 경사진 기슭의 등고선을 따라 평행하게 계획된 것이기 때문에 주택의 앞 · 뒤 공간에서는 장소에 관계없이 파라다이스 벨리 아래에 펼쳐진 좋은 경관을 감상할 수 있다. 반대로 도로면에서는 높은 담장 때문에 주택이 보이지 않는다. 수영장 공간 바로 옆에는 넓은 잔디 공간이 있어 아마도 다양한 행사도 겸할 수 있도록 계획된 것으로 보였다. 요즘 젊은이들이 이야기하는 pool-party가 이루어질 수 있는 공간이 계획되어 있다. 수영장의 위치가 북 · 서 방향에 배치되어 있고 햇빛이 직접 접하는 남 · 동 방향에 주택 건물이 배치되어 햇빛을 가릴 수 있기 때문에 손자들이 하루 종일 시원하게 물놀이를 즐길 수 있었을 것이다.

주택 내의 수영장과 pool-party를 위한 넓은 잔디밭의 모습

주인 침실과 일반 침실의 사이 통로로 올라온 주택 후면의 파라다이스 벨리 언덕 –침실의 복도면이 접해 있는 남·동 방향에서 북서 방향으로 바라본 모습이다. 중정의 지붕이 지붕 중앙에 가장 높게 설치되어 있고 지붕을 받치고 있는 가는 철 기둥이 살짝 보이지만 지붕은 하늘에 뜨있는 것처럼 보인다.

11. 노만 리케 주택 (Norman Lykes House, 1959년 스케치, 1967년 준공)

Norman Lykes House

- 위 치 : 6636 N. 36th Phoenix Arizona
- 건 립 : 1967년

전체적으로 기하학인 원을 건축디자인 개념으로 사용한 노만 리케 주택 ; 언덕 아래 도로에서 바라본 모습

산기슭 아래 도로에서 바라본 주택의 모습

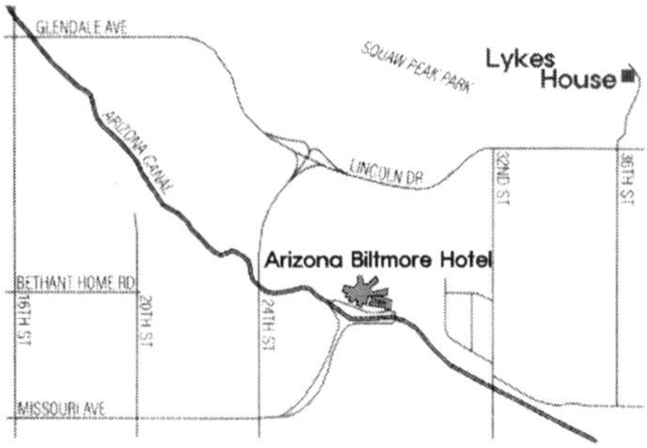

Norman Lykes House 접근 도로와 위치도

F. L. 라이트 작품으로 알려진 이 주택은 정말 라이트 작품일까?

'뮤지엄 마일(Museum Mile)' 로 불리는 맨해튼 5번가를 걷다 보면 유독 눈에 띄는 미술관이 있다. 달팽이를 연상케 하는 구겐하임 미술관(The Solomon R. Guggenheim Museum)이다. 뉴욕의 구겐하임 미술관은 여러분이 생각하고 있는 것과 달리 1943년 설계에 착수하여 1959년 10월 완공에 이르기까지 16년이라는 아주 긴 기간 동안 뉴욕시와 건축물 규제에 관한 내용으로 여러 번의 다툼으로 이어지는 어려운 상황에서 완공된 프로젝트이다. 그런데 불행하게도 준공 6개월 전에 F. L. 라이트가 사망(1959년 4월 9일)함으로써 준공을 보지 못한 유작으로 유명하다. 건축주인 솔로몬이 1943년 건축가 F. L.라이트에게 "비구상 회화들을 위한 영혼의 사원(Temple of Spirit)을 지어 달라"고 의뢰함에 따라 미술관 소장품은 현대 미술의 장려와 진흥을 표방한 창립자의 의도에 따라 20세기의 비구상, 추상계 작품이 대부분이지만 파블로 피카소(Pablo R. Picasso, 1881~1973)의 초기 작품과 파울 클레(Paul Klee, 1879~1940), 마르크 샤갈(Marc Chagall, 1887~1985), 프란츠 마르크(Franz marc, 1880~1916)등의 작품도 전시하고 있다. 그 중에서도 특히 180점이나 되는 바실리 칸딘스키(Vasily Kandinsky, 1866~1944)의 컬렉션은 세계 최고를 자랑하고 있다. 그리고 지금 소개하는 노만 리케(Norman Lyker) 주택도 F. L. 라이트가 사망한 후 남겨둔 스케치만으로 이루어진 유작으로 알려진 작품이다. 또한, 다음 장에서 설명하게 될 게미지 메모리얼 오디토리엄(1962) 역시 F. L. 라이트가 사망한 후에 그가 남긴 스케치만으로 이루어진 작품이다. 또한 First Christian Church(1973), Arizona State Capitol Spire(2002)도 스케치로 이루어진 작품이지만 사망 후 오랜 세월이 흐른 후에 이루어진 작품인 만큼 F. L. 라이트의 건축적 개념을 어느 정도 엿 볼 수는 있지만 순수하게 F. L. 라이트 작품이라고 이야기하기에는 무리가 있기 때문에 그의 작품집에는 First Christian Church, Arizona State Capitol Spire 두 작품은 나오지 않는다. 리케 주택과 오디토리엄의 경우에는 F. L. 라이트의 초기에서 중기에 이르기까지 그의 작품에 나타나는 직선과 사선에 의해 형성되는 사각형과 마름모로 구성된 모듈에 의해 계획된 작품들과 달리 후기로 접어들면서 단순 기하학 중 크고 작은 원의 다양한 조합에 의해 형성되는 공간을 이용한 작품으로—특히 애리조나 주택에서 많이 볼 수 있다.—많은 건축물을 설계하게 된다. 노만 리케 주택 역시 구겐하임 미술관처럼 원의 공간 구성을 기본 개념으로 사용한 대표적인 후기 주택 작품 중의 하나라고 할 수 있다.

앞에서 기술했듯이 이 주택은 F. L. 라이트의 스케치를 기본 개념으로 이루어진 작품이지, 자신의 의지에 의해 직접 시공된 작품은 아니다. 아마 죽을 때까지 자신의 스케치가 실제 완공되리라 상상은 했을까? 그러나 F. L. 라이트에 의해 주택의 전체적인 공간 개념과 기본 형태에 대한 스케치가 완성된 상태에서 그의 제자들에 의해 완공된 작품이기 때문에 대부분 F. L. 라이트 관련 서적에서 F. L. 라이트의 유작으로 소개하고 있다. 여러분은 어떻게 생각할지 모르겠지만, 이 주택에서 F. L. 라이트의 흔적은 개략적인 초기 스케치만이 남아 있을 뿐이다. 그러나 우리는 F. L. 라이트의 작품이라고 굳게 믿고 있다. 그리고 준공 연도도 그가 죽은 1959년에서 8년이 지난 시점인 1967년에 완공된 주택이다. 이 단원을 소개하는 사진에는 1959년이라 소개하고 있지만 이 시점에는 이 주택 설계를 위한 스케치가 완성된 시점이라 할 수 있다. 그런데 왜 F. L. 라이트의 작품으로 소개하고 있는지 그 이유는 단순하다. 건축을 공부한 학생들이라면 누구나 이해할 수 있는 부분이다. 건축 설계에 있어 건축의 전반적인 건축 개념과 이 개념이 반영된 스케치는 건축의 형태를 도출하는 작업 중에 가장 기초 작업이면서 가장 중요한 작업이다. 건축의 공간 개념과 스케치는 건축물로 실현되기 위한 형태와 공간 구성 계획에 가장 기본이 되는 작업이고 이 작업을 통해서 완전한 건축물로 태어나기 때문이다. 그 내용을 좀 더 자세히 정리하면 F. L. 라이트가 남겨둔 초기 스케치를 바탕으로 탈리에신 펠로쉽 건축가인 존 래텐베리(John Rattenbury : 탈리에신 소속 건축가로서 빌트모어 호텔에 미드웨이 가든의 스프라이트를 기증한 인물로 소개하였음)가 완전한 건축물로 탄생시킨 작품이다. F. L. 라이트는 1959년에 스케치만 남겨두고 사망(1959년 4월 9일)하였지만, 1959년 그의 스케치에서 시작하여 1967에 탈리에신 건축가인 존 래텐베리에 의해 완성되었기 때문에 F. L. 라이트의 2차원의 건축

John Rattenbury의 젊었을 때 모습(게미지 기념 강당에서)

탈리에신에서 인터뷰하는 John Rattenbury의 모습.

개념이 3차원의 물리적 주택 건축물로 되살아난 F. L. 라이트의 작품이라고 할 수 있다. 여기에서 잠깐 생각해보면 앞에서 언급한 뉴욕의 구겐하임 미술관 역시 뉴욕시와 건축 형태 등에 관하여 많은 논쟁으로 고생을 했음에도 불구하고 생전에 준공식을 보지 못한 유작이라는 점에서 공통점을 가지고 있다.

이러한 유작 중에 가장 잘 알려진 사례로는 사그라다 파밀리아 성당(Temple Expiatori de la Sagrada Familia, 1883년부터 짓기 시작해 2026년 완공예정)이다. 여러분은 스페인 바르셀로나의 사그리디 파밀리아 성당이 누구의 작품인지 잘 알고 있을 것이다. 그리고 이런 질문에 10명 중 10명은 모두 안토니오 가우디(Antonio Gaudi, 1852.6 ~1926) 작품이라 말하는 것에 이견이 없을 것이다. 다시 말해 안토니오 가우디는 1926년 성당 공사 기간 중에 기차 사고로 결국 성당의 완공을 보지 못하고 세상을 떠났다. 그가 사망한지 90년이 넘었고 그의 사망 100주년이 되는 해인 2026년에 완공을 목표로 아직까지 공사가 이루어지고 있다. 약 100여 년 동안 남의 손에 의해 만들어지고 있지만 성당 건축에 대한 초기 형태와 공간의 개념을 만들어 낸 안토니오 가오디를 건축 설계자로 그리고 그의 작품으로 인정하는 것도 똑 같은 원리이다. 사그라다 파밀리아 성당에는 총 3개의 파사드가 있다. 각각 '예수의 탄생', '예수의 수난', '예수의 영광' 을 주제로 설계되었다. 이 중 '예수의 탄생' 에 해당되는 파사드는 가우디가 생전에 직접 완성시킨 것이고, '예수의 수난' 파사드는 1976년에 완공되었고, 마지막 남은 '예수의 영광' 파사드는 아직 착공도 하지 않은 상태이다. 3개의 파사드 위에는 열두 제자를 상징하는 12개의 종탑이 세워지고, 중앙에는 예수를 상징하는 거대한 탑이 세워질 계획이다.

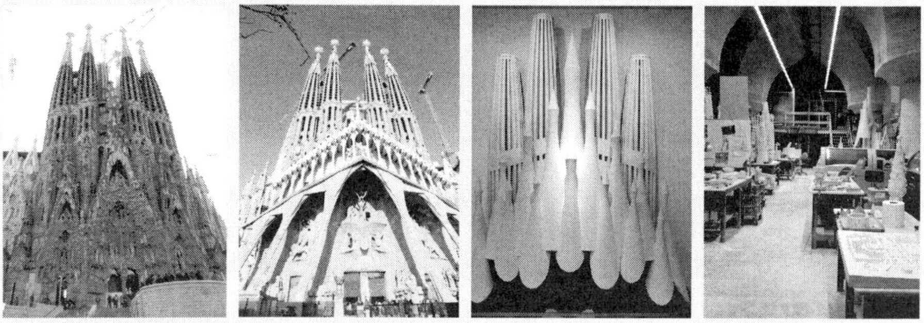

3개의 입면 중에 우리에게 가장 많이 알려진 정면부가 제일 좌측 입면으로 '예수의 탄생'을 의미하고 좌측 두 번째가 정면부의 뒤쪽 입면으로 '예수의 수난'이고 세 번째 사진이 2026년에 완성될 '예수의 영광'을 이미지화한 입면의 모형이다. 이것은 성당 지하에 위치하고 있는 작업실(우측의 첫 번째 사진)에서 모형으로 만들어 진 것이고 이를 실제 형태로 건설하는 방식으로 시공이 이루어지고 있다.

그리고 여러분 중에 알고 계시는 분도 있겠지만, 우리나라에도 이런 사례가 있다. 서울 강남 테헤란로에 자리하고 있는 르네상스 호텔이다. 이 호텔은 우리나라에서 가장 유명한 건축가 고(故)김수근의 유작이다. 1988년에 완공된 이 호텔은 김수근이 세상을 떠나기 1년 전인 1985년 병상에서 스케치한 것을 그의 제자들이 완공시킨 마지막 작품이다. 그리고 르네상스 호텔 바로 뒤편에는 김수근에 이어 그의 제자이며 건축설계사무소 '공간(空間)'을 이끈 2대 대표 고(故)장세양 건축가가 설계한 삼부오피스텔 빌딩(1992년 준공)이 자리 잡고 있다. 또 언주로를 사이에 두고 바로 맞은편에는 김수근 건축가의 제자이면서 현재 우리나라 최고의 건축가로 손꼽히는 승효상 대표가 설계한 서울상록회관(1991년 준공)이 마주보고 서 있다. 이 모든 건축물은 수평선을 강조하면서 회색 톤을 가로줄 패턴으로 사용하는 수법으로 고(故)김수근의 건축개념을 기본으로 디자인 한 만큼 한 사람의 건축가가 설계한 것처럼 느껴지는 건물들이다.

산기슭에 착륙한 우주선의 주인은 누구인가?

Norman Lykes 주택은 1889년에 운영하기 시작한 것으로 알려진 「Lykes Brothers Steamship Lines」이라는 배달 회사를 설립한 7형제 중 한 명을 위한 주택이다. 이 주택은 사진에서 보는 것과 같이 애리조나의 뜨거운 태양이 내리쬐는 파라다이스 벨리 지역에서도 산 중턱에 위치하고 있다. 파라다이스 벨리 지역에는 역사적으로 유명한 지역으로 F. L. 라이트의 해롤드 프라이스 시니어 주택과 리케 주택 외에도 곳곳에 유명한 주택들이 위치하고 있다. 그리고 남 · 서 쪽 아래에는 빌트모어 호텔도 위치하고 있고 또한 Scottsdale과 Phoenix 시내를 모두 이용할 수 있는 곳이다.

주택의 규모는 약 2,800피트제곱(약 260㎡, 85평)넓이로 멀리서 보면 원형의 우주선이 착륙한 모습으로 오해할 정도로 주택이 완공될 60년대 당시로는 시대를 앞선 미래지향적인 외관으로 디자인 되었다고 할 수 있다. 1968년 10월 11일 아폴로 7호가 3명의 우주 비행사를 태우고 우주로 쏘아 올려져 163회의 궤도 비행에 성공한 해보다 이른 1967년에 완공되었다면 당시로는 얼마나 획기적인 디자인인가를 판단할 수 있을 것이다. 어떻게 보면 둥근 외벽과 담장에 뚫린 둥근 구멍 등의 모습 때문인지 우리가 잡지책과 만화책에서 자주 보아온 듯한 외계 우주선이 산 중턱에 착륙한 모습 같기도 하고, 둥근 구멍은 태양을 중심으로 공전하고 있는 여러 위성 같기도 하고…, 산 중턱 아래에서 보는 경우에는 중세시대의 성곽 같기도 하고…, 아무튼 보고 느끼는 사람의 주관적 판단에 따라 여러 모습으로 보일 수 있을 것이다. 단지 저자의 주장에 의해 여러분에게 선입견을 주는 것은 아닌지 모르겠다. 여러분도 전경 사진을 보면 알 수 있겠지만 주변의 다른 주택들과 확연히 다른 형대임을 알 수 있을 것이다. 또한 F. L. 라이트 후기 작품들이 다양한 크기의 원형을 많이 사용했다는 점과 주택을 둘러싸고 있는 담장의 색은 주택 주변의 거친 바위와 대지 색과 거의 비슷한 것을 사용하여 주택 외부를 마감한 것을 본다면 멀리에서도 한 번에 F. L. 라이트 주택임을 알아볼 수 있을 것이다. 다시 한 번 더 이야기 하지만 절대 우수선은 아니다. 또한 주택 주변으로 산이 병풍처럼 감싸듯 둘러져 있어 주택이 자리하고 있는 위치와 부지의 형태 등 주변의 지리적인 상황이 주택의 형태에 영향을 준 것을 아닐까 하는 생각도 해본다. 다르게 표현하면 주택을 지을 수 있는 가장 유리한 사각형의 평평한 대지가 아니기 때문에 주변 환경을 파괴하지 않고 대지의 상황과 지세를 최대한 활용한 유기적인 건축임을 충분히 감지 할 수 있는 주택 작품이라 생각된다. 한마디로 원형의 조합으로 이루어진 주택의 형태가 단순히 멋을 부리기 위한 형태의 개념이 아니라 주변의 지리적인 환경 · 산기슭의 등고선 그리고 주택을 지을 수 있는 대지의 형태 등이 주택의 형태에 최대한 반영되어 태어난 주택임을 어느 정도 눈치로 짐작할 수 있을 것이다.

그런데 불행하게도 방문할 당시에는 주택을 매도하기 위하여 집이 비어 있었다. 부동산 회사에서 관리하는 상황이라 모든 문이 폐쇄되어 있어 내부로 들어갈 수 없었다. 산 중턱에 위치한 주택임에도 불구하고 주택을 발견하는 순간 얼마나 기대에 벅차 숨을 참아가면서 올라왔는데…, 젠장, 다른 주택과 달리 주택 주변이 평지라면 주택 외관을 둘러보면서 최대한 낮은 담장으로 넘어갈 수도 있었을 텐데, 이 주택은 정면(입구) 진입로가 있는 부분을 제외하고는 모든 면이 가파른 언덕 위에 시공된 상태라 정식으로 현관을 통하지 않으면 내부로 들어갈 수 있는 방법이 없었다. 단원 앞장의 원근 사진을 보면 쉽게 이해할 수 있을 것이다. 담장도 다른 주택들과 달리 높았다. 그래서 다른 주택들과 달리 담을 넘어 들어갈 수 있는 상황도 아니었다. 방문 당시 주택은 매도를 위하여 비어 있는 상태이기 때문에 당연히 방문 전에 내가 보낸 편지도 받지 못 했을 것이고…, 그래서 답장도 없었다. 관리인도 없는 상태이고 하는 수 없이 내부로 들어가는 것을 포기하고 주택 주변을 돌아다니면서 촬영할 수밖에 없었다. 사실 귀국 후 노만 주택에 관한 자료를 정리하면서 내부 공간에 대한 궁금증 때문에 관련 사이트를 찾았고 여기에 관련된 내부 이미지를 참고하여 소개하도록 하겠다.

Norman Lykes 주택의 대문-F. L. 라이트의 디자인 개념이 느껴지는 대문의 모습

Norman Lykes 주택 대문을 통해 들어오면 곡선의 진입로가 주택의 입구까지 유도하고 있다.

사라와 멜빈 맥스웰 스미스 주택(Sara and Melvyn Maxwell Smith Residence, —Michigan, 1946)의 대문 디자인

해롤드 프라이스 주니어 (Harold Price Jr., Oklahoma-, 1953)주택의 대문 디자인

우선 주변 공간을 소개하면, 파라다이스 언덕을 올라 주택으로 들어갈 수 있는 대문앞에 도착하면 F. L. 라이트 주택 디자인을 상징하는 특이하게 디자인된 철재 대문임을 쉽게 알 수 있다. 이런 유형의 철재 대문은 사라와 멜빈 맥스웰 스미스(Sara and Melvyn Maxwell Smith Residence, 1946) 주택, 해롤드 프라이스 주니어(Harold Price Jr., 1953) 주택 등에서도 볼 수 있었던 철재 대문이었다. 특히 2013년에 출판된 F. L. 라이트 주택순례(스페이스타임)에서 이야기 했지만 위스콘신의 F. L. 라이트 묘지에도 자신이 생전에 디자인한 문양을 철재로 만들어 설치되어 있다. 이런 특이한 기하학적 직선 문양은 주택 대문 뿐 아니라 건축 작품의 창문 디자인 등에도 자주 사용하였다. 그리고 현재에는 이런 기하학적 문양을 응용하여 기념품 판매점에서는 다양한 형태의 기념품으로도 판매되고 있다.

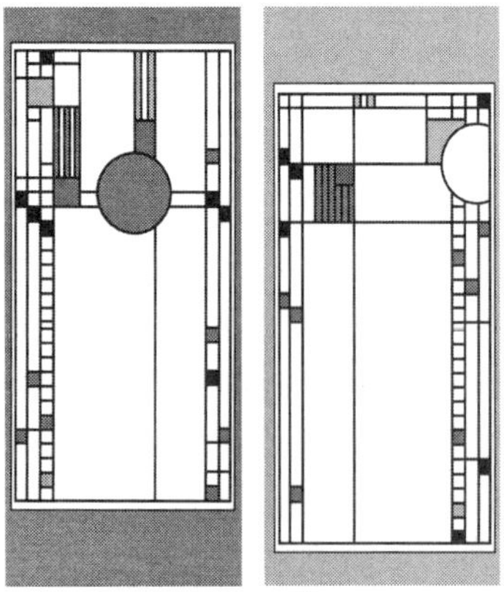

좌 :F. L. 라이트의 창문에 디자인한 문양을 엽서 문양으로 제작하여 판매하고 있다. 우: Coonley Playhouse(Riverside Ilinois, 1912) 창문 디자인 그리고 이 문양은 F. L. 라이트 무덤을 장식하고 있는 철재 문양과 비슷하다는 것을 알 수 있다.

F. L. 라이트가 자주 사용한 원형 문양(엽서 문양과 비슷)과 철재로 만든 이름이 무덤 위에 설치되어 있다.

가장 우측에 검은색처럼 보이는 곳이 현관이다. 담장에는 둥근 구멍과 그 사이로 역삼각형 구멍이 보인다.

외벽 담장의 둥근 구멍에 설치된 가로 철재와 담장 위쪽으로 콘크리트 캐노피가 설치되어 있다.

자동차의 회전 방향 등을 암시하는 원형 창고가 외부 케노피을 받치고 있다.

대문을 통하여 진입 도로로 들어가면 주택으로 들어가는 입구 앞에서 자동차가 회전할 수 있는 공간이 나온다. 케노피를 받치고 있는 기둥과 같은 원형으로 만들어진 창고(평면도 참조)를 기준으로 좌측으로 회전할 수 있게 진입 동선을 유도하도록 계획되어 있다. 그리고 주택 내부 공간을 감싸고 있는 둥근 담장에는 주택의 형태와 같은 둥근 구멍과 구멍 사이로 역삼각형 구멍으로 장식되어 있다. 담장의 둥근 구멍에

담장의 둥근 구멍 철재 사이로 촬영한 마당의 모습–마당 정원에는 애리조나 사막의 선인장과 수영장이 보인다. 그리고 주택 부엌에 설치된 반원 모양의 창문이 보인다. 수영장은 초기계획안 보다 확장된 모습이다.

는 가로 철재봉이 설치되어 있어 외부에서 내부를 볼 수는 있지만 철재봉 때문에 큰 구멍을 통하여 내부로 들어갈 수는 없다. 이런 상황이 여러 번 생기면 정말 모든 것이 싫어진다. 당장 담장을 넘어 들어가고 싶었지만 담장과 담장 위쪽에 설치되어 있는 콘크리트 캐노피(사진참조) 사이가 너무 좁아 몰래 들어갈 수도 없다. 하는 수 없이 담장의 둥근 구멍에 설치된 철재 사이로 카메라를 넣고 주택 앞마당 공간을 촬영할 수밖에 없었다.

다양한 크기의 원들이 중첩되어 만들진 주택 내부 공간

주택 배치는 애리조나의 뜨거운 태양이 내리쬐는 파라다이스 벨리 지역의 산 중턱에 위치하고 있기 때문에 사방의 뜨거운 애리조나의 햇볕에 그대로 노출되어 있다. 그래서인지 이를 막기 위해 외관 형태는 콘크리트 블록으로 여러 겹 둘러싼 듯한 모습이다. 마치 '사막의 장미' 처럼 크고 작은 5, 6 개의 교차하는 원과 기둥을 기점으로 기하학적이 원들이 상호 교차하면서 생기는 공간으로 주택 공간이 계획되었다. 이는 노출면이 많고 또한 여러 겹으로 둘러싸여져 있어 주택의 외벽 유리 창문이 여러 겹의 콘크리트 벽에 의해 가려지면서 햇빛을 막고 반사광만 유입하고 있다는 것은 평면을 보고 알았다. 만약 흐린 날씨였다면 이런 분위기를 느낄 수 없었을 것이다. 사막의 청명한 날씨가 덥게 느껴진 반면에 건축적 공간의 깊기를 느낄 수 있는 좋은 기회이기도 했다. 그리고 이렇게 언덕 위에 여러 개의 동심원들을 사용하여 벽 주변으로 창문을 계획한 이유는 언덕을 둘러싸고 있는 360도 풍경을 그대로 느낄 수 있도록 고려한 건축가의 의도는 아니었을까? 뿐만 아니라 주변을 둘러싸고 있는 각기 다른 풍광을 내부로 유입하기 위한 F. L. 라이트의 유기적 건축디자인 계획 기법을 보여 주는 것은 아닐까? 이 주택은 저자가 이제까지 알고 있는 F. L. 라이트의 여러 건축 기법 중 어느 하나로 설명하기 힘든 주택이기도 했다. 주택 규모는 1층으로 유소니언 주택에서 볼 수 있는 현관 또는 거실 앞에 비정상적으로 길게 돌출된 캐노피 등으로 지면의 열기를 감소시킬 수 없었는지 현관에 또 다시 일반적인 원형 캐노피를 사용하였다. 특히 애리조나의 뜨거운 햇볕을 많이 받는 언덕 위에 지어진 만큼 남쪽의 외벽은 다른 일반적인 주택과 달리 반원형의 작은 개구부로 처리하여 햇빛 유입을 최소화하고 있다. 반면에 내부에서는 북 · 동 방향으로 거실 개구부를 오픈시켜 외부의 답답함과 뜨거운 햇볕을 피하고 겹겹이 겹쳐진 내부 공간을 오픈시켜 외부 공간을 내부 공간으로 충분히 유입하고 있는 공간계획 방법을 사용하고 있었다.

이것이 사막 기후를 최대한 이용한 F. L. 라이트만이 가지고 있는 건축 기법일 것이다.

여러분도 잘 알고 있듯이 주택이라는 것은 하나의 단순한 물리적 오브제로 생각할 수도 있겠지만 그 시대의 생활 문화를 총체적으로 포함하고 있는 그 나라만이 가지고 있는 문화의 결정체이다. 여러분도 많은 경험이 있을 것이다. 하나의 주택 사진을 보고 이 주택은 미국 주택이고 이 주택은 일본 주택인데, 아니 유럽 주택인데 라고 순간적으로 사진 속의 주택이 어느 나라 주택인지를 직감적으로 알 수 있었던 경험이 많았을 것이다. 이는 비록 주택이 단순한 물리적인 형태이지만 그 시대와 나라의 모습 그리고 문화를 담고 있기때문에 우리들 눈에 뚜렷이 구분된다고 할 수 있다. 그래서 시간이 흘러가고 생활 문화가 바뀜에 따라 주택 내의 공간 사용이 변화하게 되고 이에 따라 다양한 형태로 재건축, 리모델링 등으로 주택을 새롭게 단장하는 것 역시 시대와 문화의 변화를 담으려는 하나의 방법인 것이다. 이 주택 역시 1994년 당시 약 6억에 주택을 매입했던 새로운 집주인이 직접 노만 주택의 초기 건축가인 존 래텐베리를 다시 고용하여 새롭게 리모델링한 주택이다. 초기 평면도에는 침실이 5개로 구성되어 있었지만 주인 침실과 초기 평면도의 침실-4와 합하여 1개의 침실 공간으로 확장하였고, 나머지 3개의 침실 중에 두 개의 침실을 합하여 하나의 게스트 룸으로 통합하였다.(평면도 참조) 그리고 부엌 공간 일부를 홈 시어터(미디어 룸)으로 새롭게 단장하였다. 그래서 현재 이 주택에는 3개의 침실과 3개의 욕실로 이루어져 있다. 그리고 사진에 나온 외부 공간에 커다란 수영장도 초기에는 계획되지 않았고 수영장 옆에 조그마한 분수 공간만이 계획되어 있었다. 그래서 마지막 페이지 평면도에는 현재의 모습을 반영하여 수영장을 추가하여 표현하였다. 이러한 개조는 프랭크 로이드 라이트 재단의 승인하에 이루어졌다고 한다.

최근(2019년 7월)에 홈페이지에 의해 주택 매매 정보를 검색해 보면[1] 주택가격은 약 2,650,000 달러(약 30.5억, 1,150원/1달러)정도이니 25년 전에 비해 약 5배 정도 상승한 가격인데, 비록 25년이라는 세월이 흘렀고 화폐 가치에 변동이 있었다고는 하지만 5배 상승이면 부동산으로 구매할 충분한 가치가 있다고 할 수 있을 것이다.

1) http://www.zillow.com/homes/6836-N-36th-Street,-Phoenix,-Arizona_rb/

주택 내부의 공간계획 둘러보기

이 주택은 1950년 전 · 후하여 단일 원형을 건축디자인 개념으로 사용한 대표적 작품인 구겐하임 미술관(1959), 애리조나 주택에서 살펴 본 데이비드 라이트 주택(1950)은 다음 장에 이야기할 애리조나의 게미지 기념 강당(Gammage Memorial Auditorium, 1959) 등과 달리 크고 작은 원형의 반복과 중첩으로 만들어진 공간으로 F. L. 라이트의 주택 평면 계획에서 보기 드문 주택이다. 즉 이 주택은 F. L. 라이트의 건축 기간 중 말년으로 오면서 이전의 수직과 수평으로 이루어진 주택 공간 개념과 달리 다양한 크기의 원형에 의해 만들어지는 공간 계획으로 다른 주택 건축에 비해 변화감 있는 공간을 연출하고 있는 특징을 가지고 있다. 사실 데이비드 주택 역시 하나의 원형이 아니라 작고 큰 원들이 중첩되어 형성된 주택임에도 불구하고 중첩된 원의 윤곽이 구분되지 않고 있었지만, 노만 리케 주택에서는 원형의 중첩이 명확하게 보이고 있다. 평면의 공간 구성은 크기가 다른 가장 단순 기하학인 원형이 서로 맞물려 거실과 침실 공간을 만들어 내고 있다. 그리고 이런 원들의 중첩에 의해 주택의 전체적인 평면 공간을 만들어 내고 있다. 좀 더 자세히 이야기하면 수영장이 있는 공간, 거실, 부엌, 계단 등의 공간은 서로 다른 크기의 원형이 겹쳐지면서 형성된 공간이다. 여기에 각도(12.5 도)를 가진 아주 큰 원호의 일부분이 침실 공간으로 연결되도록 계획되어 있다. 그리고 주인 침실 공간은 작은 원형으로 마무리 하고 있다. 뿐만 아니라 수영장 외부 원형 담장을 감싸면서 현관으로 인도하는 원형 접근로가 평면도 깊숙이 파고들어와 현관까지 이어지고 있다. 이렇게 원형을 이용한 공간 구성 방식은 같은 주 피닉스에 위치한 데이비드 라이트 주택(David Wright House, 1950)의 양탄자 디자인 방식과 거의 흡사한 방식이라는 것도 알 수 있다. 반면에 곡선에 의해 디자인된 Elizabeth and Robert Llewellyn Wright 주택(Bethesda, Maryland, 1953)과 Clifton and George Lewis 주택(Tallahassee, Florida, 1952)의 경우는 방사형의 그리드 모듈을 사용하면서 외벽을 곡선의 원호로 처리하여 디자인 한 주택의 사례이다. 여기에서 소개되는 Elizabeth and Robert Llewellyn Wright 주택(Bethesda, Maryland, 1953) 역시 4째 아들인 데이비드 라이트 주택(David Wright House, 1950)과 같이 그의 6번째 아들을 위해 설계한 주택이다. 이 건물은 메릴랜드에서 유일하게 F. L. 라이트가 디자인한 건물 중 하나이며, 다른 하나는 볼티모어 카운티에 있는 조셉 어크트먼 하우스(Joseph Euchtman House, 1939, 메릴랜드의 유일한 유소니언 주택)다. 로버트 르웰린 라이트 주택의 경우 원형과 조각배 모양이 겹쳐진 평면 모양으로 가구디자인에도 직접적인 영향을 미쳤다. 첨부된 사진의

Elizabeth and Robert Llewellyn Wright 주택 (Bethesda, Maryland, 1953)

Elizabeth and Robert Llewellyn Wright 주택의 거실 탁자도 주택의 외형과 같은 모양이다.

거실 탁자와 주택 외관을 비교한다면 쉽게 짐작할 수 있을 것이다.

이들 주택의 외부 벽은 원호가 겹쳐진 상태로 구성되었고 주택 내부 공간에서는 단순히 곡선으로 부드럽게 감싸진 것처럼 계획하였다. 그리고 노만 리케 주택의 경우는 비록 1층이지만 거실에서 보는 시점과 거실 밖의 언덕 아래에서 바라보는 시점의 높이 차이가 많이나기 때문에 외부에서 내부를 볼 수 없다. 그래서 완전히 투명한 유리창으로 개방적인 공간으로 처리하여 자연스럽게 외부의 멋진 풍광을 내부로 유입할 수 있는 유기적인 건축 수법을 시도하고 있다. 거실 창문으로는 팜 캐니언이 내려다보이는 피닉스의 숨막히는 풍광을 볼 수 있다. 그리고 사막의 스카이라인과 그림 같은 일몰은 이곳에서 볼 수 있는 최고의 광경이다.

우선 현관홀에 진입하면 침실로 향하는 복도와 거실로 진입할 수 있는 두 개의 동선으로 나누어진다. 현관에서 좌측으로 5~6개의 계단을 따라 올라가면 침실이고 반대로 2단 정도 내려가면 거실 공간이 된다. 또한, 다용도실도 현관에서 연결된다. 거실에서 즐거운 시간을 보낸 후 다시 현관홀을 거쳐 침실로 간다는 동선 계획이 조금은 이해하기 어려운 부분이다. 이 주택에서 현관홀은 신발을 갈아 신고 외부로 통하는 단순한 현관홀이라기보다 주택에서 전이 공간까지 겸하고 있는 듯하다. 우선 거실에는 F. L. 라이트가 디자인한 의자와 F. L. 라이트 주택이라면 공통적으로 볼 수 있는 그랜드 피아노가 거실의 테라스 방향에 위치하고 있다. 그리고 거실 벽을 따라 설치된 유리창은 거실 벽을 유명한 명화들로 장식한 듯 파노라마 형식으로 외부 경관을 향해 오픈되어 있다. 또한 현관으로 들어오자마자 바로 우측 공간에 오목 들어간 사각형 알코브 공간을 계획하여 이 공간을 서재 공간으로 사용하고 있다. 부엌은 거실 공간을 형성하는 커다란 원형 공간에 일부분의 공간으로 계획하였다. 그리고

거실 벽난로 뒤쪽에 솔리드한 벽으로 완전히 분리된 부엌의 모습-반원 창이 전면에서 보이는 창이다.

F. L. 라이트가 디자인한 의자와 그랜드 피아노가 있는 거실의 모습, 중앙부에 벽난로이고 벽난로 뒤쪽에 부엌이 위치하고 있다.

F. L. 라이트 주택에서 언제나 그랬듯이 솔리드한 벽으로 거실 공간과 완전히 분리하고 여기에 벽난로가 있는 벽으로 부엌이 거실과 완전히 분리된다. 부엌의 수납장 등은 언제나 그랬듯이 원형인 벽을 따라 맞춤 가구로 이루어져 있고 북쪽 면으로 반원형의 창문이 계획되어 있었지만 조금은 어두운 공간으로 느껴지는 공간이다.

침실 공간도 현관홀에서 진입이 이루어지는데 여기에서 현관홀 공간과의 공간적 구분을 꾀하기 위하여 계단을 이용하여 공간의 높낮이를 달리한 것으로 판단된다. 침실로 연결되는 복도에는 고측창을 설치하고 고측창 아래에는 벽을 따라 수납장을 설치하여 하루종일 어두워 질 수 있는 복도 공간에 고창을 통하여 햇빛을 유입하고 있다. 침실 내의 벽은 내구성이 뛰어난 목재 종류인 마호가니를 사용하였고 수납장 역시 같은 종류의 색조를 가진 목재로 설치하여 통일감을 이루고 있다. 천장의 전등도 원형으로 설치한 반면에 고측창은 이 주택 건축에서 유일한 사각형 창문으로 계획되어 있어 조금은 어색한 부분도 느껴진다.

복도 끝부분에 위치한 주인 침실과 침실에 연결된 발코니

침실을 연결하는 복도의 벽을 따라 설치된 수납장과 사각형 고측창의 모습

주인 침실에 연결된 화려한 화장실 내부 공간 모습

홈 시어터(미디어 룸) 내부 공간 모습

주인 침실 한쪽에 설치된 화장실의 입구 모습

마당에 원호로 계획된 수영장의 모습과 담장

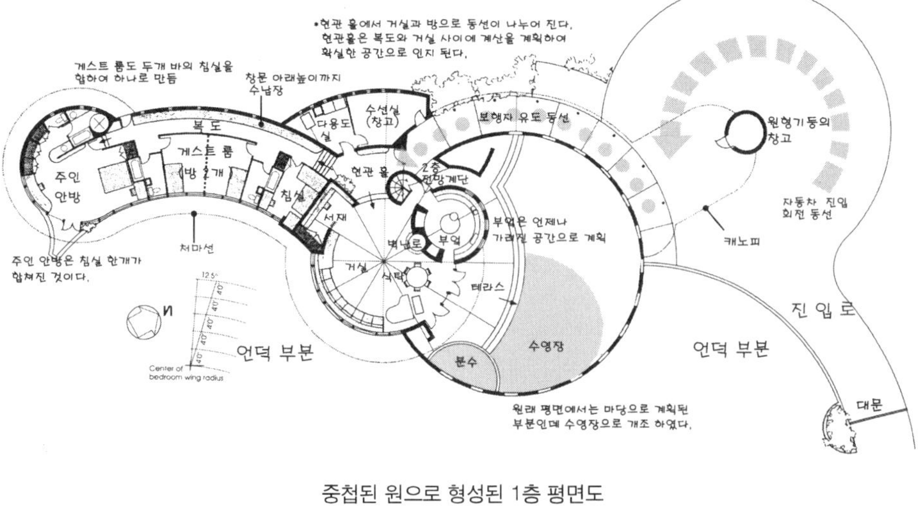

중첩된 원으로 형성된 1층 평면도

침실과 거실 동선으로 구분되는 현관홀은 우리가 일반적으로 생각하는 현관홀보다 훨씬 넓고 다른 모습이다.

원호를 따라 밴드 형식으로 설치된 창문으로 외부 경관이 거실로 유입되고 있다.

주인 침실은 원형인 벽을 따라 맑은 유리 창문이 밴드 모양으로 연결되어 있어 외부 공간에 개방적인 공간으로 계획되어 있다. 특히 침실 공간을 내부와 외부로 나누고 있는 넓은 밴드 형식의 창문 제일 위쪽에 천정과 만다는 부분의 경우 창살이 설치되어야 하는데 창살은 없고 유리가 천정면에 삽입되어 있어 내부 천장이 외부까지 확장되어 보이는 듯한 느낌을 만들어 내고 있다.(사진 참조) 그리고 평면도에서 보면 주인 침실과 연결된 발코니의 모습이 마치 새 부리처럼 보이고 있다. 이는 많은 원들이 중첩되어 확장되고 있는 주택의 공간을 발코니에서 마무리 지어주고 있다.

이 주택의 전반적인 내부 공간은 F. L. 라이트 건축의 박물관과 같은 느낌을 가지고 있다. 비록 스케치만으로 이루어진 작품이긴 하지만 주택 내부에 배치된 모든 가구가 원래의 모습으로 그대로 남아 있어 진정한 F. L. 라이트 스타일로 인정받고 있기 때문이다. 또한 여러 겹의 곡선으로 이루어진 독특한 외관은 당시에는 생각하지 못할 미래지향적인 느낌을 주고 있다. 그리고 일반적으로 건축에 많은 관심을 가지고 있는 사람들은 "이 주택을 소유하는 것은 역사의 한 부분을 소유하는 것과 같다." 라고 할 정도로 전체적인 구조와 가구 보관상태가 양호하다. 그리고 주택의 형태와 기능이 F. L. 라이트가 추구한 건축 개념들이 고스란히 실현된 주택인 만큼 F. L. 라이트 생의 마지막 작품으로 그 유명세를 가지고 있을 만한 가치를 가진 주택이라 할 수 있을 것이다.

12. 게미지 메모리얼 오디토리엄(게미지 기념 강당) (Gammage Memorial Auditorium, 1959년 스케치, 1962년 완공)

Gammage Memorial Auditorium

- 위 치 : Apache Blvd. at Mill Ave. Temple Arizona
- 건 립 : 1959년

남쪽 주자장에서 바라본 게미지 메모리얼 오디토리엄의 모습(우측에 램프가 보인다.)

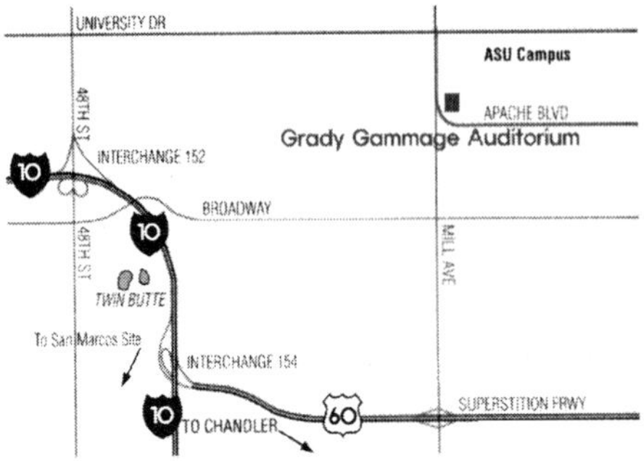

Gammage Auditorium 접근 도로와 위치도

Arizona Univ. 전경과 Gammage Auditorium의 모습

게미지(Gammage) 강당은?

이 건물의 원래 명칭은 그래디 게미지 기념 오디토리엄(Grady Gammage Memorial Auditorium)이다. 일반적으로 뉴욕의 구겐하임 미술관이 F. L. 라이트의 마지막 작품으로 그가 죽은(59년 4월) 6개월 후인 1959년 10월에 완공된 유작이라고 알려져 있다. 구겐하임 미술관(Solomon R. Guggenheim Museum)의 경우에도 뉴욕시 건축 심의위원들이 시(市) 규정에 맞추어 수정을 요구하면서 설계에서 준공까지 무려 16년(1943~1959년)이라는 긴 시간이 소요된 작품이었다. 그러나 정확하게 이야기하면 이 오디토리엄이 F. L. 라이트가 공공 건축물로써 가장 마지막으로 완공한(1962) 건축물이라 할 수 있을 것이다.

철강 왕인 벤저민 구겐하임이 1912년 4월 15일 RMS 타이타닉이 침몰하여 그로 인해 최후를 맞이하자 그의 상속녀인 페기 구겐하임은 상속받은 막대한 유산으로 세계의 미술품들을 모아들이고 또한 유명한 미술가들을 후원해 줌은 물론 미술가 지망생들을 육성하여 상당히 많은 미술품을 남기고 모아들였다. 이 과정에서 솔로몬 R. 구겐하임은 페기 구겐하임이 모아들인 미술품들을 전시할 미술관으로 건립한 것이 구겐하임 미술관이다. 〈위키 백과〉

그리고 이 당시 뉴욕 구겐하임 미술관 바로 인근에 위치하고 있었던 F. L. 라이트의 작업실–건축가 헨리 제인웨이 하든버그(Henry Janeway Hardenbergh)에 의해 프랑스 르네상스에서 영감을 받은 샤토 양식의 건물로 디자인된 더 플라자 호텔(The Plaza Hotel, 1907, 현재 국가 역사랜드마크(National Historic Landmark(NHL)로 지정되어 있음)–은 한때 탈리에신 이스트라고 부르기도 했다. 그 이유는 구겐하임 미술관 설계기간 동안 이 곳을 줄곧 F. L. 라이트의 작업실로 사용하였기 때문이다. 그럼에도 불구하고 F. L. 라이트는 구겐하임의 준공을 보지 못했다. 그러나 게미지 오디토리엄은 F. L. 라이트가 죽은 59년 4월 보다 3년이 지난 1962년 5월 23일 공사를 시작하여 25개월의 공사 기간이 소요되어 완성된 건물이므로 그의 마지막 작품이라 해도 과언이 아닐 것이다. 이 건물은 F. L.라이트 사위인 윌리암 웨슬레이 피터스(William Wesley Peters는 Eugene Masselink와 F. L. 라이트의 가장 든든한 조력자로 알려져 있다.)의 감독 아래 맥키 회사(RE McKee Company)가 시공하여 1964년에 완공한 건축물이다. 그리고 윌리암 웨슬레이 피터스는 게미지 오디토리엄을 완공한 후 이 건물에서 많은 이미지를 인용하여 객석 규모 2,677명인 San Jose Center for the Performing Arts(City of San Jose, California, 1972) 센터를 설계하게 된다. 사진에서 보는 바와 같이 게미지 오디토리엄의 좌우 램프 중앙 부분에 설치된 원형 전등의 이미지를 자신의 San Jose Center 입면을 장식하는 건축 구성 요소로 사용했다. 그리고 강당을 둘러싸고 있는 기둥 윗부분의 장식은 사용 재료만 다를 뿐, 게미지 오디토리엄의 기둥 제일 윗부분에 부가된 장식과 매우 흡사하다.

William Wesley Peters가 1972년 설계한 San Jose Center for the Performing Arts 건물로 게미지 오디토리엄의 건축요소를 많이 인용하여 전체적인 이미지가 비슷하다.

윌리암 웨슬레이 피터스(William Wesley Peters, 1912. 6. 12~1991. 7. 17) 위스콘신 탈리에신 설계실에서 (1964)

MIT 졸업, 1932년 Taliesin Fellowship에 합류했다. 1935년에 그는 18세가 된 F. L. 라이트의 입양 된 딸 스베틀라나 힌젠 버그 라이트(1917-1946)와 결혼하면서 사위가 된다. 약 29년간 F. L. 라이트의 가장 큰 조력자이면서 측근으로서 또한 유명한 건축가로 활동했다. 1959년 F. L. 라이트 사망 후에는 Taliesin Associated Architects의 회장으로, 1985년에는 Frank Lloyd Wright Foundation의 회장이 되어 1991년 사망 할 때까지 봉사했다. 낙수장과 존슨왁스 빌딩 등 1930년부터 1959년 사이에 F. L. 라이트가 디자인한 일반 건축물과 주택 건축에 큰 도움을 준 건축가이다.

비록 구겐하임 미술관은 F. L. 라이트가 사망후 완공되었만, 공사와 감독을 직접 하였기 때문에 완공되고 있음을 확인할 수 있었지만 게미지 오디토리엄의 경우는 F. L. 라이트 사망 후 3년 뒤에 시작된 공사인 만큼 F. L. 라이트 입장에서는 이 오디토리엄이 실제 공사로 이루어 질 것인가에 대한 확신을 가지고 있었을까 하는 의구심도 가져 볼 수 있는 작품이다. 그 이유는 1959년에 그래디 게미지(Grady Gammage)가 애리조나 주립대학교 총장으로서 임기가 만료되었고 또한 우연히 같은 해에 F. L. 라이트가 사망함으로써 중단된 프로젝트이기 때문이다. 이 게미지 강당의 형태와 규모는 F. L. 라이트의 후기 작품에서 볼 수 있는 전형적인 기하학인 원을 기본 개념으로 디자인 하였다. 준공 기념으로는 필라델피아 오케스트라의 유진 오르먼디(Eugene Ormandy)[1] 연주를 시작으로 오픈한 오디토리엄이다. 1985년에는 National Register of Historic Places(국가 사적지)로 지정되었다. 건물의 규모는 최고 길이 300피트(약 92m), 폭 250피트(약 76m), 높이 80 피트(약 24m)로 이루어져 있다.

현재 본 건물은 애리조나 주립 대학교 캠퍼스 내에 위치하고 있다. 건물 이름이 'Grady Gammage' 라고 붙여진 이유는 당시 애리조나 주립대학교 총장(1933~1959)으로 재직 중인 Grady Gammage의 이름을 오디토리엄 건물 명칭으로 사용했기 때문이다. -우리나라와 사뭇 다른 분위기이다. -본 건물은 다른 건축 작품들과는 달리 규모가 크고 건물이 위치하는 부지가 사방으로 오픈되어 있다. 그리고 캠퍼스 내의 순환도로에 바로 접해있기 때문에 찾기가 매우 쉽다. 주변 도로를 달리다 보면 건물 전체가 F. L. 라이트가 자주 사용하는 색인 체로키 레드를 연하게 칠하여 Norman Lykes House(1959, 애리조나)의 마감색과 거의 동일한 색으로 어떻게 보면 토지 색과 비슷하게 표현함으로써 땅과 건물이 하나가 된다는 유기적인 건축적 의미를 담고 있다고 할 수 있다. 건물의 전체적인 외형 윤곽은 F. L. 라이트 후기 건축에 자주 사용한 원을 2개 조합한 모습으로 이루어져 있다. 규모가 크기 때문에 쉽게 눈에 들어오지만 건물 전체를 보기 위해서는 멀리서 보는 것도 하나의 방법이다. 본 건축물을 위성사진으로 보면 두 개의 크고 작은 원형이 서로 겹쳐 마치 눈사람과 같은 실루엣을 가지고 있다. 그리고 눈사람 몸통 좌우에 나뭇가지를 꽂아 팔을 만들어 놓은 형태로 조용히 누워있는 모습이다.(위성사진 참조) 눈사람의 머리 부분인 작은 원은 무대 부분이며 몸체에 해당되는 큰 원은 객석 부분으로 조합되어 있다.

여기에서 잠깐, F. L. 라이트 건축의 전형적인 공간 구성을 살펴보면 그의 작품 초기에는 직선과 사선에 의해 형성되는 모던한 건축을 구현한 것에 비해 말기로 접어들면서 원형과 곡선을 자주 사용하였다는 것을 앞의 내용에서 여러 번 이야기했다. 여러분이 잘 알고 있는 구겐하임 미술관(The Solomon R. Guggenheim Museum) 역시 오픈

1) Eugene Ormandy (1899. 11. 18 ~ 1985. 3. 12) 헝가리에서 태어난 지휘자이며, 바올린리스트이다. 또한 뮤직 디렉터로 세계적으로 유명한 음악 감독이기도 하다.

(1959)은 보지 못한 그의 유작이지만 원형으로 이루어져 있고 이 책에서 언급한 David Wright House(1950)와 Norman Lykes House(1959)도 원형이다. 특히 Norman Lykes House도 준공을 보지 못한 주택건축으로서 이 또한 원형을 건축 형태의 기본 개념으로 사용하였다. 이와 같이 원형을 건축의 기본 개념으로 사용한 건축물의 시작은 1924~1925년에 설계되었지만 실현되지 않은 고든 오토모빌 프로젝트 이후 나타난 F. L. 라이트 건축의 형태적 변화라고 할 수 있을 것이다.

다시 게미지 강당의 위성사진을 보면 대지의 형태는 피자를 1/4조각으로 나눈 모양이다. 건물은 1/4 피자 조각 모양의 대지 중앙에 위치하고 건물 좌 · 우로 아주 넓은 주차장으로 계획되어 있다. 미국은 뉴욕, 시카고, LA 등과 같이 아주 번잡한 도시 외에는 건물에 지하 주차장을 거의 만들지 않는다. 한 마디로 이야기하면 가지고 있는 것은 넓디넓은 땅 밖에 없는 나라이기 때문이다. 우리나라에서는 이 정도 오디토리엄이라면 분명 지하 · 지상 주차장이 필수적으로 만들어졌을 것이다. 우리나라는 가진 땅이 없으니까! 그래서 미국의 월마트 등과 같은 대형 매장에 가 봐도 지하 주차장은 없고 건물 앞 넓은 노상(부설) 주차장뿐 이다. 굳이 지하 주차장과 램프로 올라가는 지상 주차장의 필요성을 느끼지 못한다. 왜? 남는 것이 땅 밖에 없는 나라이니까! 그리고 주차 구획도 우리나라 보다 넓어 자동차 사이드 밀러가 시동 꺼짐과 동시에 자동으로 접혀지는 경우는 극히 드물다.

이 건물에는 주 건축물인 오디토리엄의 2, 3층으로 연결된 200피트(약 61m)길이의 램프가 있다. 이 램프는 주차장 램프가 아니라 보행자 램프로써 눈사람 팔처럼 양팔을 벌리고 있다. 위성사진이 아니라 지상에서 정면으로 보면 거대한 원형의 외계 우주선이 착륙하기 위하여 본체에서 빠져나온 다리 모습과 흡사하다고 느낄 수 있다. 반면에 보행자 램프가 원형 건축물의 좌 · 우 균형을 잡아주는 듯 좌우로 뻗어나가 지면을 지탱하고 있는 모습을 보면 어느 누구든지 쉽게 눈을 뗄 수 없을 것이다. 농담이지만 만약 이것이 정말 외계 우주선이라면 사람의 눈에 띄지 않는 숲속이나 산에 자리 잡고 있었을 것이다. 이러 사실만으로도 이 건물은 분명 외계 우주선은 아닌 것이 틀림없다.

건축물의 정면에는 고대 신전에서 신전을 둘러싸는 기둥이 있듯이 이 오디토리엄 역시 50여 개의 열주가 건축물을 둘러싸고 있다. 그러나 건축물을 둘러싸고 있는 기둥은 신전의 기둥과 달리 건물의 규모에 비해 가늘고 길다. 저자가 느끼기에는 가늘

피자 1/4 크기의 대지 중앙에 위치하고 캠퍼스 좌측의 곡선 순환 도로면에 배치된 게미지 오디토리엄의 모습 –주차장에서 연결된 보행자 램프가 건물을 지탱하듯 양쪽으로 벌리고 있는 모습과 작은 원(무대 부분)과 큰 원(객석 부분)이 겹쳐져 눈사람 모습으로 보인다.

고 긴 기둥 제일 높은 곳에는 무대 커튼을 양쪽으로 걸어 기둥에 묶어 놓은 듯한 이미지를 형상화 해놓았다. 이런 모양은 기둥 뒤쪽의 유리 창문으로 인하여 커튼의 이미지를 더욱더 강하게 인지시키고 있다. 다시 말해 오디토리엄이라는 건축물의 이미지를 강조하기 위하여 무대의 커튼을 걸어 놓은 이미지가 상상되게끔 하는 외관을 보여주고 있다. 외관의 건축물 전체 색깔도 농도만 다를 뿐 우리가 자주 이야기하는 F. L. 라이트의 특허(?) 색인 체로키 레드 계통으로 대지를 표현하는 색으로 사용하고 있다. 좀 더 강하게 이야기하면 땅에서 굵은 원통이 솟아나 온 듯, 땅으로 묻혀버릴 수 있는, 대지 없이는 건축물이 존재할 수 없듯이 대지와의 혼연일체를 보여주고 있다. 이렇게 외관을 볼 수 있는 시각적 만족 후에는 언제나 그랬듯이 한 가지 고민이 있다. 여러분도 잘 알고 있듯이 충분한 시간을 가지고 실내까지 탐방할 수 있는 기회를 얻을 수 있을지에 관한 가장 중요한 난관이 기다리고 있다.

이 건물은 대학교 캠퍼스 내에 위치해 있기 때문에 시간적 여유만 있다면 본 건축물 외에도 미국 대학교 캠퍼스를 산책할 수 있는 기회도 가질 수 있는 곳이다. 본인이 방문할 당시에는 겨울 방학(12월 중순~1월 중순으로 한국과 달리 겨울방학이 짧다.)이라—그러나 미국 남부 지역인 만큼 날씨는 너무 따뜻했다.—대부분의 건물이 문을 닫은 상태이고 학생들도 보이지 않아 조금 썰렁한 기분도 느껴진다. 저자가 미국 대학교를 방문할 때마다 가장 자주 찾아가는 곳은 구내식당이다. 1년간 머문 미시건 주립 대학교(MSU)에서도 대학교 내에 뷔페식당이 있었다. 학교 캠퍼스 밖의 다른 식당들에 비해 저렴한 가격으로 못하는 영어실력으로 메뉴를 선택하지 않아도 된다는 장점도 있지만 가장 중요한 것은 다른 사람 눈치 보지 않고 다양한 음식을 먹을 수 있는 장점이 있다. 후식으로 커피도 마음껏 먹을 수 있다. 한마디로 먹고 싶은 것을 마음대로 먹을 수 있고 외부의 고급식당에서와 같이 까다로운 음식 주문 때문에 곤욕을 치를 필요가 없다는 것이다. 그래서 대학교를 방문할 때마다 학교 식당을 찾아가는 것이 습관이 되어 버렸다. 그러나 이번에는 아쉽게도 방학 기간이라 대부분 식당이 문을 닫은 상태라 조금 아쉬웠다. 여담으로 우리나라 패스트푸드 음식점과 식당에서 음료를 다 마신 후에 자주 사용하는 'refill(다시 채워주세요)' 의 f 발음은 아랫입술을 윗니로 살짝 깨물 듯이 발음해야 하는데 우리나라에서는 'F' 나 'P' 를 거의 구분 없이 발음해도(repill-이런 단어는 없다.) 모두들 알아듣는다. 정말 믿어지지 않겠지만 미국 사람들은 의외로 f와 p발음이 명확하지 않으면 잘 알아듣지 못한다. 저자의 경우 식당에서 'refill' 을 얼마나 다양한 발음으로 반복해서 말했는지 모른다. 그럼에도 불구하고 알아듣지 못하는 종업원들이 많아 난처한 경우를 당한 적이 한 두 번이 아니다. 지금도 의식적으로 구분하여 발음하려고 무척 노력하고 있다.

대학교 캠퍼스에 착륙한 우주선이 놀랍다.

노만 리케 주택에서도 지금 이야기하는 게미지 오디토리엄에서도 왜 자꾸 '외계인과 우주선' 이라는 단어가 자꾸 생각나는지 모르겠다. 아마도 그 당시에는 이해할 수 없는 형태이고 시대적으로 너무 앞선 형태는 아니었는지, 한마디로 미래지향적인 형태이기 때문일 것이다. 우주선이 있는 부지의 형태는 애리조나 주립 대학교 부지에서 좌측 아래 모서리에 피자조각 1/4 모양으로 이루어져 있다. 정확하게는 1/4 원주의 중심과 원의 중심을 잇는 축 위에 남·서향으로 배치되어 있다. 주변 도로변의 가로수에는 야자수(palm tree)가 심겨져 있고 건축물 주변에는 애리조나 주의 명성에 걸맞게 오렌지 나무도 많이 볼 수 있다. 건물 좌우에는 주차장이 배치되어 있어 차량을 주차한 후 곧바로 상층의 오디토리엄으로 연결되는 보행자 전용램프로 유도되는 동선 계획으로 이루어져 있다.

내부 촬영은 한국에서 보낸 편지가 건물관리자에게 잘 전달되어 생각보다 쉽게 허락을 받을 수 있었다. 특히 게메지 오디토리엄 관계자가 직접 동행하면서 설명과 촬영 시간동안 기다려 주기도 했다. 그리고 관계자는 그라운드 레벨의 로비 공간과 3층의 연결 통로를 서쪽으로 배치한 것은 F. L. 라이트가 사막의 환경을 철저히 이해했기 때문이라고 설명해주기도 했다. 그 뒤로 이야기가 이어졌지만 … 잘 들리지 않았다. 핑계 삼아 이야기하자면 사진촬영에 정신이 집중되다보니 무엇 이야기를 하는지 솔직히 알아듣지를 못했다. 형태면에서는 여러 건축 평론가들에 의해 실현되지 못한 '바그다드의 오페라 하우스' 프로젝트의 변경된 디자인이라고 평가받는 경우도 있다. 이유는 바그다드 프로젝트를 의뢰 받은 시기와 게미지 오디토리엄을 의뢰 받은 시기가 거의 일치하고 있기 때문이다. 또한 형태적인 면에서도 바그다드 프로젝트의 초기 계획 개념과 거의 비슷할 뿐 아니라 당시로써 바그다드 프로젝트는 F. L. 라이트에게 있어 매우 거대한 프로젝트였기 때문에 많은 애착을 가지고 수행한 프로젝트였다. 그러나 현실적으로 실현되지 않아 많은 여운이 남아 있었기 때문에 게메지 오디토리엄 프로젝트에 어느 정도 바그다드 프로젝트의 건축 구성 요소를 인용하였을 것이라 생각한다. 반면에 우스개 소리로 게메지 오디토리엄을 거대한 핑크 웨딩 케이크와 닮았다고 하는 이도 있다. 정말 멀리에서 보면 케이크를 닮았다는 말에도 100% 수긍할 수 있을 것이다. 그리고 탈리에신 웨스트가 F. L. 라이트에게 있어 시간이 지나도 변하지 않는 디자인의 원천이었다면 게메지 오디토리엄은 F. L. 라이트에게 있어 가장 화려한 시기에 정점을 찍은 작품이라고 평가하는 경우도 있다.

잠깐 바그다드(Baghdad) 오페라 하우스에 관하여 부가적으로 설명하면, 이 프로젝트는 1959년 F. L. 라이트가 사망하기 전에 그에게 가장 큰 프로젝트였다. F. L. 라이트는 1957년 이라크의 바그다드에 초대되어 이라크 정부로부터 오페라 하우스, 미술관, 갤러리, 우체국, 문화 센터 계획 등 다양한 용도와 약 1,600명에서 7,000명까지 수용 할 수 있는 규모의 계획안을 의뢰받는다. 이에 제시된 계획안은 건물을 언덕 위에 배치한다. 그리고 언덕 기슭에서 위쪽에 위치하고 있는 오페라 하우스까지 나선형으로 이어지는 도로로 접근할 수 있도록 계획하였다. 이에 F. L. 라이트는 거대한 원형을 초기 디자인 개념으로 설정하였고, 게미지 오디토리엄과 같이 주차장 바닥면에서 램프로 주 무대까지 접근하는 방식을 계획 개념으로 설정하였다. 또한 건물 계획안에는 지역 문화에 대한 추가적인 암시와 램프를 들고 있는 알라딘 동상과 F. L.

라이트가 '모하메드의 劍(검)'을 표현하려는 첨탑이 건물 중앙에 배치되어 있다. 그리고 건물 주변으로는 수영장을 계획하여 극장과 정원으로 둘러싸는 외부 공간 개념도 포함되어 있다. 도시 중심에 위치하는 만큼 생활의 편의를 위해 공공 용도인 우체국까지 디자인 하였지만 갑작스러운 이라크의 혁명(1958년 7월 14일 하심 왕조를 타도하고 공화제를 수립한 군사 혁명)과 격변으로 인해 이 프로젝트는 취소되었다.

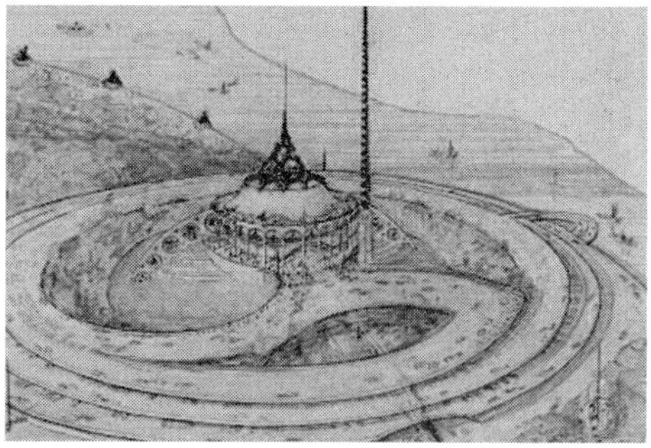

바그다드 오페라 하우스 계획안—원형계획과 건물을 둘러싸는 열주와 열주 맨 위쪽의 마무리 부분 등 게메지 오디토리엄과 형태적으로 비슷한 부분이 많이 보인다.

다시 게미지 오디토리엄으로 돌아와서, 건물 외관을 이루는 벽의 일부는 벽돌을 사용하였고 나머지는 콘크리트 종류의 재료로 마감했다. 건물 대부분은 F. L. 라이트 주택 바닥에 자주 사용한 갈색(연한 체로키 레드)계통의 단일색으로 처리했고 벽돌도 같은 색을 사용하였다. 오디토리엄의 전면부 기둥 안쪽으로는 벽 전체를 유리로 마감하여 전면이 오픈된 느낌을 주는 듯 했다. 그리고 전면부 건축물 가장자리에 55피트(약 16.5m) 높이의 50개 콘크리트 기둥은 외부 상층의 지붕을 지지하기 위하여 만들어졌지만 전면부의 오픈된 느낌에서 오는 개방성을 조금이나마 지키려는 의지가 보이는 듯 했다. 또한 기둥 맨 위쪽에 기둥과 기둥 사이를 연결하는 지붕선이 수평선이 아니라 반원형으로 연결되어 있다. 이 사이에 석고로 만들어진 타원형의 조형물은—앞에서 무대 커튼이라고 설명한 부분—애리조나의 유명한 야자나무를 추상적으로 표현하여 기둥과 기둥 사이에 부가적으로 장식한 것이라고 한다. 앞에서 언급된 빌트모어 블록의 디자인도 야자나무를 추상화한 것이라는 사실은 이 지역의 특징을 최대한 자신의 건축적 요소로 표현하려는 노력으로 보인다. 반면에 후면부에는 무대 공간 뒷부분이기 때문에 큰 창문을 계획하지 않았다. 벽 아래 부분에 반원형 모양이 가로로 길게 연결된 레이스 모양의 띠장처럼 이어진 조그마한 창문으로 벽 전체를 완전히 감싸는 듯 무미건조하게 느껴질 수 있는 외벽에 장식성을 부여하고 있다.

외관의 장식적인 측면에서는 주차장에서 주 무대인 상층으로 연결되는 보행자 램프의 중앙 분리대처럼 장식된 구리로 만든 레일과 구리 레일 사이에 둥근 모양의 전등 장식은 가장 원초적인 기하학 형태이면서 50년대 공상 과학 만화에 나올 법한 모양처럼 보인다. 앞에서도 이야기했지만 이 장식의 이미지는 웨슬레이 피터스의 San

멀리서 보면 커튼 모양이지만 실제 야자나무를 추상화한 모양으로 기둥과 기둥 사이에 추가된 장식물의 모양

게미지 오디토리엄의 정면이 모두 유리로 시공된 모습이며, 지붕에 첨탑이 있었다면 거의 바그다드 오페라하우스와 흡사한 모습이었을 것이다.

전면부와 달리 폐쇄적인 느낌을 주는 후면부(무대 공간) 벽에는 반원 레이스 모양의 작은 유리창으로 장식되어 있다.

Jose Center의 외관 이미지에 사용한 것과 비교해 보기 바란다. 비슷하지 않은가!(앞의 사진 참고) 이런 둥근 모양의 전등 디자인은 오디토리엄 내부 공간 좌 · 우 벽에 반투명의 둥근 전등을 좌 · 우 8개씩 16개를 설치(실내 공간 사진 참조)한 디자인과 통일감을 느껴지도록 한 것으로 보인다. 여기에서 같은 원형 전등이지만 외부와 내부의 느낌은 조금 달리 느껴진다. 외부의 둥근 전등 장식들이 만화에 나올 만한 것이었다면 오디토리엄 내부의 좌우에 설치된 둥근 전등은 내부 공간을 좀 더 우아한 분위기로 만들어 주고 있었다.

외부 램프 중앙부분의 둥근 구리로 만든 레일과 레일 사이사이에 설치된 둥근 전등이 보인다.

가슴 떨리는 오디토리엄 내부의 모습

오디토리엄의 내부 객석은 3층 규모로 이루어져 있다. 극장의 평면형은 프로시니엄(proscenium, picture frame stage)형으로 무대의 연기자가 일정한 방향으로만 관객을 대하게 되어있다. 객석의 계획 방식은 객석 사이에 중앙 통로가 없이 객석으로만 이어진 콘티넨탈 스타일로 객석이 약 3,023석으로 계획되어 있다. 특히 2층 객석(Grand level)은 606석으로 이루어져 있고 스팬이 약 145피트(44.2m)인데 객석 아래에는 이를 지지하는 기둥이 없다. 대신 오디토리엄 뒤쪽 벽에 145피트의 길이로 이루어진 스틸 빔(보, beam)을 지지할 수 있도록 시공되어 있다. 이와 같이 아래 공간을 오픈시켜 계획하는 방법은 무대에서 들려오는 잔향들을 동일하게 만들기 위한 공간 계획이라 할 수 있다. 그리고 3층 발코니 객석(Balcony level)은 682석으로 이루어져 있고 제일 아래층(floor level)은 1,735석으로 구성되어 있다.(사진 참조) 내부에 사용된 재료는 방음 타일, 호두나무와 함께 샌드+플라스트와 같은 재료로 마감되어 있고 바닥은 보강 콘크리트로 마감되어 있다. 좌석 1개의 가격은 1960년대에 지어진 다목적 오디토리엄에 사용된 좌석 가격 중 가장 저렴하게 설치되었다고 한다. 내부 공간은 윌리암 웨슬레이 피터스(William Wesley Peters)가 인테리어와 엔지니어링을 담당했고, 조지 르제너(George Izenour)는 무대 디자인을, 번 O. 크누드슨(Vern O. Knudsen)은 음향을 컨설팅하고, 존 래텐베리(John Rattenbury-빌트모어 호텔에 미드웨이 가든의 스프라이트를 기증한 탈리에신 펠로쉽)는 감리를 담당하였다. 이 건축물의 특이한 부분은 오디토리엄 내부와 로비 어디에도 재떨이가 설치되어 있지 않다는 것이다. 한마디로 그 당시에 공공장소에서의 'No Smoking' 개념을 확실히 실현한 건축물이기도 하다.

3층으로 구성된 오디토리엄 내부공간 모습-외부의 둥근 전등과 같은 모습의 전등이 좌 · 우 벽에 설치되어 있다.

객석에서 무대를 바라본 모습 – 객석 중앙에 통로가 없는 콘티넨탈 스타일의 객석.

객석 좌측 통로의 반투명 전등

객석의 높이에 맞추어 바로 진입할 수 있는 계단

우측 입구의 모습-평면도 우측 입구 앞에 있는 화단이 없다.

Grand level로 들어가는 램프의 모습

Balcony level로 유도하는 램프의 모습

각 층으로 연결되는 동선은 계단이라기보다는 사진에서 보는 바와 같이 곡선으로 길게 계획된 램프에 의해 연결되고 있어 일반인 뿐 아니라 장애인, 노인들도 힘들이지 않고 쉽게 원하는 층의 로비로 진입이 가능하도록 계획되어 있다. 그리고 평면도에서도 볼 수 있겠지만 1층 객석에도 단 차이가 있기 때문에 같은 층이라도 높이가 다른 곳에 객석이 위치하게 되므로 단 차이가 있는 객석으로 곧바로 진입이 가능한 출입구와 이 출입구를 연결되는 계단이 각 단마다 설치되어 있음을 평면도와 사진에서 확인할 수 있을 것이다. 그리고 그랜드 레벨(2층)의 로비 한 부분에는 오디토리엄 설계자인 F. L.라이트의 조각상(두상)이 자리하고 있어 건물 설계자에 대한 존경심을 나타내는 것은 우리나라 정서와는 차이가 있음을 알 수 있다. 우리나라의 준공된 어느 건물에서 설계자의 조각상을 볼 수 있겠는가! 건축물 설계자 이름조차 확인할 수 있는 흔적도 거의 없다. 최근 들어 준공되는 건물의 정문 앞에 동판으로 설계사무소와 설계자의 이름이 새겨져 있는 경우가 있기는 하다. 그러나 아직까지도 준공식에 건축가가 초청되기보다 건축주의 환영사와 축사를 듣는 경우가 대부분이어서 건

Balcony level로 들어가는 입구와 로비의 모습

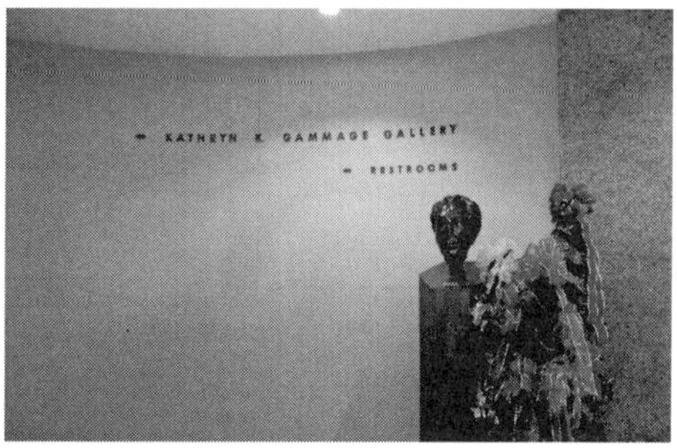

그랜드 레벨 로비에 배치된 F. L. 라이트의 조각상 모습

건물디자인-F. L. 라이트의 이름이 선명하게 새겨져 있는 동판

1층 로비 모습－천장의 전등도 둥글게 계획되어 있다.

1층 로비에 있는 진입부의 모습

축물의 상징성과 건축물에 숨겨진 의미와 건축물의 공간 개념 등에 관한 내용을 들을 수 있는 기회가 거의 없다는 것이 매우 아쉽다.

무대 재원 형식은 프로세니움(proscenium)형식으로 19.5m × 9m 크기로 계획되어 있고 무대 넓이는 19.5m × 10(12m)이며 천장의 높이는 23.8m로 계획되어 있다. 무대 바닥은 캐나다산 은행나무(Canadian hard rock maple)로 아주 단단하게 시공되어 있다. 또한 무대 바로 앞에 계획된 오케스트라 피트(악단 공간)는 23m × 2.7m로 악단을 위한 의자 약 90개를 수용할 수 있는 크기로 계획되어 있다. 이런 내용들은 F. L. 라이트의 스승인 아들러(adler)와 설리반(Sullivan)이 시카고에 설계한 오디토리엄에서 이미 계획한 것이다. 그러나 이곳은 게미지 오디토리엄과 달리 가려진 공간으로 처리되어 있다. 무대의 크기는 폭이 약 140피트(42.67m)이고 프로세니움(proscenium:무대와 객석과의 경계에 있는 개구부)을 오픈했을 때 최고 높이는 64피트(19.5m)이다.

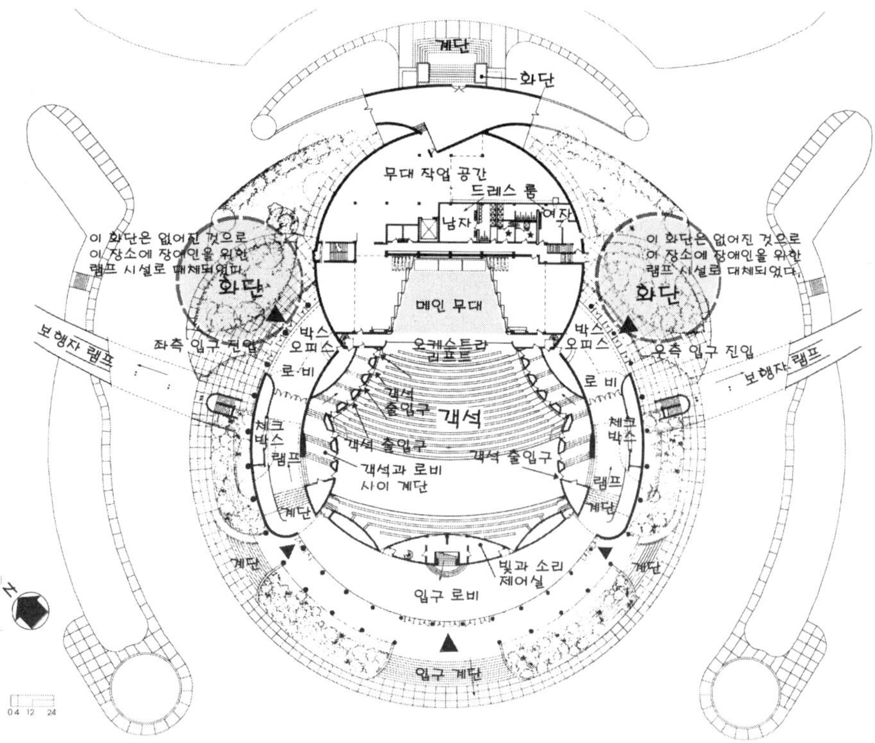

오디토리엄 1층 평면도 – 평면도의 외곽은 작은 원과 큰 원 2개의 조합으로 이루어져 있다.

13. 프랭크 로이드 라이트의 흔적을 찾아 볼 수 있는 기타 작품

여기에서 소개하는 First Christian Church와 Arizona State Capitol Spire 2개의 작품은 애리조나에 위치하고 있지만 F. L. 라이트의 정식 작품 소개 서적〈THE FRANK LLOYD WRIGHT COMPANION〉에는 소개되지 않은 작품이다. 비록 두 작품에서 F. L. 라이트의 흔적을 찾아 볼 수 있다고는 하지만 F. L. 라이트가 사망한 후 14년, 40년이 지난 뒤에 세워진 건축물과 조형물인 만큼 F. L. 라이트의 진정한 작품으로 소개할 수 있을까 하는 의문이 들기 때문일 것이다. 그러나 First Christian Church의 경우에는 F. L. 라이트의 작품이라는 것을 상징하는 붉은 사각형 타일에 F. L. 라이트 이름이 새겨져 있어 F. L. 라이트의 작품으로 이야기하는 경우도 있다. 그러나 Capitol Spire의 경우는 F. L. 라이트의 정신을 계승한 탈리에신 협회(Taliesin Associates) 등 F. L. 라이트 관련 단체에서 건설하지 않았다. 단지 개인 건설업자에 의해 건립되었기 때문에 진정한 F. L. 라이트의 작품으로 소개한다는 것은 무리가 있을 것이라 판단된다. 그렇지만 F. L. 라이트 작품의 디자인 특성을 살펴본다는 의미에서 두 개의 작품을 간단하게 소개하도록 하겠다.

First Christian Church (Phoenix, 1949년 최초 디자인, 1973년 준공)

위치 : 6750 N. 7th Ave. Phoenix, Arizona

이 작품은 W. Ocotillo Rd.와 N. 7th Ave. 도로가 만나는 모서리 부지인 6750 N. 7th Ave. Phoenix, AZ. 85013에 위치하고 있다. 원래 이 건물의 최초 설계 당시에는 신학대학교로 설계되었지만 신학 대학교의 운영이 중단되면서 당시에 실현되지 못

애리조나 주(州)청사의 스케치와 이미지가 너무 비슷한 First Christian Church의 모습

First Christian Church의 배치도

First Christian Church 건물을 N. 7th Ave.에서 바라보면 주 건물에 다른 건물이 길게 연장되어 있음을 알 수 있다.

한 프로젝트이다. 일부 건축에 관심을 가지고 있는 사람들 사이에서는 이 건물을 탈리에신의 '정신적 사촌(spiritual cousin)' 이라고 말하는 사람도 있다. 이렇게 말하는 이유는 F. L. 라이트가 설계할 당시에는 현재의 탈리에신 웨스트처럼 피닉스의 남서쪽 외곽지에 신학 대학교로써 73에이크의 넓은 면적(약 295,421㎡, 1acre≒약 4,046.86㎡)의 사막에 계획되었고 탈리에신 웨스트가 위치한 주변 환경과 비슷하다는 의미 때문에 '정신적 사촌' 이라 불렸을 것으로 생각된다. 그러나 현재 이 건물은 탈리에신 웨스트가 위치하고 있는 거친 사막 환경과는 전혀 성격이 다른 도심에 위치하고 있기 때문에 현재로써 두 건물을 비교한다는 것은 무리가 있다. 반면에 다른 이들은 "이 건축물은 탈리에신 웨스트와 같은 위대한 건축물이 아니다." 라고 평가하는 사람도 있다. 그 이유는 모든 건축물이 그 자체만으로 위대한 건축물이 되는 것이 아니기 때문이다. 그 건축물이 위치하고 있는 주변의 자연적 환경과 조화를 이루면서 위대한 건축물로 탄생하게 된다. F. L. 라이트 역시 자신의 디자인을 이끄는 원동력은 건축물과 어울릴 수 있는 멋진 배경과 배경에 어울릴 수 있는 건축 형태를 조화시켜 그가 말하는 유기적인 건축으로 만들어 내는 것이라고 할 수 있다. 그러나 이 건축물은 탈리에신 웨스트처럼 건축물을 배경으로 하는 산(McDowell Mountain)과 같은 멋진 주변 환경이 있는 것도 아니다. 구체적으로 이야기한다면 건물을 덮고 있는 거대한 산과 같은 교회 지붕과 어울리는 주변의 자연 환경을 갖추고 있지 않다고 평가되고 있기 때문이다. 반면에 내부 공간은 훌륭한 공간으로 평가받고 있다. 동굴처럼 생긴 통로를 통하여 예배 공간에 도달하게 되면 외부에서 예배 공간으로 비춰지는 빛과 예배 공간을 형성하는 기하학적인 공간이 조화되면서 눈부신 공간으로 변화하기 때문이다. 다르게 표현하면 예배 공간으로 진입하면서 느낀 동굴에서의 압축된 느낌이 제단 공간에서 해제되면서 '압축 해제' 라고 불리는 F. L. 라이트만의 공간 기법을 충분히 느낄 수 있는 공간으로 계획되어 있기 때문이다. 그 외 다른 훌륭한 디테일들도 많이 있다. 그 중 2가지만 이야기한다면 첫 번째, 성소 공간 외부를 둘러싸고 있는 기둥의 모습이다. 이 기둥은 마치 나무에서 가지가 자라나는 형태로 콘크리트를 성형하여 기둥으로 표현하고 있어 기둥이라기보다 조형물로 느껴질 정도이다. 두 번째, 외벽의 경우 바닥과 접하는 부분에 뚫려 있는 창문이 계획되어 있다. 즉 창문으로 인하여 지면에 지지하는 벽체의 힘이 약하게 느껴질 수 있지만 거대한 지붕의 하중을 받치며 구조적 안전함을 자랑하고 있다. 이러한 특색은 이 건축물만이 가지고 있는

회중석과 제단 그리고 가로로 길게 개방된 창문

성소를 둘러싸고 있는 나뭇가지 같은 외부 기둥의 모습

디테일들로써 건물의 품격을 한 층 더 높여주고 있다.

이 건물은 F. L. 라이트가 82세(1949) 때 설계한 것으로 알려져 있지만 그가 사망(1959)한 후 약 14년 뒤인 1973년에 완공된 건물이다. 그러나 건물 외벽에 F. L. 라이트의 서명이 새겨진 붉은 타일이 부착되어 있어 완벽히 F. L. 라이트의 건축 작품으로 인정받은 것으로 알려져 있지만 F. L. 라이트 작품집〈THE FRANK LLOYD WRIGHT COMPANION〉에는 수록되어 있지 않다. 여기에서 이 교회 건축물과 F. L. 라이트가 얽힌 에피소드를 통하여 F. L. 라이트의 성격을 조금이나마 엿 볼 수 있는 이야기가 있어 소개하겠다. 당시 이 교회의 목사인 페이튼 캐너리(Peyton Canary)는 F. L. 라이트에게 이 프로젝트를 교인들에게 발표하여 교회 건립 기금을 모으기 위해서는 도면이 필요하니 도면을 준비해 달라는 목사의 부탁을 받게 된다. 그리고 목사가 F. L. 라이트에게 말하기를 "이 프로젝트가 애리조나에서 기념비적인 건축물이 될 수 있도록 디자인해주기 바란다."고 말한다. 한마디로 건축에 대한 야망과 자신감을 가지고 있었던 F. L. 라이트에게 건축이라는 욕망의 기름을 붓는 완벽한 말이었다. 여기에 추가하여 페이튼 캐너리는 F. L. 라이트에게 "당신은 이 모금된 돈 모두를 가져갈 수 있을 것이다."라고 호언장담하였다. 이 이야기에서 저자가 알고 있는 F. L. 라이트의 성격으로 판단한다면, F. L. 라이트는 분명 돈에 관해서는 그렇게 욕심을 부리지 않았을 것으로 보인다. 그 이유는 이제까지 F. L. 라이트의 관련 서적에서 F. L. 라이트가 돈에 대한 애착으로 건축을 설계하거나 돈을 모으는 사람으로 표현되지는 않았기 때문이다. 반대로 자신이 가지고 있는 재산을 건축을 위하여 투자하는 경우는 많이 언급되었지만 자신이 벌어들인 돈에 대한 철저한 관리에는 무심했다는 내용들이 많이 나온다. 대표적인 이야기로 자신이 경제적으로 어려울 때 탈리에신 펠로쉽을 제안한 것도 그리고 펠로쉽을 위한 각종 수업료 관리 등도 F. L. 라이트가 한 것이 아니고 그의 부인인 올가반나가 제안하고 관리했다. 또한 F. L. 라이트 주변에는 언제나 자금력이 풍부한 많은 친구들이 아무런 보답을 기대하지 않고 F. L. 라이트를 도와주었기 때문에 돈에 대한 욕망은 없었을 것으로 보인다. 그렇기 때문에 페이튼 캐너리의 이야기는 돈 보다도 F. L. 라이트의 가슴 속에 숨 쉬고 있는 건축에 대한 욕망을 자극한 이야기일 것이다. 즉 82세라는 나이에도 불구하고 F. L. 라이트가 건축에 대하여 얼마나 많은 열정을 가지고 있었는지를 단적으로 보여주는 이야기일 것이라 판단된다.

본 건축물에 부속된 교회 건축물의 필수적인 종탑은 22피트(약 6.7m)의 십자가가 올려진 120피트(약 36.6m) 높이로 건물이 완공된 후 5년 뒤인 1978년에 교회 건축물 앞에 추가적으로 건설된 것이다. 이 종탑의 특이한 점은 실제적으로 4면으로 이루어져 있음에도 불구하고 보는 이의 착시 현상으로 인하여 4면의 종탑이 3면으로 보인다는 것이다. 종탑만을 본다면 캘리포니아의 Marin County Civic Center(1957)의 행정동 건물에 있는 첨탑과 비슷하다. 그리고 정면에서 본 교회 건축물의 형태는 F. L. 라이트가 스케치한 애리조나 주의 주청사(ARIZONA STATE CAPITOL)와 너무 비슷한 이미지로 건설되었다.

좌 · 우 모두 ARIZONA STATE CAPITOL 스케치 – 지붕 앞에 좌우에 두 개의 첨탑과 다각형 모임지붕의 모습으로 그려져 있다.

캘리포니아의 Marin County Civic Center(1957)의 첨탑

에로 살리넨(Eliel Saarinen)의 North Christian Church(1955, Columbus, Indiana) 전경

이 교회 건축물의 특징은 바라보는 곳에 따라 전혀 다른 모습을 보여주고 있는 독특한 매력을 가지고 있다. 대표적으로 정면에서 바라 본 건물 모습은 단순히 규모가 큰 단일 모임지붕에 첨탑과 주변의 종탑이 배치된 일반적인 교회 건축물로 상상할 수 있다. 어떤 이는 정면에 모임지붕으로 이루어진 건물 형태는 당시 애리조나에 정주하고 있었던 인디언 토착민의 이동식 천막(Teepee)인 텐트(서론 부분에 사진 참조)를 모티브로 현대적으로 해석한 것이라고 말하기도 한다. 모임지붕 위의 첨탑은 텐

트를 지지하기 위하여 텐트 중심부로 삐져나온 나무 막대가 연상되고 있다. 그리고 앞에서 첨부된 위성사진으로 전체 건물 배치도를 보면 화살촉 같은 모습으로 상상 외의 건물 형태로 이루어져 있음에 놀란다. 혹시 애리조나 인디언이 사용한 화살 모양은 아닐까? 또한 지상에서 측면(N. 7th Ave.)으로 보면 정면에서 보이는 모임지붕만으로 이루어진 성소 건물만이 있을 것이라는 상상과 달리 성소 건물 뒤로 다른 건물이 길게 이어져 있는 모습을 볼 수 있다. 이와 같이 보는 방향에 따라 상상 외의 다양한 모습을 보여주고 있는 교회 건축물이라 건축을 사랑하는 이에게는 건축형태에 대한 상상력을 자극할 수 있는 건축 작품이라 할 수 있을 것이다.

마지막으로 이 교회에 관한 내용을 기술하면서 저자로서는 어떻게 판단하여야 할지 모를 의문이 생겼다. 이 교회와 지붕과 첨탑 등 거의 비슷한 디자인의 교회 건축을 알고 있기 때문이다. 그것도 우리에게 너무 잘 알려진 유명 건축가인 에로 살리넨(Eliel Saarinen, 1910-1961)이 설계한 것으로 인디아나 주의 콜럼버스(Columbus, Indiana)에 있는 North Christian Church 건축물이다. 이 건축물은 1955년에 세워졌고 F. L. 라이트의 최초 스케치가 1949년으로 약 6년간 앞서 디자인 되었다고는 할 수 있지만 당시 F. L. 라이트의 교회 건축 스케치가 공개되었는지에 관해서는 장담할 수 없기 때문에 어느 건축물이 먼저 디자인 된 것일까 라는 의문을 가지게 된다. 이런 의문이 생기는 이유는 당시 두 사람 모두 유명 건축가이었고 각 자의 작품은 시공과 동시에 널리 알려졌을 것을 생각한다면 두 작품의 상관성에 관하여 생각해 보는 것도 당연할 것이다. 아무튼 여러분의 판단에 맡긴다.

Arizona State Capitol Spire(Scottsdale, 1957년 스케치, 2002년 건립)

위치 : 16243 N Scottsdale Rd. Scottsdale, Arizona

이 첨탑은 애리조나 주 시청사의 첨탑(Spire)으로 F. L. 라이트가 사망하기 2년 전인 1957년에 시청과 함께 설계한 것이다. 90세라는 많은 나이에도 불구하고 F. L. 라이트가 수행한 프로젝트였지만 현실적으로 실현되지 못한 아쉬운 프로젝트였다. 이후 스코트데일(Scottsdale)의 Frank Lloyd Wright Boulevard와 Scottsdale Roads의 교차로에 있는 프롬나드 몰(Promenade Mall) 4거리 모서리 부지에 2004년에 세워졌다. 그래서 지금은 애리조나의 시청을 알리는 조형물이 아니라 쇼핑몰을 알리는 상징물로써

사거리 중심부에서 바라 본 첨탑의 모습, 배경이 되고 있는 건축물은 쇼핑몰 건물들이다.

첨탑의 야경 모습

첨탑이 쇼핑몰을 알리는 랜드마크 역할을 하고 있다.

시청사 스케치 모습-좌우 두 개의 첨탑이 지워지고 (지워진 흔적)중앙에 한 개의 첨탑으로 대체되었다.

부속된 건축물도 없이 첨탑만이 외로이 서 있다. 이곳의 쇼핑몰 개발업자들이 쇼핑몰을 개발하면서 F. L. 라이트의 스케치를 인용하여 조명과 함께 실물로 만들어 놓은 것이다. 이런 이유 때문에 진정한 F. L. 라이트의 작품집에 소개되지 않는 것은 당연한 일이라 생각한다. 형태적인 면과 1957년 이라는 시간적인 측면에서 판단한다면 앞에서 이야기한 캘리포니아의 Marin County Civic Center(1957)와 First Christian Church(1973)의 첨탑과 거의 비슷하다는 것을 느낄 수 있을 것이다. 사진으로 첨부된 색연필로 칠한 시청사의 스케치를 자세히 보면 앞에서 설명한 First Christian

Church에 첨부된 두 개의 첨탑이 있는 시청사의 연필 스케치와는 달리 두 개의 첨탑이 한 개로 이루어져 있다. 색칠한 스케치에서는 양쪽의 첨탑이 지워진 흔적이 하얗게 보이고 중앙에 하나의 첨탑으로 대체되었음을 알 수 있다.(앞 페이지의 흑백 시청사 지붕에는 두 개의 첨탑이 그려져 있다.) 이 하나의 첨탑이 지붕과 분리되어 이 쇼핑몰에 재현되어 건립되었던 것이다.

특히 4거리 교차로 모서리 부지에 125피트(약 38m)의 높이로 우뚝 솟아 있어 이 도로를 지나가는 자동차라면 누구든지 볼 수 있다. 첨탑의 무게는 75,000 파운드(1lb=약 0.45359kg, 약 34톤) 이상이라고 한다. 그리고 약 1,700개의 개별 강철 조각으로 조립되어 있고 위쪽으로 올라 갈수록 뾰족하여 하늘을 향해 계속 성장하고 있다는 느낌을 받는다. 이 첨탑 자체로 쇼핑몰을 알리는 이정표가 될 수도 있겠지만 하나의 멋진 예술 작품으로 품격을 보이고 있다. 그리고 강철과 유리의 세심한 디테일이 돋보인다. 특히 이 첨탑은 밤에 불이 켜지면 첨탑 내부에 설치된 30~96인치 크기의 142개 전등 빛이 강철 조각 사이사이의 반투명 아크릴을 통하여 낮 동안 애리조나의 뜨거운 햇볕에 시달린 대지를 시원하게 식혀주는 파란색으로 빛을 발한다. 그리고 낮에는 방문객의 호기심을 자극하여 쇼핑몰을 알리는 이정표로써의 역할을 다할 뿐 아니라 밤에는 첨탑에서 나오는 신비로운 빛으로 사랑스럽기까지 하다. 그러나 F. L. 라이트가 생각한 것과는 달리 상업적 발전을 위한 이정표 역할을 하고 있다는 사실에 많은 아쉬운 여운을 주고 있다. 그래서 관련 서적에서는 첨탑이 원래의 위치와 기능, 그리고 첨탑이 가지는 의미로부터 완전히 분리되어 이방인에게는 신기함을 줄 수 있을지 모르겠지만 순수한 첨탑만이 가지는 원래의 의미와 가치를 가질 수 있을까 하는 의문을 제기하기도 한다. 또한 이 첨탑이 이곳에 세워짐으로써 F. L. 라이트 작품에 대한 평가와 그의 작품에 대한 의미를 이해하는데 도움을 줄 수 있을까 하는 의문도 있다. 이런 의문들에 많은 사람들은 분명히 "No, 아니오"라고 대답할 것이다. 좀 더 자세히 설명하자면, 하나의 건축, 그것도 시(市)의 가장 대표적인 시청사에 부속된 첨탑이 외롭게 떨어져 나와 왕복 12차선으로 이루어진 주변 도로에 둘러싸여 외롭게 건립되었다는 것과 이 첨탑과 시청사가 세워질 당시의 스코트데일 지역의 크기가 현재의 넓이보다 20배 이상 도시가 확장되었다는 사실은 이 첨탑을 더 외롭게 만들고 있다고 생각한다. 이런 의미에서 쇼핑몰 뿐 아니라 스코트데일 지역의 랜드마크로써의 역할을 하기 위해서는 현재의 첨탑보다 2배 이상의 크기로 만들어져야 할 뿐 아니라 애리조나의 외곽부에 소재하고 있는 쇼핑몰보다 좀 더 보편적이고 공공적인 장소에 위치했어야 할 것이다.

여기에서 우리가 생각해봐야 할 것은 이렇게 F. L. 라이트가 1959년에 사망하였음에도 불구하고 21세기가 시작하는 2000년 이후까지 F. L. 라이트의 작품을 재현하고 건립하는 이유는 무엇일까? 아마도 어떤 유명한 건축가라고 할지라도 F. L. 라이트만큼 오랜 기간 건축 활동을 한 건축가는 없을 것이다. 또한 F. L. 라이트만큼 훌륭하면서 많은 작품을 남긴 건축가도 없었기 때문일 것이다. 이보다 더 큰 이유는 F. L. 라이트의 건축이 미국의 건축 문화에 얼마나 큰 영향을 미쳤는지 생각해야 할 것이다. 한마디로 F. L. 라이트는 미국인의 정서를 대표할 수 있는 건축가이기 때문일 것이다. 이런 이유 때문에 아직까지 F. L. 라이트 작품들의 명성이 미국인 마음속에 깊이 남아 있는 것은 아닐까 하는 생각을 하게 된다.

14. 애리조나에서 부활을 꿈꾼 프랭크 로이드 라이트 건축을 마무리하면서

1957년 라이트 나이 90세의 모습

F. L. 라이트는 근대 건축의 거장으로서 인류에 위대한 건축 유산을 많이 남겼다. 그러나 F. L. 라이트가 살아온 삶을 알고 있다면 그의 삶 자체가 드라마보다 더한 극적인 삶을 살았다는 것에 모두 동의할 것이라 생각한다. 4명의 연인과 같이 한 삶과 갈등, 그리고 60이 넘은 나이에 낙수장, 존슨 왁스 빌딩이라는 명작품으로 다시 건축 인생을 부활시킨 그의 열정, 70이 넘은 나이에도 모든 직원들의 디자인과 디테일을 체크하고 탈리에신 웨스트를 조성하고, 80세가 넘어 죽기 직전까지 구겐하임이라는 명작품을 남기기 위해 보여준 그의 건축적 열정은 그 어느 누구도 따라 올 수 없을 것이다.

비록 그가 자의와 타의에 의해 애리조나 주(州)와 인연을 맺었지만 애리조나의 사막이라는 천박한 환경을 자신의 제2의 건축 실험장으로써 뿐 아니라 부활을 꿈꾼 무대로 활용하면서 이전과 확실히 다른 그의 건축적 무대로 만들었다. 애리조나의 강렬한 햇볕과 사막 기후는 그의 건축 작업의 장애물이 아니라 자신의 건축적 실험을 위한 조건이 될 뿐 그의 작업에 걸림돌이 되지 않았다. 그리고 도시와 달리 넓디넓은 사막은 그에게 새로운 자유를 안겨주었고, 도시에서 이루어지는 전통적인 공간 배치에 대한 거부감을 보여주었다. 여기에서 '축 대칭으로부터의 자유', '직각으로부터의 자유', '중앙 집중화된 공간으로부터의 자유', 그리고 그의 초기 작품을 특징짓는 전통적인 직선에 의해 이루어지는 기하학으로부터의 자유를 보여주고 있다. 그래서 애리조나에서 보여준 그의 작품은 이전의 작품과는 또 다른 모습으로 우리에게 보이는 것은 당연하다고 생각된다.

여러분과 같이 살펴본 애리조나의 라이트 건축 작품의 특성은 애리조나의 뜨거운 햇볕, 즉 지역의 기후적 요소를 건축 공간 배치와 공간 구성 개념으로 반영하였을 뿐 아니라 지역에서 생산되는 재료를 적극적으로 활용하였음을 충분히 알 수 있었을 것이다. 한 마디로 라이트 자신이 이야기 했듯이 해당 지역의 건축물에는 해당지역의 환경과 건축 재료를 최대한 이용한다는 그의 신념을 확실하게 보여준 작품 사례들이라 할 수 있을 것이다. 또한 탈리에신 웨스트에서는 인디언의 장식과 지역의 자연적 환경을 통하여 지역에 적응할 수 있는 건축적 개념을 디자인 요소로 승화시키기도 했다. 특히 '체로키'라는 인디언 부족을 의미했던 용어와 지역에서 자라나는 '오카틸로'라는 식물의 꽃 색깔에서 라이트 건축의 트렌드 색깔인 '체로키 레드'로 응용하여 그의 디자인 구성 요소로 적극적으로 사용하였다. 애리조나의 여러 건축 사례에서 살펴본 그의 작품 대부분은 애리조나의 넓은 대지와 주변 경관 그리고 기후적 특성을 최대한 반영하여 건축물 외부의 형태적 개념으로 반영하였을 뿐 아니라 라이트로서 제2의 부활의 꿈을 실현할 수 있었던 무대였다라고 생각한다. 이는 사막의 천박한 환경이 라이트에게는 버려진 환경이 아니라 그의 건축적 개념을 만들어가는 환경 요소로써 새로운 건축적 시도를 위한 디자인 개념으로 사용하였다는 것이다. 그리고 애리조나에 위치한 건축물 대부분은 다른 지역에서는 볼 수 없는 라이트의 후기 작품의 특성을 잘 보여주는 좋은 사례들이라고 할 수 있다. 애리조나에서 보여준 건축 작품들은 프레리(prairie : 넓은 초원)에서 볼 수 있는 뻗어나가는 직선, 유소니언

(Usonian) 주택의 단순한 박스 형태에서 볼 수 있었던 직선적인 요소들을 거의 볼 수 없었다. 그리고 직선에 의해 구현되는 사각형, 마름모 모듈 역시 애리조나 건축에서는 흔하게 볼 수 없었다. 애리조나 건축의 특성은 프레리나 유소니언에서 볼 수 없었던 다양한 크기의 원형(circle)들의 중첩에 의해 생겨나는 공간을 주요 평면 공간의 계획 개념으로 사용하였다는 것이다. 이는 라이트 건축 후반부에 변화된 공간 디자인 개념을 뚜렷하게 보여주는 작품 사례들이라 할 수 있다.

애리조나의 라이트 건축은 뜨거운 햇볕을 피하기 위하여 우리가 생각하고 있는 일반적인 공간 배치 기법과는 많은 부분이 달랐다. 대부분 애리조나 주택 건축에서 거실 방향은 정남향을 피하도록 계획하였다는 점은 다시금 지역의 환경적 요소에 대한 라이트의 공간 디자인에 대한 고민을 생각하게 한다. 그리고 외관 형태에서 나타나는 특징을 간단하게 요약하면 다음과 같다. 1) 2층 규모의 주택에서는 1층을 필로티로 계획하거나 반지하 공간으로 계획하였다. 2층 공간은 거주 공간인 침실로 계획하였는데 그 이유는 뜨거운 지면에서 침실 공간을 띄워 계획하기 위한 것이었다. 2) 1층을 필로티로 계획하지 않는 경우에는 1층 부분의 벽을 가능한 한 두꺼운 벽체로 계획하고 1층의 개구부를 작게 계획하여 내부 공간을 뜨거운 햇볕에 노출되는 것을 최소화 하였다. 그리고 2층의 침실 공간에는 지역의 뜨거운 햇볕을 피하고 간접 광을 내부로 유입하고 있었다. 3) 거실의 천장 높이를 동시대의 인간적 스케일 기준에 맞춘 유소니언 주택의 건축 공간과 달리 높게 계획하여 뜨거운 사막의 공기를 자연적으로 순환시키는 등 지역적 기후에 적응할 수 있는 건축 공간을 구현하기 위하여 노력한 모습을 엿 볼 수 있었다. 4) 동시대의 유소니언 주택의 공간 개념과 특징은 캐노피와 사각형 박스 형태로 평면을 구성하는 것이었다. 그러나 애리조나 건축에서는 기하학의 기초인 원형의 조합에 의해 생성되는 곡선을 기준으로 공간을 구성하는 기법으로 이전의 라이트 공간 디자인 방식과는 다른 많은 변화를 보여 주고 있었다. 그래서 애리조나의 건축물들은 원의 중첩으로 얻어지는 다양한 크기의 공간을 건축 공간으로 적용하려는 평면 계획 수법을 보여주는 좋은 건축 사례들이었다. 5) 탈리에신 웨스트에서는 애리조나의 지역 환경과 자연적 생물로부터 건축적 형태 개념과 디자인 개념을 도출하였다. 이는 그의 유기적 건축을 실현하고 있었음을 단적으로 보여주는 좋을 사례라고 할 수 있다. 6) 본 책에서 살펴본 사례 주택 대부분은 거실향을 애리조나의 직사광을 받는 남향을 피하여 투명한 유리로 시공하여 반사광으로 내부 공간을 밝히고 있다. 또한 이 유리를 통하여 외부 공간을 내부 공간으로 유입하고 있을 뿐 아니라 사막의 넓고 넓은 경관을 조망할 수 있도록 계획하였다.

마지막으로 사례에서 살펴본 라이트 건축물의 대부분은 애리조나의 넓은 대지와 주변 경관과는 반대로 대부분 외부의 형태적 개념은 폐쇄된 공간으로 표현하였다. 반면에 내부 공간을 오픈시켜 외부의 답답한 형태적 느낌을 내부에서 개방시키는 유기적 공간으로 계획하였다. 건축물 외부에 사용한 재료에서는 탈리에신 웨스트 뿐 아니라 라이트의 재료에 대한 신념대로 실천하여 장식 없이 지역의 자연 재료를 정직하게 표현하고 있었다. 그리하여 애리조나 사막의 뜨거운 햇볕과 거친 재료의 조화를 통하여 재료의 질감을 충분히 강조하였다. 그리고 건축물의 가장 기본적인 구성요소인 바닥은 자연의 대지로 표현하여 체로키 레드 계통의 색으로 마감함으로써 대지 색깔을 명확히 표현하였다. 즉 건축물이 대지에서 태어나고 사라짐을 명확하게 보여주고 있음을 알 수 있었다. 또한 애리조나의 건축물 대부분은 동시대의 유소니언 주택의 외벽 주재료인 목재를 피하고 사막의 거친 재료의 특성을 햇빛이라는 지역적 기후를 이용하였다. 또한 재료의 투박함에 빛이라는 자연적 요소를 추가함으로써 확실한 명암적 효과에 의한 질감의 차이를 만들어 내고 있다. 다시 말해 건축 재료를 사용함에 있어 자연 재료들의 가공을 최소화하여 사용하고 있음을 확실히 보여주고 있었다. 이는 그의 건축적 신념처럼 그의 작품에 자연적 · 지역적 환경에 적응할 수 있는 창의적인 디자인 방식을 실현시키려고 노력하였음 보여주는 사례라고 할 수 있다. 특히 이 책에서 주요 내용으로 다루고 있는 '텍스타일 유닛 블록' 은 라이트에게 있어 단순히 건축 재료로써가 아니라 자신의 친환경적이며 유기적인 건축주의에서 기계주의적인 건축가로의 변화와 이에 대한 관심을 가지게 하는 계기가 되었다는 점과 라이트의 새로운 건축적 부활을 꿈 꿀 수 있었던 원동력이 되었을 것이라는 또 다른 의미를 찾아보아야 할 것이라 생각한다.

▶ 참고 문헌

1. Frank Lloyd Wright The Rooms(INTERIORS AND DECORATIVE ARTS), RIZZOLI INTERNATIONAL PUBLICATIONS, INC. 2014
2.Frank Lloyd Wright FIELD GUIDE, THOMAS A. HEINZ, Northwestern University Press, Evanston, Illinois, 2005
3. PRAIRIE SKYSCRAPER(Frank Lloyd Wright' s Price Tower), RIZZOLI INTERNATIONAL PUBLICATIONS, INC. 2005
4. FRANK LLOYD WRIGHT IN ARIZONA, RIO NUEVO PUBLISHERS, LAWRENCE W. CHEEK, 2006
5. THE FRANK LLOYD WRIGHT COMPANION(REVISED EDITION), THE UNIVERSITY OF CHICAGO PRESS. William Allin Storrer, 2006
6. THE FRANK LLOYD WRIGHT DESIGNS, RIZZOLI INTERNATIONAL PUBLICATIONS, INC. BRUCE BROOKS PFEIFFER, 2011
7. THE FRANK LLOYD WRIGHT AMERICAN MASTER, PHOTOGRAPHS BY ALAN WEINTRAUB, TEXT BY KATHRYN SMITH, Rizzoli International publications, 2009
8. 라이트(미국 건축의 아버지 프랭크 로이드 라이트), 미메시스, 이종인역, 2010
9. 프랭크 로이드 라이트, 자연을 품은 공간 디자이너, 살림, 서수경, 2009
10. 프랭크 로이드 라이트 주택 답사, SPACETIME(시공 출판사), 황 용운, 2013
11. 프랭크 로이드 라이트 자서전, 미메시스, 이종인, 2006
12. 프랭크 로이드 라이트 20세기 건축의 위대한 유산, 을유문화사, 이종인 옮김, 2004

▶ 참고 논문

1. 김광호, 고인석, 프랭크 로이드 라이트와 르 꼬르뷔제의 조망성 개념에 관한 연구, 대한건축학회 논문, 2002, 01
2. 김진호, 라이트의 윙스프레드 주택에 나타난 공간 특성에 관한 연구, 한국실내디자인학회, 2016, 04, pp.163~174
3. 문은미, 유기적 통합의 개념으로 본 프랭크 로이드 라이트의 가구디자인 특성, 한국실내디자인학회, 2006, 08, pp.115~122
4. 박종성, 프랭크 로이드 라이트의 '텔리에센 웨스트' 의 건축화 과정에 관한 연구, 한국실내디자인학회, 2007, 06, pp.3~9
5. 서수경, 프랭크 로이드 라이트 작품에 나타난 토탈디자인 개념에 관한 연구, 한국실내디자인학회, 2000, 12, pp.229~235
6. 오동해, F. L. Wright의 Usonian House를 통한 평면구성과 외부공간의 관계에 관한 연구, 전남대학교 산업대학원, 석사논문, 2009, pp.70~71
7. 이권영, 서치상, F. L. 라이트의 유기적 건축에 나타난 일본문화의 영향에 관한 연구, 한국실내디자인학회, 2004, 10, pp.11~20
8. 임창호, 프랭크 로이드 라이트와 브로드 에이커 시티, 국토정보, 1996, pp.79~87
9. 함은광, 김광현, 프랭크 로이드 라이트의 '거주' 개념과 '물질성' 의 관계에 관한 연구, 대한건축학회, 학술발표논문 1999, 10, p.449
10. 황용운, 애리조나 주의 F. L. Wright 주택작품 디자인 특성 분석, 한국실내디자인학회논문집, 2018, 6
11. 황용운, F. L. 라이트 주택작품의 외벽 디자인 변화와 특성분석, 한국실내디자인학회논문집, 2016, 12
12. 황용운, F. L. Wright 작품들의 디자인 발전과정과 특성에 관한 연구, 한국산학기술학회, 2020, 05

▶ Internet site

1. https://franklloydwrightsites.com/arizona/ : Frank Lloyd Wright Sites
2. http://blog.daum.net/_blog/BlogTypeView.do?blogid=0JIBz&articleno=7442773 : 인물 - 프랭크 로이드 라이트 Frank Lloyd Wright Ⅰ
3. http://www.wrightontheweb.net/his-works/17-buildings/morris-gift-shop/ : V.C. Morris Gift Shop (1948), San Francisco, California
4. http://franklloydwrightsites.com/arizona/index.html : 애리조나 주의 라이트 건축
5. https://www.loc.gov/exhibits/flw/flw02.html : Frank Lloyd Wright: Designs for an American Landscape, 1922-1932
6. https://en.wikipedia.org/wiki/Arizona_Biltmore_Hotel : 위키피디아, 빌트모아 호텔
7. https://kr.pinterest.com/jbutler12009/frank-lloyd-wright-usonian-homes/ : Raymond Carlson House
8. https://kr.pinterest.com/source/savewright.org : Raymond Carlson House
9. http://www.doney.net/aroundaz/celebrity/wright_franklloyd.htm : Raymond Carlson House
10. https://franklloydwright.org/taliesin-west/ : 탈리에신 웨스트
11. https://www.savewright.org/news/david-gladys-wright-house-back-market-phoenix/ 데이비드 라이트 주택
12. https://fallingwater.org/history/about-fallingwater/the-kaufmann-family/: 낙수장 이야기
13. https://www.dwell.com/article/gordon-strong-automobile-objective-frank-lloyd-wright -393c4802 : Gordon Strong Automobile 관련 내용
14. https://en.wikipedia.org/wiki/List_of_Frank_Lloyd_Wright_works : 라이트 작품
15. http://www.modernphoenix.net/churches/firstchristian.htm